ENCYCLOPÉDIE-RORET

LIMONADIER

EN VENTE A LA MÊME LIBRAIRIE

Manuel du Brasseur, ou l'Art de faire toutes sortes de Bières françaises ou étrangères, par F. MALEPEYRE. Nouvelle édition, entièrement revue et complétée par SCHIELD-TREHERNE. 2 gros vol. accompagnés d'un Atlas de 14 pl. 8 fr.

— **Cidre et Poiré** (Fabricant de), traitant de la Culture et de la Greffe des meilleures variétés de fruits propres à faire le Cidre et le Poiré, ainsi que des Méthodes nouvelles et des Appareils perfectionnés employés dans cette industrie, par DUBIEF, F. MALEPEYRE et le Comte DE VALICOURT. 1 vol. orné de figures. 3 fr.

— **Confiseur et Chocolatier**, contenant les derniers perfectionnements apportés à ces Arts, par CARDELLI et LIONNET-CLÉMANDOT. Nouvelle édition complètement refondue par A. M. VILLON, ingénieur-chimiste. 1 vol. avec nombreuses illustrations. 4 fr.

— **Eaux et Boissons gazeuses**, ou Description des méthodes et des appareils les plus usités dans cette industrie, le bouchage des bouteilles et des siphons, la Gazéification des Vins, Bières et Cidres, etc. Nouv. édit. augmentée des Boissons angl. et améric., par L. GASQUET, Ingénieur des Arts et Manufactures, et JARRE, Ingénieur. 1 vol. orné de 141 fig. dans le texte. 4 fr.

— **Eaux-de-Vie** (Négociant en), Liquoriste, Marchand de Vins et Distillateur, par RAVON et MALEPEYRE. Nouvelle édition revue, corrigée et augmentée par RAYMOND BRUNET, ingénieur-agronome. 1 vol. 1 fr.

— **Distillateur-Liquoriste**, contenant les Formules des Liqueurs les plus répandues, les parfums, substances colorantes, etc., par LEBEAUD, JULIA DE FONTENELLE et MALEPEYRE. 1 gros volume. 3 fr. 50

— **Vins de Fruits et Boissons économiques**, contenant l'Art de fabriquer soi-même, chez soi et à peu de frais, les Vins de Fruits, les Vins de Raisins secs, le Cidre, le Poiré, les Vins de Grains, les Bières économiques et de ménage, les Boissons rafraîchissantes, les Hydromels, etc., et l'Art d'imiter avec les Fruits et les Plantes les Vins de table et de liqueur français et étrangers, par F. MALEPEYRE. 1 vol. 3 fr.

MANUELS-RORET

NOUVEAU MANUEL COMPLET
DU

LIMONADIER
GLACIER, CAFETIER
ET DE

L'Amateur de Thés et de Cafés

COMPRENANT

la Description des meilleurs Appareils
pour fabriquer la Glace et les Boissons frappées ou rafraîchissantes
à l'usage des Débitants et des Ménages

PAR

CHAUTARD, J. DE FONTENELLE & F. MALEPEYRE

NOUVELLE ÉDITION ENTIÈREMENT REFONDUE

PAR

N. CHRYSSOCHOÏDÈS

Ouvrage orné de 76 figures dans le texte

PARIS
ENCYCLOPÉDIE-RORET
L. MULO, LIBRAIRE-ÉDITEUR
12, RUE HAUTEFEUILLE, 12
1901

AVIS

Le mérite des ouvrages de l'**Encyclopédie-Roret** leur a valu les honneurs de la traduction, de l'imitation et de la contrefaçon. Pour distinguer ce volume, il porte la signature de l'Éditeur, qui se réserve le droit de le faire traduire dans toutes les langues, et de poursuivre, en vertu des lois, décrets et traités internationaux, toutes contrefaçons et toutes traductions faites au mépris de ses droits.

AVERTISSEMENT

Afin de faciliter le lecteur dans ses recherches, nous nous sommes efforcés de classer les différentes matières traitées dans ce Manuel, d'une façon rationnelle et méthodique. Pour cette raison, nous avons divisé l'ouvrage en trois parties distinctes.

La **première partie** se rapporte à l'art du cafetier; après quelques mots sur l'origine du café, nous avons donné la description des différentes opérations qu'on lui fait subir successivement pour obtenir la délicieuse boisson connue sous le nom de *café*. Nous avons insisté particulièrement sur l'opération de la *torréfaction*, de la bonne conduite de laquelle dépend la bonne qualité de la boisson; vient ensuite la description des appareils employés dans les ménages et chez les limonadiers; puis quelques mots sur les extraits liquides ou solides du café très employés, surtout dans les campagnes; enfin, un chapitre ayant trait à l'historique et à la préparation du thé termine cette partie de l'ouvrage.

La **deuxième partie** concerne l'art du limonadier et est relative aux bières, cidres, poirés et boissons diverses telles que : hydromels, hypocras, alcools et eaux-de-vie. Elle traite également de la fabrication des liqueurs par infusion ou par essences, que tout le monde peut préparer sans avoir besoin d'appareils spéciaux; un paragraphe spécial a été consacré aux liqueurs étrangères.

Vient ensuite la fabrication des limonades vineuse et gazeuse; un grand nombre de lecteurs ayant exprimé le désir de connaître la préparation des *boissons anglaises ou américaines* si en vogue aujourd'hui, nous avons été conduits à leur consacrer un chapitre spécial.

Un chapitre a été également réservé à la description des nouveaux appareils ayant figuré à l'Exposition universelle de 1900 à Paris pour la rapide gazéification de toutes les boissons, telles que : lait, vin, chocolat, etc., dans n'importe quelle bouteille, à l'aide des capsules métalliques dites *sparklets*, contenant de l'acide carbonique liquide ou solide.

Enfin la **troisième** et dernière **partie** est relative à l'art du glacier, qui est si lié à celui du limonadier, que nous avons jugé utile de les mettre à la suite l'un de l'autre; la glace étant un des matériaux de première nécessité dans l'art du glacier, nous avons commencé par parler de l'eau, de sa filtration et de sa transformation physique et mécanique en glace; nous avons terminé en donnant différentes recettes pour glaces comestibles et sorbets et la manière de les préparer.

NOUVEAU MANUEL COMPLET

DU

LIMONADIER

PREMIÈRE PARTIE

CAFETIER.

CHAPITRE PREMIER

Du Café

SOMMAIRE. — I. Historique. — II. Observations sur la qualité du café. — III. Analyse du café.

Cette précieuse semence qu'on nomme le café, est le fruit du *caféier* ou *cafier*, genre d'arbrisseau de la famille des rubiacées, dont une espèce est le caféier d'Arabie. C'est un petit arbre dont la tige, qui peut atteindre 7 à 8 mètres de hauteur, est droite et couverte d'une écorce grisâtre, ainsi que les branches; les feuilles sont opposées, ovales, luisantes, d'un beau vert et persistantes.

Les fleurs sont blanches, odorantes, réunies en bouquets axillaires dans l'aisselle des feuilles supérieures et ressemblent assez à celles du jasmin; le fruit du caféier est une baie qui ressemble à la cerise, ayant la même grosseur, et sa couleur d'abord d'un jaune vert, puis rouge, devient par la maturité d'un brun foncé.

Cette baie renferme un noyau divisé en deux cavités tapissées intérieurement par une membrane cartilagineuse; ces cavités renferment deux graines convexes du côté externe, aplaties et marquées d'un sillon longitudinal, du côté interne, ces graines sont le café. La grosseur des graines de café est variable entre 8 à 12 millimètres de longueur et 6 à 8 de largeur. Le caféier fleurit au printemps et à l'automne; les baies restent plus de quatre mois avant d'être parvenues à leur maturité complète. Pour séparer les graines de la pulpe qui les entoure, on les laisse un peu fermenter et on les expose au soleil. Il en est qui les font auparavant macérer dans l'eau, mais le café qui en provient est moins estimé; il est grisâtre ou verdâtre et s'appelle *café trempé*. Le meilleur moyen consiste à soumettre les baies à l'action d'une machine à décortiquer qui détache la pulpe sans toucher au café. Ce café est le plus estimé et est connu sous le nom de *café grage* ou *café en parche*.

I. HISTORIQUE DU CAFÉ

On a discuté beaucoup sur le lieu d'origine du café, Raynal lui assigne la haute Ethiopie, d'où il aurait été transporté en Arabie vers le XIVe siècle. D'autres prétendent que Gemal-Eddin, muphti d'Aden, ville de l'Arabie-Heureuse, apporta le café de Perse, dans l'Etat d'Yemen, vers 1420; il se répandit de là dans toutes les contrées voisines du détroit de Bab-El-Mandel. Ayant constaté les propriétés qu'il possédait de guérir la céphalalgie, de prévenir les somnolences, etc., il en recommanda aussitôt l'usage aux *dervis*, afin qu'ils pussent, par ce moyen, passer plus facilement la nuit en prières. Lorsque le sultan Selim eut conquis l'Egypte, en 1517, il fit prendre à Constantinople l'habitude du café, mais on ne vit s'ouvrir des établissements vendant ce breuvage qu'en 1553, parce que l'abus du café était devenu tel, qu'en 1528 sur la plainte des Imans que les mosquées étaient désertes, on a dû déclarer le café contraire à l'Alcoran.

Dès lors personne n'osa contrevenir ouvertement à la sentence, les cafés furent fermés, et des officiers veillaient à l'exécution des ordres du muphti. Mais l'habitude était devenue si forte et l'usage du café si agréable, que chacun en buvait dans sa maison. Le gouvernement, voyant qu'il ne pouvait pas déraciner cet abus, songea à en tirer profit; il permit donc d'en vendre moyennant un droit, et d'en boire à condition que ce ne fût pas publiquement. Peu à peu on se relâcha et les cafés se rouvrirent.

Une deuxième fermeture des cafés se produisit pendant la guerre de Candie.

De Turquie, le café se répandit en Grèce, puis aux autres pays de l'Europe. En 1583 il fut importé par les Hollandais et, en 1644, Louis XIV fut appelé à déguster la liqueur de café, qui se vendait très cher (140 fr. la livre). Peu après un Grec, amené à Londres par Edwards, ouvrit un débit où l'on vendait du café.

Le voyageur Thévenot, en 1657, à son retour

de son voyage d'Orient, apporta à Paris du café avec lequel il régalait ses amis.

En 1669, Soliman-Aga, ambassadeur de Turquie, l'introduisit à Paris, où un nommé Paskal en vendait déjà; Paskal a cédé son établissement à Procope et Grégoire et l'on connaît encore le nom de l'un de ces établissements, malgré le temps écoulé depuis sa fondation. Le café consommé était importé d'Egypte par des Vénitiens et Gênois.

Voyons maintenant, à quelle époque et par quels moyens le caféier a été transporté en Europe, et ensuite en Amérique.

Nicolas Witsen, bourgmestre d'Amsterdam et gouverneur de la Compagnie des Indes-Orientales, apporta d'Arabie quelques pieds de caféier et les planta dans le jardin d'Amsterdam où ils crûrent et se multiplièrent. Les Hollandais ont acclimaté les caféiers dans leurs possessions de l'Inde, à Batavia et à Surinam, d'où ils se répandirent dans les Célibes, à Java et Sumatra.

En 1714, les magistrats de la ville d'Amsterdam firent cadeau à Louis XIV d'un plant de café qui fut planté au Jardin des Plantes où il a prospéré et duquel sont provenues toutes les plantations de la Martinique. En 1724, on confia au capitaine des Clieux, de Dieppe, trois pieds de caféier qu'il devait transporter à la Martinique sous un châssis vitré. Deux plants furent perdus pendant le voyage et après mille dangers, accalmies, tempêtes, etc., on put planter, près de Saint-Pierre, le dernier arbuste et recueillir vingt mois après une récolte abondante.

En 1728, M. de la Motte-Aigron fit planter 1,000 à 1,200 pieds dans ses propriétés à Cayenne. Les plantations des Antilles et de l'Amérique du Sud produisent plus de 350 millions de kilogrammes par an.

II. OBSERVATIONS SUR LA QUALITÉ DU CAFÉ

On convient généralement que le café du Levant est meilleur que celui de l'Occident; il doit cela à un arome plus parfait. On a reconnu que le café nouveau ne peut jamais se bien brûler; cela provient de la viscosité que possède alors cette semence. Plus la graine est petite, plus le café est bon; mieux il brûle et plus il acquiert d'arome. Plus le sol est aride et chaud, plus le café est meilleur. Plus la graine est grosse et succulente, moins elle est bonne. Le plus mauvais café d'Amérique, dans un espace de dix à quinze ans, devient semblable au meilleur café du Levant. Le café en petites graines, récolté dans un terrain aride et un lieu chaud, au bout de trois ans, devient semblable à celui qu'on prend dans les cafés de Londres.

On peut conclure de là qu'on obtiendrait d'excellents café en Amérique, si on le plantait le long des parties méridionales des îles, mais on aurait ainsi un moindre produit. Il y a aussi d'autres raisons pour lesquelles le *café d'Arabie* est préférable à celui d'Amérique. En Arabie, on laisse tomber les graines mûres; tandis qu'aux Indes Occidentales, on le récolte dès qu'elles commencent à rougir. En Orient, on fait sécher le café à l'ombre et à sec, tandis que dans l'Occident on met les grains plusieurs jours dans l'eau, jusqu'à ce que l'enveloppe se détache, et on les fait ensuite sécher au soleil. Le café de la Mecque n'est jamais si frais que celui d'Amérique, qui, à peine préparé, est vendu et transporté en Europe, où il se consomme presque aussitôt.

On trouve dans le commerce plusieurs sortes de café : le café Moka, le Martinique, le café Bourbon, celui de la Guadeloupe et de Cayenne, le café de Saint-Domingue, du Brésil, de Cuba, etc.

Café Moka

Le café Moka est le plus estimé ; il est en grains presque jaunes, petits et arrondis, et possède un goût et un parfum plus agréables que tout autre. C'est aux environs de cette ville qu'on cultive l'espèce réservée exclusivement au sultan de Constantinople et aux femmes de son harem. Voïci à ce propos ce que raconte dans un de ses livres Alexandre Dumas :

« La ville de Moka donne trois sortes de café. Le café extra-fin, celui qui se détache de lui-même de la tige, c'est celui que les Arabes du désert paient comme tribut aux sultans, liqueur parfumée dont s'enivrent les ikbales et les odalisques favorites.

Quand la précieuse fève ne tombe plus d'elle-même, une étoffe est étendue sous l'arbre, on secoue fortement et on effectue une deuxième récolte qui défraye la table des ministres et des pachas. Tout ce qui reste sur l'arbre est avorté, chétif, sans saveur et bon pour des goujats ; des mains mercenaires cueillent péniblement tous ces rebuts et voilà ce que nous autres Européens en sommes réduits à savourer chez Procope. »

Le meilleur café Moka est celui qui pousse dans l'Etat d'Yemen, surtout aux environs de *Senam*, de *Galbini* et de *Betel-Fagi*, trois villes des montagnes situées dans l'Arabie-Heureuse. Celui d'*Oudet* est le plus renommé chez les Orientaux. On lui donne en France le nom de *café Moka*, non pas qu'il y croisse, car il en vient peu aux environs de cette ville, mais parce que, en 1709, un capitaine français a commencé à faire à Moka le commerce du café d'*Oudet*, de *Betel-Fagi*, etc., qu'on y apporte à cet effet.

On reçoit le vrai Moka dans des balles en jonc, recouvertes d'écorce d'arbre, du poids de 145 à 150 kilogrammes.

Café de la Martinique

Vient ensuite le café Martinique, dont les grains sont plus gros et plus allongés que ceux du Moka. Leur couleur est verdâtre et ils sont presque toujours entourés d'une enveloppe grise argentée qui tombe lorsqu'on les torréfie ; il y a trois sortes de café Martinique qu'on désigne sous les noms de : 1° le *Martinique fin*, vert ; 2° le *Martinique fin*, jaune ; 3° le *Martinique ordinaire*. Le café Martinique a une saveur franche et un arome qui le rapproche du Moka. Il arrive en Europe dans des sacs de grosse toile ou dans des futailles.

Café Bourbon

Le café Bourbon est jaune verdâtre, un peu plus long, plus menu et plus vert que le café Moka. On connaît aussi, dans le commerce, trois variétés principales du café Bourbon : 1° le *Bourbon fin*, vert, d'un parfum fort agréable, petit, rond, presque vert ; 2° le *Bourbon fin*, jaune, conformé comme le précédent, mais d'une couleur jaunâtre ; 3° le *Bourbon ordinaire*, qualité inférieure, dont le parfum est moins agréable, les fèves plus grosses, irrégulières, tantôt jaunes, tantôt vertes.

Il y a encore quelques autres variétés de Bourbon, telles que celui à odeur de thé, le café dit *Marron*, qualité fort inférieure, arrondie par un bout, allongée par l'autre, avec pellicules inhérentes, etc.

Le café Bourbon arrive en sacs doublés de jonc, du poids de 25 à 50 kilogrammes.

Café de la Guadeloupe et de Cayenne

Les fèves de la Guadeloupe sont oblongues, luisantes, dépouillées entièrement de leurs pellicules, d'un vert plombé et peu différentes, du reste, de celles de la Martinique.

Le café de Cayenne a les grains aplatis, larges, presque entièrement couverts de leurs pellicules qui leur donnent un aspect argenté, d'une couleur vert noirâtre, terne.

Ces cafés, inférieurs à ceux de la Martinique, arrivent en futailles ou en sacs.

Café de Saint-Domingue ou d'Haïti

Le café de Saint-Domingue est plus effilé en pointe aux deux bouts et plus gros que celui de la Martinique, il est moins estimé que les précédents. Les grains sont quelquefois presque entièrement couverts de leurs pellicules rougeâtres et donnent une décoction légèrement acide qui les fait moins rechercher dans le commerce.

Café du Brésil

Fèves d'un jaune foncé, à pellicule jaune, brillante, très légère. Il y en a de petites qui ressemblent au

Moka, et de grosses un peu allongées, un peu vertes, qui se rapprochent davantage du Bourbon.

Café de Cuba

Fèves dont la couleur varie du vert tendre au jaune-vert, petites, recouvertes d'une pellicule rougeâtre, très nettes, quelques-unes rondes comme le Moka, et qu'on reçoit en Europe dans des futailles ou des tissus d'écorce d'arbre.

Café de Jamaïque

Les fèves d'un vert clair, de formes bizarres, portent rarement leur pellicule, d'une odeur agréable et d'un certain arome. Le commerce le reçoit dans des sacs de chanvre.

Café de Porto-Rico

Les fèves ayant beaucoup d'analogie avec celles de la Martinique, plus courtes, plus recourbées et moins chargées de pellicules, mais de qualité inférieure à ce café.

Café de Ceylan

Ce café est de qualité médiocre, de formes très variables, de couleur verdâtre, foncé ou jaune pâle.

Café de Java

Les fèves sont jaune brun, quelquefois jaune pâle ou verdâtre, allongées et grosses, toutes avec leur pellicule et très parfumées. Ce café, mal purifié, qu'on expédie dans des sacs doubles, dit *gunny-bags*, est rempli de grains noirs, de petites pierres, d'éclats de bois, etc.

Café de Sumatra

Les fèves sont d'une forme oblongue, un peu aplaties, de couleur jaune, rougeâtre, brune et noire, d'une amertume très prononcée. Ce café est expédié dans des balles de jonc.

On reçoit encore, dans le commerce, des cafés de bien d'autres provenances se rapprochant plus ou moins, par l'aspect physique et par la saveur, de ceux qui viennent d'être énumérés, mais qui tous le cèdent sous le point de vue de la finesse, de l'arome et de la délicatesse du goût, au café Moka et même à ceux de la Martinique et de Bourbon.

Le consommateur ou le marchand de café, avant de faire leurs achats, doivent s'assurer, autant que possible, que le café qu'ils se proposent d'acheter soit de la récolte de l'année, que la fève soit bien sèche, dure, parcheminée, élastique, cédant avec difficulté sous la pression de la dent, que les grains soient nets, de grosseur moyenne, sonores quand on les jette sur un corps dur, qu'ils soient lisses, non enrobés, d'une odeur aromatique, agréable et sans odeur étrangère.

III. ANALYSE DU CAFÉ

Cadet de Gassicourt a trouvé dans 64 parties de café brut :

Gomme	8
Résine	1
Extrait et principe amer	1
Acide gallique	3.5
Albumine	0.14
Matière fibreuse, insoluble	43.5
Perte	6.86
	64.00

D'après MM. Armand, Leguin, Robiquet et Pelletier, le café contient :

Un peu d'huile volatile concrète ;
De la gomme ou mucilage ;
De l'albumine ;
Une huile concrète, blanche, fusible à 25° ;
Un principe amer ;
Une substance oléo-résinoïde, colorée ;
Un corps cristallisé en belles aiguilles, soyeuses, auquel on donne le nom de *caféine*.

M. Commailles a trouvé pour le café de Mysore :

Eau hygroscopique	6.3 à 15.70
Matières grasses	12.68
Glucose	2.60
Légumine ou caséine	1.52
Albumine	1.04
Chloroginate de potasse et de caféine.	9.00
Caféine totale.	0.42 à 1 31
Cendres	3.882
Extrait par eau froide	24.97
Extrait par eau bouillante	37.20
Extrait par l'alcool à 60°.	22.15
	132.052

Une analyse plus récente, par M. Payen, a constaté que le café contient sur 100 parties :

Cellulose	34
Eau hygroscopique.	12
Substances grasses.	10 à 13
Glucose, dextrine	15.5
Légumine, caséine.	10
Chloroginate de potasse et de caféine	3.5 à 5

Organisme azoté.	3
Caféine libre	0.8
Caféone.	0.001
Essence aromatique fluide et essence aromatique moins soluble.	0.002
Substances minérales (potasse, chaux, magnésie, acides phosphorique, silicique, sulfurique, chlore). . . .	6.697

MM. Zwengler et Liebert ont constaté, dans ces derniers temps, la présence de l'acide quinique dans le café de Java, ils ont extrait 0,3 0/0 de cet acide. L'acide quinique résistant à une température assez élevée, passe dans l'infusion de café; il est à présumer que l'acide chlorogénique, découvert par Payen, n'est autre que l'acide quinique.

La caféine, qui se trouve à l'état de liberté ou de sel, n'est pas spéciale au café; on la rencontre et, en plus grande quantité, dans le thé, d'où le nom de *théine*.

C'est un alcaloïde, découvert par Runge, en 1820, qui cristallise en longues aiguilles blanches; elle est amère et existe en quantités variables, suivant la provenance du café. Celui qui en contient le plus c'est le Martinique, puis viennent le Java, Moka, Cayenne, etc.; les tiges, les feuilles et le fruit du caféier renferment cet alcaloïde.

La caféine est volatile à 150°, par conséquent elle disparaît par la torréfaction, donc il ne faut pas lui attribuer les propriétés excitantes du café.

En examinant les produits de la torréfaction, MM. Boutron et Fremy ont trouvé une huile odorante à laquelle le café torréfié paraît devoir son principe aromatique: c'est le *caféone*. Pour obtenir cette substance, on réduit le café en poudre et on distille avec de l'eau, on agite le liquide distillé avec de l'éther qui dissout une huile brune plus pesante que l'eau, peu soluble dans l'eau bouillante. Une quantité presque impondérable de caféone suffit pour aromatiser un litre d'eau.

CHAPITRE II

Torréfaction du Café

SOMMAIRE. — I. Brûloir sphérique. — II. Brûloir Klip. — III. Brûloir des ménages. — IV. Brûloir Goldstein. — V. Perfectionnements de la torréfaction. — VI. Appareil de torréfaction de M. Gauthier. — VII. Torréfacteur Lambert.

Le café, tel qu'on le reçoit, ne peut pas être employé pour faire la boisson si recherchée, il a besoin de subir une opération dite *torréfaction*.

C'est de la torréfaction que dépend la bonté de ce breuvage; elle a besoin d'être conduite avec lenteur et avec une grande surveillance. Elle s'exécute, suivant les pays, d'une façon variable, et suivant aussi la quantité de café sur laquelle on opère en une seule fois.

En Orient, elle s'effectue dans des poêles à friture, tandis que le plus généralement on se sert des *brûloirs* où les grains de café subissent ou non l'action directe du feu.

Il est essentiel de ne pas dépasser la température

de 250°, car on risque de brûler ou charbonner le café qui, dans ce cas, perd ses meilleurs principes solubles et devient amer.

Le premier brûloir qu'on a construit est un grand cylindre en fer battu et bien fermé, placé sur un fourneau en forme de caisse oblongue, l'un et l'autre en fer assez épais. Le cylindre a une porte à crochet que l'on ouvre pour mettre ou retirer le café et pour examiner son degré de rôtissage. Il est traversé par une broche carrée qui le dépasse à ses deux extrémités, et qui s'appuie et tourne sur les bords du fourneau; elle porte à l'un de ses bouts une manivelle qui sert à le faire tourner; il est percé, sur sa face antérieure et postérieure, de deux trous qui servent à donner de l'air.

La couleur du café grillé doit être d'un brun marron et avoir une odeur agréable. Un opérateur habile n'a pas besoin de regarder le café pour voir si l'opération est terminée, il voit qu'il faut retirer le brûloir du feu dès que l'atmosphère environnante est remplie de l'odeur caractéristique du café grillé. On doit employer, pour faire le feu, un bois sec qui ne répande aucune odeur; c'est pour cette raison qu'on doit écarter l'emploi du charbon.

L'inconvénient du brûloir cylindrique est que les grains sont soumis d'une façon irrégulière à l'action du feu, et il y a des parties qui ne sont pas chauffées. C'est pour cette raison qu'on a construit des brûloirs sphériques.

I. BRULOIR SPHÉRIQUE

Il se compose (fig. 1) d'une sphère A en tôle assez forte traversée par une broche carrée qui la dépasse à ses deux extrémités et qui s'appuie sur les bords du fourneau B, elle porte à l'une de ses extrémités

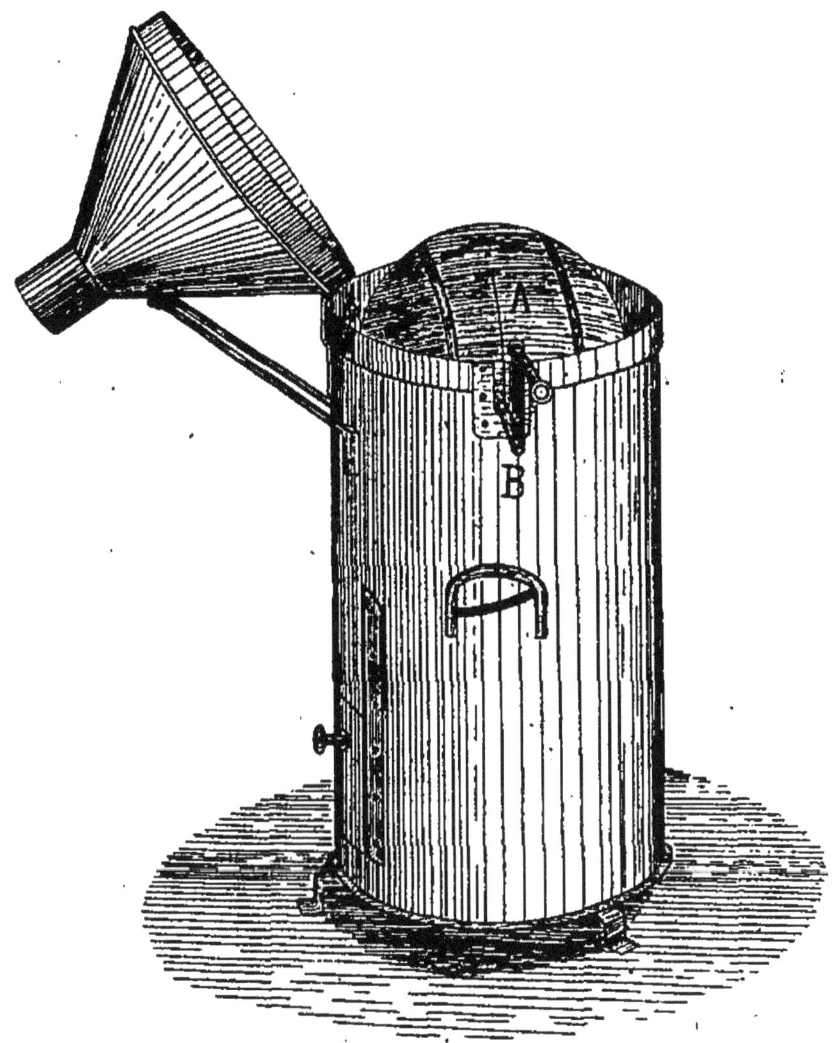

Fig. 1. — Brûloir sphérique.

une manivelle de rotation. La sphère est munie d'une porte pour faire entrer et sortir le café. Le fourneau est muni d'une cheminée pour la fumée, montée sur charnière, de façon à pouvoir sortir la boule et regarder le café. Souvent on ajoute un mécanisme pour basculer la sphère, de façon à la sortir du feu et ne pas être forcé de la tenir à la main.

On a reproché à tous ces brûloirs d'être des vases clos et d'exposer trop longtemps le café à l'influence de la vapeur que développe son eau de végétation et qui, en se dégageant, est portée à une haute température, vapeur qui lui enlève et détruit une grande partie de son arome. Ce reproche peut être bien fondé, car on sait que la vapeur d'eau peut, sous un degré de tension élevé, décomposer une foule de corps végétaux, ou, du moins, en séparer les éléments volatils. On ouvre bien de temps en temps ces brûloirs pour s'assurer de la condition du café, et pendant cette observation, les vapeurs se dégagent, mais ce n'est pas assez.

On ne peut pas non plus construire la sphère avec des ouvertures, car pendant les vingt premières minutes de l'opération, les fumées du feu rentreraient dans la sphère, car on sait que le café ne commence à dégager ses vapeurs qu'au bout de ce temps, alors ces vapeurs produites faisant pression empêchent la rentrée des fumées.

II. BRULOIR DE M. KLIP

Pour éviter ces inconvénients, M. Klip a construit un brûloir sphérique, dans lequel la sphère n'est pas directement en contact avec le feu, mais la torréfaction s'opère par l'intermédiaire d'une plaque chauffée, de sorte que le café n'entre plus, comme avec les appareils connus, en contact avec les gaz nuisibles qui se dégagent du feu et qui détruisent la bonne qualité.

En même temps, on réalise une économie de combustible, car une fois la plaque chauffée au rouge, il suffit d'un feu très modéré pour finir l'opération.

L'appareil se compose (fig. 2) d'un fourneau A muni d'un évidement hémisphérique B. Celui-ci est fermé

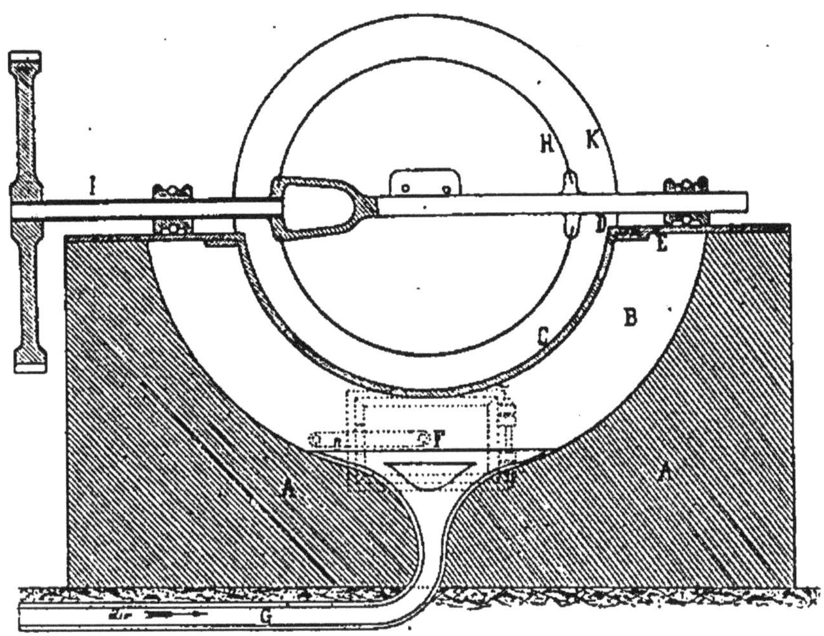

Fig. 2. — Brûloir Klip.

par une calotte sphérique C, dont la bride D repose sur le bord de la plaque E qui recouvre le fourneau. Sur les côtés ou le dessus du fourneau sont disposées des ouvertures pour le feu. Dans la partie inférieure de la chambre B, on installe une grille F disposée de façon à avoir un bon feu; c'est pour cela qu'il convient de donner un excès d'air par le conduit G. A l'intérieur de la calotte C est disposé un tambour H, auquel on peut donner un mouvement de rotation par l'intermédiaire d'un arbre I, qui repose sur le fourneau A et porte un jeu d'engrenages. La surface extérieure de ce tambour H est également renfermée par une enveloppe demi-sphérique K, qui repose sur la bride D du récipient inférieur C.

Lorsqu'il s'agit de brûler du café, on en remplit le tambour, on porte la calotte C au rouge, et on met en mouvement le tambour. La chaleur qui rayonne de la plaque C ne peut pas s'échapper directement, mais elle passe par l'espace ouvert formé par la surface supérieure du tambour et l'enveloppe H pour chauffer la partie supérieure du tambour, de sorte que celui-ci est chauffé d'une manière aussi régulière que possible. Avec cet appareil, on réduit la durée de l'opération à vingt minutes au lieu d'une heure.

III. BRULOIR DES MÉNAGES

Ce petit appareil, qui est très employé dans les ménages, se compose d'une casserole en tôle entièrement fermée, si ce n'est une porte qui se rabat et s'applique très exactement sur une ouverture dans le couvercle.

Sur le fond de cette casserole et au centre s'élève, jusqu'à mi-hauteur, une tige qui sert de pivot à une douille qui passe à travers ce couvercle et est extérieurement munie d'une manivelle. La douille elle-même porte à l'intérieur un ramasseur, qui consiste en une feuille de tôle s'étendant du centre jusqu'à la paroi interne du brûloir.

Pour se servir de cet appareil, on introduit le café qu'on veut brûler par la porte du couvercle, on rabat cette porte qui clôt exactement, on met la casserole sur un feu clair et, en même temps, on saisit la manivelle qu'on fait tourner lentement. Le ramasseur, en promenant le café sur le fond de la casserole, le retourne à chaque instant et l'expose dans tous les points à l'action de la chaleur.

On lève de temps à autre la casserole du feu, on l'agite, on ouvre la porte pour dégager les vapeurs formées, puis on la referme et on remet sur le feu jusqu'à ce qu'on juge que la torréfaction est complète.

IV. BRULOIR GOLDSTEIN

Le brûloir ou torréfacteur Goldstein présente l'avantage que le cylindre qui renferme le café n'est pas en contact avec la flamme, il est chauffé par la chaleur transmise et, par conséquent, uniformément; c'est le brûloir perfectionné des ménages.

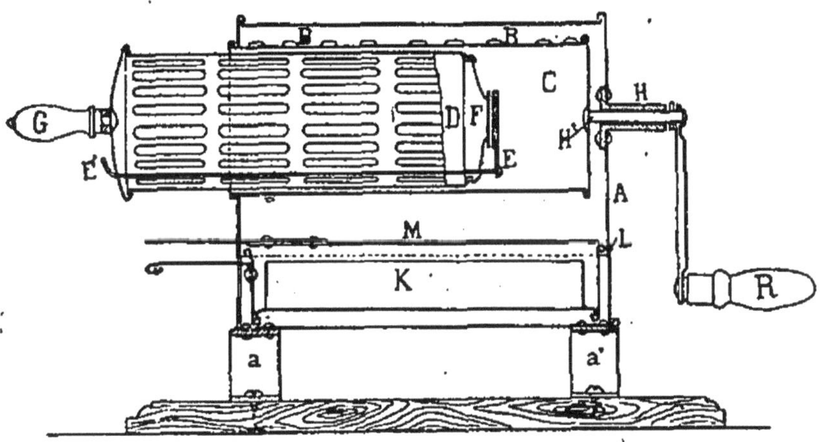

Fig. 3. — Brûloir Goldstein.

L'appareil se compose (fig. 3) d'une boîte cylindrique A montée sur des pieds *a a'* et pourvue d'orifices de tirage B. Cette boîte cylindrique renferme un cylindre en tôle C ouvert à l'une de ses extrémités et tournant dans la douille H au moyen de tourillons H'. Le cylindre C renferme, à son tour, un petit cylindre D en tôle perforée ou en tissu métallique, destiné à recevoir le café à torréfier; il comporte à son extrémité extérieure une poignée G, et à sa partie intérieure une ouverture F d'admission et de sortie du café pourvue d'une fermeture tournante actionnée par un système de tiges E E'.

Dans la partie médiane de la boite A se trouve le réservoir à esprit-de-vin K, qui peut coulisser sur les banquettes ou supports L.

Le fonctionnement de l'appareil est le suivant :

Le cylindre D étant retiré, on y verse la quantité de café qu'on veut torréfier et on glisse le dit cylindre dans le cylindre C. On allume ensuite la lampe à alcool K et on commence à tourner le cylindre C au moyen de la manivelle R. On retire de temps en temps le cylindre D pour constater la marche de l'opération et, suivant le résultat de l'examen, on glisse de nouveau le cylindre D en place, ou on le débarrasse de son contenu et on éteint la flamme de l'alcool à l'aide d'un étouffoir approprié M. Comme la flamme n'est en contact qu'avec le cylindre C qui entoure le petit cylindre D qui renferme le café, il en résulte que la chaleur transmise par le cylindre C au cylindre D est uniforme.

V. PERFECTIONNEMENTS APPORTÉS A LA TORRÉFACTION

On a proposé plusieurs procédés pour perfectionner la torréfaction du café, les uns portent sur l'appareil lui-même qui sert à cette opération, les autres sur le mode de torréfaction, afin de conserver au grain, autant que possible, les éléments volatils qui constituent son arome.

Lorsque le café commence à se colorer dans le cylindre à torréfier, on ajoute une quantité de beurre frais suffisante pour vernir la surface du grain. Ce moyen donne au café un goût très désagréable et empyreumatique provenant de la décomposition du beurre par la chaleur, et en outre, le café ainsi traité n'est pas de garde ; au bout de quelques jours, le beurre qui reste à la surface ou qui a pénétré le grain se rancit et donne une saveur piquante et détestable à la boisson qu'on prépare.

De même, quand le café a pris dans le brûloir une certaine coloration, on y ajoute du sucre et on continue la torréfaction. Le moindre inconvénient de cette pratique est évidemment de masquer la saveur suave du café par un goût, très prononcé, de caramel qui ne plaît pas à tout le monde.

On enrobe le café, avant de le brûler, dans des mélasses de basse qualité qui renferment toujours de la potasse et du chlorure de sodium, et donnent alors à l'infusion une saveur alcaline peu flatteuse au palais.

Au moment où on extrait le café du brûloir et où il est encore chaud, on le saupoudre avec une petite quantité de sucre en poudre. L'emploi du sucre en poudre ne modifie pas sensiblement l'arome du café quand ce sucre est de première qualité, puisque, la plupart du temps, on ajoute du sucre à la boisson ; mais lorsque ce sucre est de qualité inférieure, il communique à celle-ci toutes ses propriétés peu agréables au palais et constitue par conséquent une fraude.

Ajoutons d'ailleurs que l'enrobage par le sucre n'est toléré par la loi qu'à condition de ne pas être de plus de 6 0/0.

VI. APPAREIL DE TORRÉFACTION DE M. GAUTHIER

M. Gauthier, vivement préoccupé de l'inconvénient des moyens employés jusqu'à présent pour griller les graines destinées à produire, par leur infusion, les boissons délicates, inconvénient qui est la perte continuelle de l'arome des graines soumises à la torréfaction, et qui a surtout une extrême gravité dans la préparation du café, dont l'usage est si répandu, a imaginé un brûloir fort simple qui paraît non seulement s'opposer à la perte de ces aromes, mais encore et mieux, les utiliser à redonner aux produits celui qu'ils perdent pendant leur torréfaction. Cet appareil est indiqué par les figures 4 et 5.

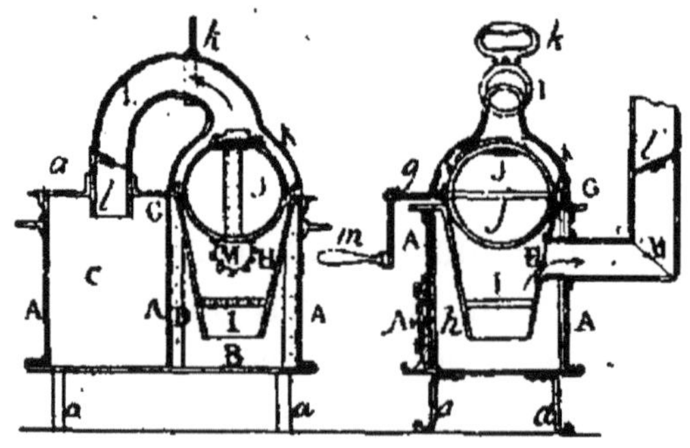

Fig. 4 et 5. — Appareil à torréfaction de M. Gauthier.

La figure 4 est une coupe longitudinale, en élévation d'un brûloir à café.

La figure 5 est une coupe transversale du même appareil, suivant la ligne 1-2 de la figure 4.

L'appareil se compose d'une caisse rectangulaire A, en fonte ou tôle, séparée en deux parties par une cloison verticale D; les compartiments C et B formés ainsi par cette cloison D, sont munis de portes, celle du compartiment C étant ajustée de manière à rendre la fermeture aussi hermétique que posssible.

La caisse A est fermée à sa partie supérieure par une plaque de tôle ou de fonte G, percée de deux ouvertures destinées, l'une à permettre l'encastrement du corps spécial du grilloir, l'autre à donner passage à un tuyau recevant l'arome produit par la torréfaction.

Dans l'ouverture de la plaque du compartiment B s'implante un vase de forme conique H, muni d'une grille I et d'une porte d'aérage *h*. Ce vase porte une tubulure sur sa paroi inclinée, laquelle tubulure reçoit un tuyau M d'échappement des vapeurs du fourneau, conduites ainsi dans une cheminée. Ce tuyau est muni d'un registre *l'* qui permet de régler le tirage.

A la partie supérieure du vase-fourneau H est placé le grilloir proprement dit. C'est d'ordinaire un vase cylindrique *j*, en tôle, terminé à ses extrémités par des parties hémisphériques, disposition ayant pour objet d'obliger les graines à s'écouler toujours vers la partie chauffée. Ce vase est ici de forme sphérique, il est traversé par un arbre, porté sur deux coussinets *g*; cet arbre est muni d'une manivelle *m*, qui permet de lui donner le mouvement de rotation voulu.

Le fourneau est couvert par une sorte de dôme de

cucurbite distillatoire K, terminé par un tuyau recourbé L, muni d'un obturateur *l*. Ce tuyau vient déboucher dans la chambre de réception C des aromes.

L'appareil est généralement soutenu par trois ou quatre pieds *a*; la cloche *k* s'enlève facilement au moyen d'une poignée *k* qui s'attache à la partie supérieure du conduit *d*. On se rend compte que, dans les opérations de torréfaction, les vapeurs aromatiques se rendent directement dans la caisse C où elles s'agglomèrent. On place dans cette caisse, soit le café non grillé, soit le café qui a subi la torréfaction même. Ce produit, baignant dans les vapeurs aromatiques, s'en imprègne de la manière la plus complète, et reprend ainsi l'arome qu'il a perdu dans l'opération du grillage.

Cet appareil, par sa disposition, peut être d'un usage tout spécial dans les logements, puisqu'aucune vapeur ne peut s'en échapper, il suffit seulement d'un tuyau conducteur des fumées du fourneau, tuyau débouchant toujours facilement dans une cheminée quelconque.

VII. TORRÉFACTEUR LAMBERT

Le torréfacteur Gauthier a été perfectionné par l'addition d'un véritable condenseur des vapeurs qui s'échappent du brûloir pendant l'opération. Il opère en vases clos pour recueillir et condenser la caféine et le caféone.

On introduit le café vert dans le brûloir qui reçoit un mouvement de rotation par un système d'engrenages et basculant par les contrepoids placés sur des leviers. Quand le café commence à brunir, on met en communication le brûloir avec le condenseur à courant d'eau froide par des tuyaux qui viennent s'attacher sur l'arbre creux du brûloir.

Les vapeurs, au fur et à mesure de leur formation, se rendent dans le condenseur et s'y condensent; quand le café est brûlé à point, on le fait tomber dans un refroidisseur formé d'un cylindre en tôle perforée, tournant dans un autre cylindre en tôle ou double enveloppe à courant d'eau. Le café étant refroidi en partie, on y introduit l'essence contenue dans le condenseur par un robinet et le tuyau qui relie ledit condenseur à l'arbre creux du refroidisseur. De cette façon tout l'arome est réabsorbé par le café et on réalise une économie de 5 à 10 0/0 sur le brûlage.

CHAPITRE III

De la Boisson dite Café.

SOMMAIRE. — I. Préparation du café. — II. Moulins à café

Cette boisson connue maintenant dans tous les pays est nommée :

Cahwa, par les Persans,
Elkarie, par les Egyptiens,
Chauve ou Cahue, par les Turcs,
Cachua ou Coava, par les Arabes,

et par les autres peuples d'Europe, caphé, café, coffi, coffea, etc.

Pour obtenir un excellent café, il faut d'abord que les fèves soient d'une très bonne qualité et qu'elles ne soient nullement détériorées, ni qu'elles aient été exposées à l'humidité ; ce point est d'autant plus important que le café qui a été mouillé perd ainsi une partie de son arome et de sa saveur.

La torréfaction doit ensuite être soigneusement conduite et portée au point nécessaire; quant au moulinage, la poudre doit être égale et un peu fine, afin que l'eau puisse absorber plus facilement les principes solubles. Les Turcs boivent le café en laissant toute la poudre dans la boisson, et pour cela ils réduisent le café en poudre impalpable ; d'ailleurs nous reviendrons sur la préparation du café turc.

Dans tous les cas, il ne faut pas soumettre cette poudre de café à l'ébullition, parce que cette décoction est beaucoup plus colorée, a une saveur et un arome moins agréables.

I. PRÉPARATION DU CAFÉ

Plusieurs procédés sont suivis dans les ménages pour faire le café ; les uns font une décoction du marc de la veille, puis avec le liquide qui en provient, on prépare une infusion avec de la poudre nouvelle, d'autres se contentent de faire simplement une infusion avec de la poudre nouvelle, d'autres encore font macérer la poudre de café dans l'eau, soumettent à la pression, puis portent le liquide à une température à laquelle on prend ordinairement le café en boisson.

On a constaté qu'il fallait 10 grammes de café en poudre pour faire une tasse de boisson, en comptant sept tasses dans un litre, que cette eau, à l'état bouillant, doit être passée sur du café fraîchement moulu. Dans ces conditions, on obtient une boisson renfermant la plus grande partie de l'arome du café et 25 grammes de substance solide par litre de café. Mais ces résultats ne s'obtiennent qu'avec des cafés purs de bonne qualité et torréfiés convenablement.

M. Chevallier, dans son traité sur le café, conseille de préparer le café de la façon suivante :

Sur le marc provenant de 100 grammes de café ayant servi à une première infusion, on verse un litre d'eau bouillante, puis on laisse en macération. Cette macération terminée, on sépare le macéré et en le portant en ébullition on s'en sert pour faire une infusion avec du café fraîchement moulu. Un autre procédé consiste à verser sur le café moulu une petite quantité d'eau froide et le presser, puis on verse de l'eau bouillante.

En tout cas il faut choisir un café qui, sec, n'ait aucun goût de moisi ou qui ne soit pas mariné et partager la quantité qu'on veut brûler en deux parties égales.

Torréfier la première partie simplement jusqu'à ce qu'elle ait une couleur d'amandes sèches et qu'elle ait perdu 1/8 de son poids.

Torréfier ensuite la seconde partie jusqu'à ce qu'elle ait une couleur brun-marron et qu'elle ait perdu 1/5 de son poids.

Mélanger ces deux parties ensemble et les moudre. Ne brûler le café, ni l'infuser que le jour où on doit le prendre.

Verser sur 60 grammes de café quatre tasses d'eau froide (480 grammes)et on met cette infusion à part. Verser sur le même café trois tasses d'eau bouillante et mêler les deux infusions ensemble.

On fait chauffer ce mélange brusquement, sans toutefois le faire bouillir.

Cadet de Vaux établit qu'il n'y a guère que deux manières de faire le café, à savoir l'*ébullition* et l'*infusion*, en écartant le café fait à froid, préconisé à plusieurs reprises par les amateurs, mais dont le procédé n'est pas entré en pratique chez les limonadiers.

Préparation par ébullition

On prépare le café par ébullition en le mettant soit à l'eau froide, soit à l'eau bouillante.

L'ébullition à l'eau froide s'opère en démêlant le café dans l'eau froide et le faisant bouillir jusqu'à ce qu'il se précipite, que la mousse ait disparu et que l'ébullition redevienne paisible comme celle de l'eau. La liqueur reposée, on la verse doucement pour ne pas agiter le marc, on prend le café chaud ou on le tire au clair pour le réchauffer ensuite au moment de le servir. Si la liqueur ne s'éclaircit pas facilement, on l'y provoque en ajoutant quelques gouttes d'eau froide dans les derniers bouillons, ou en posant la cafetière sur un corps froid, soit enfin avec un peu de sucre. On met le marc bouillir le jour même et on tire au clair pour le café du lendemain.

Dans l'*ébullition à l'eau bouillante*, au lieu de mettre le café dans l'eau froide, on le met dans l'eau bouillante, ou on verse l'eau bouillante dessus peu à peu et avec précaution, et on opère du reste comme dans la manière précédente: ce café diffère peu du précédent, mais il s'éclaircit plus facilement et cette méthode paraît préférable à la première.

Préparation par infusion

La préparation par infusion se fait de trois manières différentes ; l'infusion à eau bouillante, l'infusion avec de l'eau chaude à 50°-70° et l'infusion à eau froide.

Infusion à l'eau bouillante

On prend, par exemple, 45 grammes de café et 7 1/2 tasses d'eau (900 grammes) pour obtenir 720 grammes d'infusion. On met ces 45 grammes dans un infusoir, on les foule bien, on laisse le foulon, qui est percé à jour, sur le café, on verse l'eau bouillante en deux fois, la deuxième après que l'infusion a commencé à couler. Chacune des tasses obtenues ainsi, pesées au caféomètre, ont présenté les degrés suivants :

1re tasse. . . .	3°	caféométriques...	000
2e —	1°	—	500
3e —	1°	—	125
4e —	0°	—	500
5e —	0°	—	000
6e —	0°	—	000
Total. . .	6°		125

Le mélange donne un café pesant 1 degré. La première tasse est de la quintessence de café ; cette première et la seconde en sont l'essence avec tout le parfum, toute la saveur du café et une très légère amertume; la troisième, du bon café ; la quatrième du petit café ; la cinquième mérite à peine ce nom, et la sixième est bonne à jeter. Les deux premières tasses sont d'une robe riche de café qui perd successivement de son intensité et ne donne plus aux deux suivantes qu'une couleur fausse. Le marc est épuisé de principes aromatiques et ne livre plus que des principes gommeux, d'une odeur peu agréable et d'une saveur amère.

Infusion à l'eau chaude

Elle se prépare avec de l'eau chaude à 50° à 70°, comme précédemment. Pesées au caféomètre, les six tasses marquent :

1re tasse. . . .	4°	caféométriques ..	375
2e —	1°	—	625
3e —	0°	—	750
4e —	0°	—	500
5e —	0°	—	250
6e —	0°	—	125
Total. . .	7°		625

Le mélange des six tasses donne donc un café dont chaque tasse pèse 1°275 ou du café fort; et encore la poudre de café n'est-elle pas épuisée, mais elle peut être débarrassée de ses principes solubles au degré de chaleur, par deux nouvelles tasses d'eau, on a une septième tasse à 0°250 et une huitième à 0°125. Le café est épuisé, et le marc rebouilli marque à peine au caféomètre. Le café est d'un goût plus délicat que celui infusé à l'eau bouillante, plus parfumé et d'une amertume moindre ; enfin sa robe est agréable à l'œil.

Ainsi, en résumé, selon Cadet de Vaux, pour préparer du café à divers degrés de force, il faut prendre 60 grammes de poudre, comprimer la poudre au fouloir, et verser dessus les quantités suivantes d'eau portée de 60° à 70° :

600	gr. d'eau pour avoir	480	gr. de café
720	—	600	—
840	—	720	—
1.080	—	840	—
1.440	—	1.080	—

Le premier café est de la quintessence, le second de l'essence, le troisième d'excellent café ayant beaucoup de corps, un café de banquet, le quatrième un très bon café de ménage, surtout pour ceux qui en prennent plusieurs fois par jour, et le cinquième un café léger pour ceux qui usent avec excès de cette boisson.

Quant au *thé-levé*, nom donné par les limonadiers au marc bouilli, Cadet de Vaux le prépare sans ébullition ainsi qu'il suit : on verse sur le marc 600 grammes d'eau chaude, on laisse écouler ce thé-levé qui n'a aucune amertune, aucune saveur astringente et d'empyreume, et on le conserve pour faire le café le lendemain. Ce thé-levé n'a pas un goût agréable, mais il donne un peu de principe gommeur et au caféomètre marque 0°030 ; sa saveur est masquée par celle du nouveau café auquel il donne du corps et de la couleur.

Infusion à l'eau froide

Cadet de Vaux a constaté que l'infusion à l'eau froide du café donnait une liqueur marquant 9°250, mais comme ce mode de préparation n'est pas usité dans l'art du limonadier, nous croyons ne pas devoir nous étendre sur ce sujet. Constatons seulement en terminant ces considérations sur les diverses manières de préparer le café que 1 kilogramme de café perd, à la torréfaction, de 150 à 185 grammes. S'il perd celui de 185 à 190 grammes, il est trop brûlé. Ainsi 1 kilogramme de café vert torréfié ne pèse que 845 grammes et c'est le café ainsi torréfié et réduit en poudre dont il faut prendre les proportions qui ont été indiquées ci-dessus.

Il y a enfin un point sur lequel Cadet de Vaux appelle l'attention des gourmets, c'est sur les avantages de réchauffer le café.

« De quelque manière, dit-il, qu'on prépare le café, le réchauffer contribue à le rendre meilleur, parce qu'il est plus nourri, excepté toutefois s'il est préparé par ébullition, qui a déjà détruit une partie de ses principes. Un café qui vient d'être fait avec un café nouvellement torréfié et broyé, est assurément très bon sans être réchauffé, mais mijoté au feu, il est incomparablement meilleur, et s'il a été préparé d'avance, il faut le réchauffer. Or, rien ne contribue plus à augmenter ou diminuer sa bonté que la manière de le réchauffer.

« Réchauffer le meilleur café, sans soin et jusqu'à l'ébullition, c'est lui enlever son parfum et sa qualité. Il perd sa belle robe, et si la cafetière n'est pas pleine, il prend un goût de roui qui peut ne pas plaire aux amateurs. Or il y a deux manières de réchauffer le café, très bonnes toutes deux : dans la première, on fait le café le matin, et une heure avant dîner on le fait mijoter, c'est-à-dire qu'on le tient à une certaine distance du feu, dans une cafetière d'argent ou de porcelaine. Il ne doit pas y bouillir, pas même frémir, si ce n'est au moment de le dresser très chaud. Dans l'autre manière on expose à un feu vif et ardent pour le retirer à l'instant du frémissement qui précède l'ébullition ».

Enfin, Cadet de Vaux conseille aux limonadiers de faire leur café de la manière suivante :

L'appareil se compose d'un vase de porcelaine ou de faïence terminé en cône dont la base doit être le tiers du diamètre supérieur ; sur cette base est posée une plaque en argent ou en étain fin, percée et faisant l'office de crible ; d'un fouloir en bois avec sa poignée ; d'un diaphragme en argent ou en étain, percé de trous destinés à recevoir la chute de l'eau sans soulever et déplacer le café ; d'un couvercle pour s'opposer à l'évaporation de l'arome ; enfin d'un vase en faïence destiné à recevoir le café qui s'écoule.

Le soir, le limonadier fait chauffer de 50° à 60°, son *thé-levé* et le verse sur son café bien foulé ; le café coule pendant la nuit. Le lendemain matin, il le dépose dans un lieu à basse température, où il se tient au frais, puis il va le chercher au fur et à mesure, pour en tenir au bain-marie la quantité nécessaire au service. Le bain-marie étant constamment sur le feu, on a toujours du café très chaud et très bon, mais qui perdrait infiniment si on le maintenait chaud dans les cafetières, et prendrait une saveur atramentaire si celles-ci étaient en fer-blanc.

On a proposé à diverses reprises l'emploi des appareils à déplacement, dont on fait usage en chimie, pour épuiser de leurs principes solubles les substances végétales ou autres, mais nous croyons que ces appareils ne sont pas propres à faire de bon café, car il ne s'agit pas d'épuiser la poudre de tous ses principes solubles, mais bien de faire passer seulement dans l'infusion ceux de ces principes solubles qui donnent l'arome et le parfum à la boisson et non pas tout l'acide gallique, les résines, etc., que les grains de café peuvent contenir et qui donneraient au café une saveur âcre et trop amère.

II. DES MOULINS A CAFÉ

Nous avons vu que pour faire l'infusion de café il faut réduire les fèves en poudre plus ou moins fine et on se sert pour cela des appareils dits *Moulins à café.*

Tout le monde connaît le moulin à café ordinaire, composé d'une boîte carrée en bois portant un tiroir pour recevoir le produit de la moulure. Le couvercle porte un trou formant trémie où l'on place le café à moudre, et dans ce trou est fixée la noix conique portant une taille superficielle et fixée sur l'arbre portant la manivelle. La noix vient se placer dans l'évidement intérieur d'une pièce en tôle ou fonte, dite *boisseau*, portant une taille correspondante.

Moulin Mathiot

Le moulin Mathiot se compose (fig. 6) d'une boîte A renfermant le mécanisme qui comprend un cylindre concasseur à dents B, monté sur l'arbre O, qui, extérieurement, porte la manivelle M.

Ce cylindre tourne en regard d'une contre-partie courbe C, elle-même dentée et soutenue par les tourillons O' engagés dans les côtés de la boîte.

On peut à volonté régler le jeu ou écartement du cylindre et de la contre-partie, au moyen de la tige

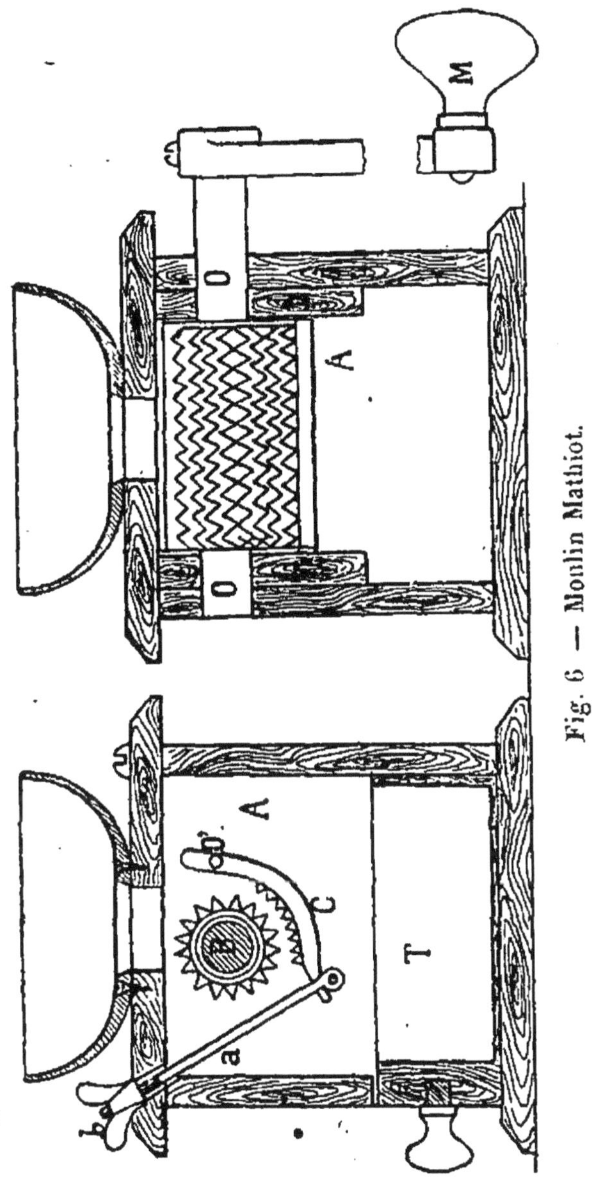

Fig. 6 — Moulin Mathiot.

a reliée à la base de la contre-partie C. Cette tige est filetée à sa partie supérieure qui traverse le dessus de la boîte et on peut la monter ou la descendre à volonté, au moyen de l'écrou à oreille *b*. Une trémie est fixée sur le dessus de la boîte et sert à recevoir le café à moudre qui tombe après mouture dans le tiroir T disposé en dessous.

Moulin métallique Peugeot

Les moulins ordinaires à tiroir pour le produit de la mouture présentent l'inconvénient suivant : quand on tire le tiroir pour le sortir, le café se répand en dehors du tiroir.

M. Peugeot a construit un moulin tout en métal, dans lequel l'agencement spécial de la boîte rend le tiroir inutile et cette boîte sert en même temps de récipient pour le café ; il se compose d'un cylindre métallique A (fig. 7) auquel est fixé un fond en bois B. La partie supérieure en bois supporte le mécanisme et s'adapte solidement au cylindre A par un mouvement à baïonnette D, E.

On voit qu'on peut moudre le café et ouvrir le moulin très facilement sans que le café soit répandu, comme cela arrive quand on enlève le tiroir.

Le mécanisme se compose d'une noix à taille superficielle et d'un boisseau qui est fixé sur la partie supérieure en bois. La noix est montée sur une tige verticale qui se termine à l'autre extrémité par une partie filetée et porte la manivelle M.

Pour avoir un produit plus ou moins fin, on doit rapprocher ou éloigner la noix du boisseau et cela à l'aide d'un écrou à molette G monté sur la partie filetée de la tige de la noix et qu'on maintient à son point de réglage à l'aide d'une lame-ressort R fixée sur le dessus de la manivelle.

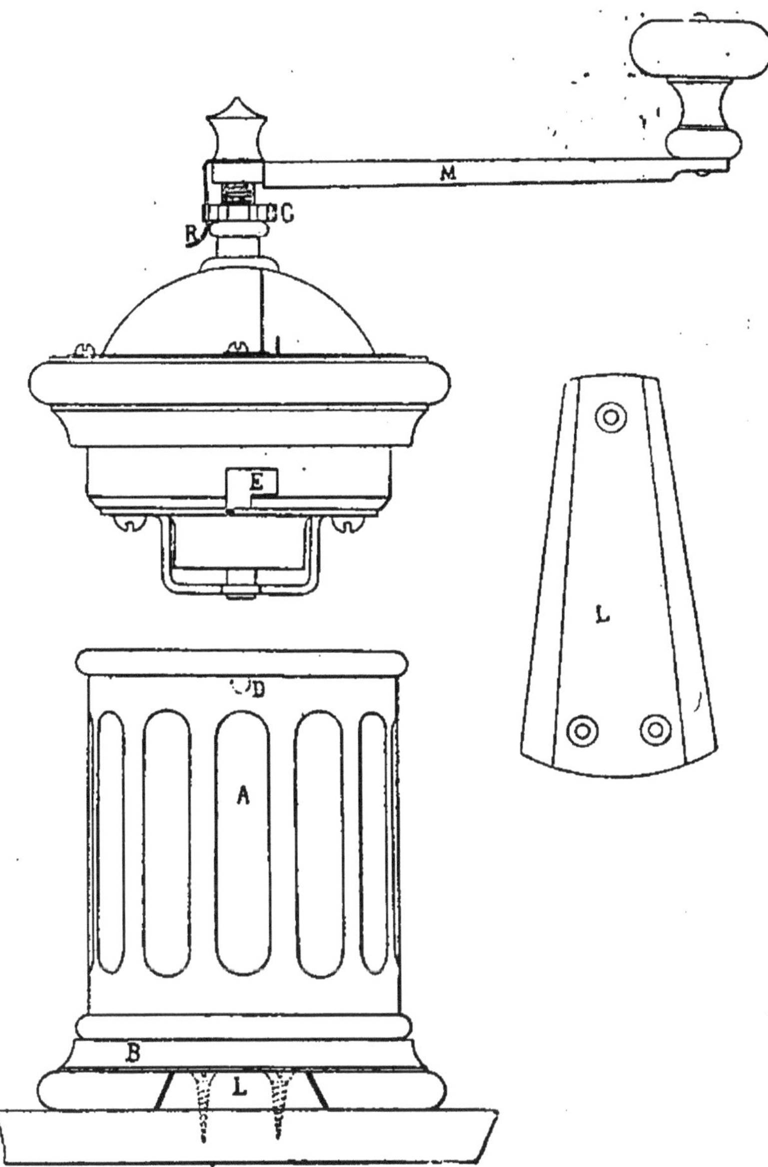

Fig. 7. — Moulin à café métallique (Peugeot).

On fixe le moulin solidement sur une table, au lieu de le tenir à la main, à l'aide d'une languette L, taillée en queue d'aronde et vissée sur la table à l'aide de trois vis. Le fond B du moulin porte une entaille correspondante et peut coulisser facilement.

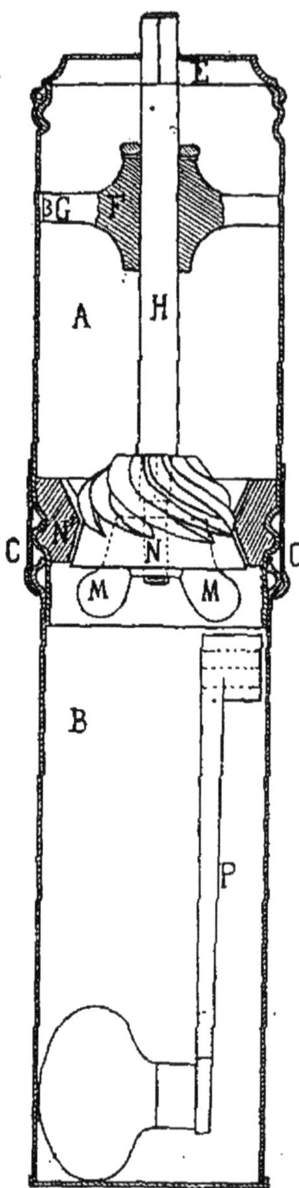

Fig. 8. — Moulin cylindrique dit des troupes.

Moulin cylindrique, dit des troupes

Ce moulin consiste (fig. 8) en une boîte métallique et cylindrique de petit diamètre, pouvant se séparer en deux parties A et B qui se réunissent entre elles par un assemblage à baïonnette C. Dans la partie supérieure sont fixés les organes de mouture, à savoir : la noix N, la contre-noix N', l'arbre de la noix et son support. C'est dans cette partie supérieure que se place le café à moudre et le produit de la mouture tombe dans la partie inférieure.

Quand le moulin est au repos, la manivelle de commande, retirée, se loge dans la partie inférieure et rend le transport plus facile. Le chapeau E se fixe sur le corps A par un mouvement à baïonnette, le support F de l'arbre de la noix est retenu dans le corps A à l'aide des vis G et il est traversé complètement par l'arbre de la noix H qui s'y fixe à l'aide d'une clavette et se termine en haut par une partie carrée, pour recevoir la manivelle, et à sa partie inférieure par une autre partie carrée H pour recevoir la noix N, retenue sur l'arbre par une vis M. La contre-noix ou boisseau N' est fixée sur le corps A par des vis.

Le fonctionnement du moulin est le suivant :

On retire la manivelle P du corps B, on enlève le couvercle E et on place le café voulu dans le corps A puis on tourne la manivelle P.

Pour avoir une farine de café plus ou moins fine, on tourne la vis M qui produit un rapprochement ou éloignement de la noix par rapport à la contre-noix, ce qui règle la finesse du produit. Ce moulin sert pour faire une farine très fine telle que l'on emploie pour faire le café turc.

Tous ces moulins décrits sont employés dans les ménages quand la quantité de café à moudre n'est pas très grande. Quand cette quantité devient un peu importante, on emploie les moulins dits *Moulins de comptoir*.

Moulin de comptoir Peugeot

Le moulin de comptoir se compose (fig. 9), comme le moulin ordinaire, d'une boîte B cylindrique en fonte disposée de telle manière que le café descend de la trémie vers la cuvette à moudre sans qu'il lui soit possible de toucher sur son parcours à aucune des parties du mécanisme. L'axe de la noix est vertical et reçoit le mouvement de la manivelle-volant à axe horizontal par l'intermédiaire d'une paire de pignons d'angle E.

Pour permettre la visite du mécanisme et le graissage, la trémie A est mobile autour d'une charnière à sa base. Un godet I est fixé au-dessus de la cuvette

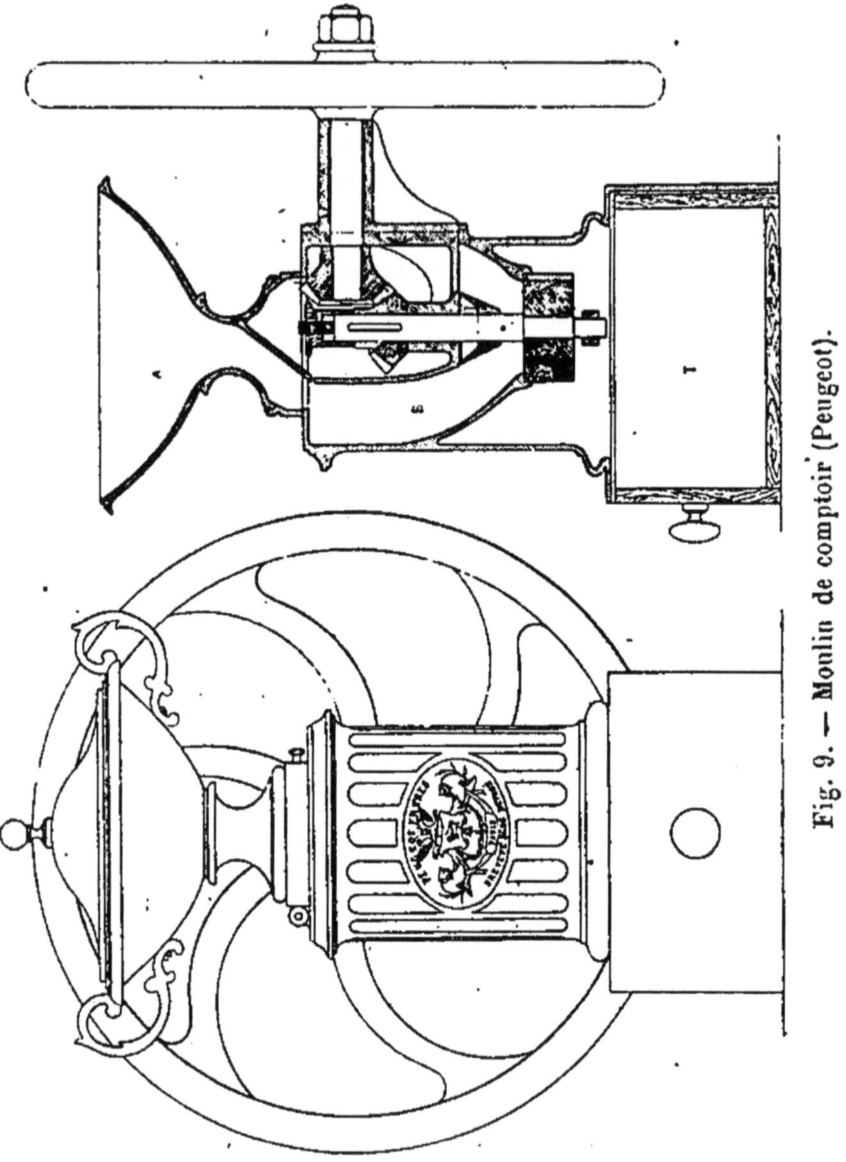

Fig. 9. — Moulin de comptoir (Peugeot).

à mouture pour empêcher les gouttes d'huile de tomber sur le café : le réglage de la mouture s'opère en faisant basculer la trémie A et en tournant la molette M, qui force l'arbre de la noix à monter ou à descendre; pour cela ledit arbre se termine en haut par une partie filetée sur laquelle glisse la molette M. Dans ce mouvement de va-et-vient de l'arbre, le pignon E repose toujours sur la fonte de la boîte B et entraîne dans sa rotation l'arbre, en lui laissant libre tout mouvement vertical.

Nous allons terminer la description des appareils de mouture par celle d'un appareil imaginé par M. Carl Wagner, de Dresde, qui permet de griller le café vert et le réduire en poudre dans ce même appareil.

Brûloir-Moulin de Carl Wagner

Cet appareil se compose (fig. 10) d'un tambour A servant à torréfier les graines de café vert et pour moudre le café torréfié ; il est traversé par un arbre *a* supporté de chaque côté, à B et B, et muni d'une manivelle C. Les graines sont versées dans le tambour A par l'ouverture *a'* fermée par le couvercle D. Au-dessous du tambour A est placé un récipient formant lampe à alcool B.

A l'intérieur du tambour A est adaptée la paroi à face travaillante E munie de perforations; l'arbre *a* est quadrangulaire dans sa partie *m*, pour guider le moyeu *l* de la paroi E' formée de la même manière que la paroi E; le moyeu *l* est prolongé pour recevoir la paroi J, contre laquelle s'appuie le ressort en spirale G.

Sur le tambour A est fixé un cliquet formé par une petite lame du ressort I et un taquet K, correspondant à une rainure R de la paroi J. Un taquet *h* fixé sur le tambour A sert à immobiliser ce tambour à l'aide de la poignée M.

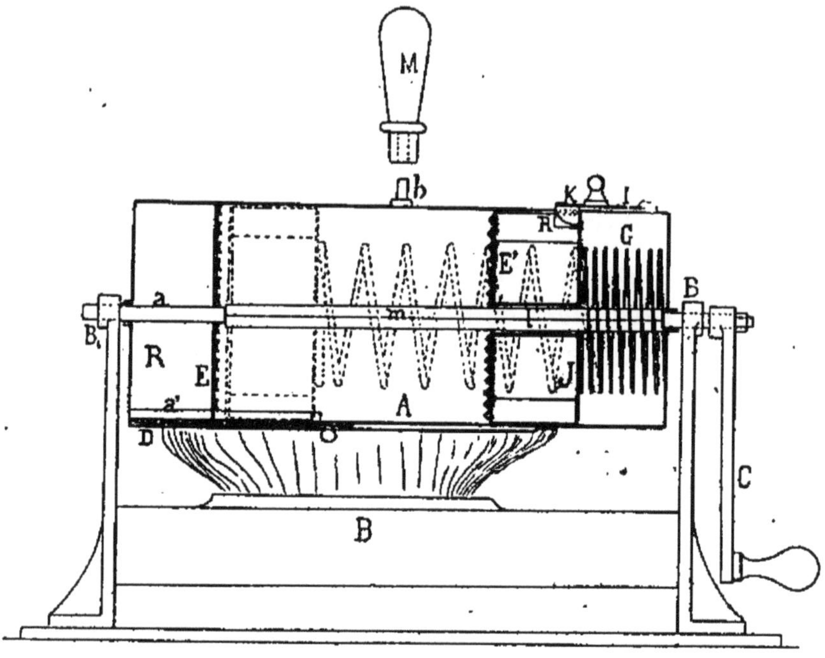

Fig. 10. — Brûloir-moulin Wagner.

Le fonctionnement de l'appareil est facile à comprendre. On laisse le taquet K dans sa rainure, on met le café vert dans le tambour par l'ouverture *a'* et on allume la lampe à alcool, on tourne la manivelle et les deux parois E E' tournent en même temps que le tambour A. Quand le café est torréfié, on fixe le tambour à l'aide de la poignée M et pour moudre le café on enlève le taquet K, la paroi J devient libre et le ressort G pousse la paroi travaillante E' contre la paroi E, comme on le voit par le tracé ponctué; on tourne la manivelle C, le café est moulu et reste dans l'espace R; en ouvrant le couvercle D qui coulisse on fait sortir le café moulu.

On comprend la commodité de cet appareil permettant de brûler le café à l'instant même de son emploi. D'ailleurs, nous allons donner plus loin la description d'un appareil imaginé par M. Wagner, pour faire le café en mettant dans l'appareil du café vert.

CHAPITRE IV

Des appareils servant à faire le Café

SOMMAIRE. — I. Cafetières des ménages. — II. Appareil de Wagner pour faire le café avec des grains verts. — III. Appareil à faire le café, le chocolat, etc. — IV. Cafetières pour limonadiers. — V. Champoreau. — VI. Bains-marie.

Les appareils servant à faire la liqueur de café s'appellent des cafetières, savoir : les cafetières des ménages, les cafetières pour cafetiers et limonadiers, et enfin les appareils propres à faire toute infusion.

I. CAFETIÈRES DES MÉNAGES

Cafetière à filtre et pression de Grandin et Crépeaux

L'appareil se compose (fig. 11) d'un corps de cafetière formé par deux réservoirs superposés *h* et *i* communiquant entre eux par le tube *e*.

a est le couvercle de la cafetière, qui s'enlève pour l'introduction de l'eau qu'on verse jusqu'à la hauteur *b*; elle ne descendra dans le réservoir inférieur *i* que quand on ôtera le bouchon en fer-blanc garni de liège du dessus du goulot *f*. On introduit

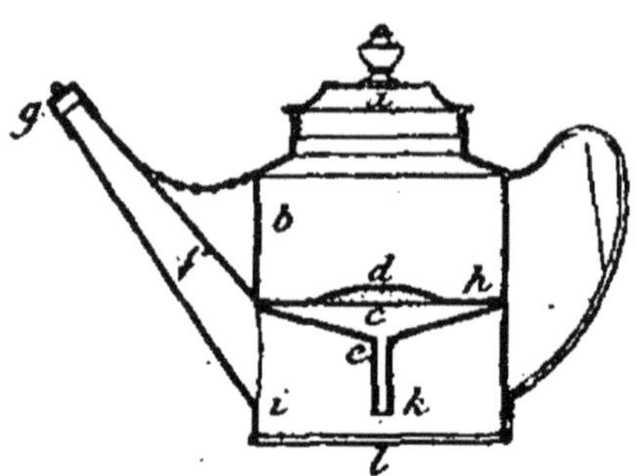

Fig. 11. — Cafetière à filtre et pression, de Grandin et Crépaux.

le café qui vient se poser sur le filtre *c* aussitôt que l'eau est descendue dans le réservoir inférieur, et on remet le bouchon *g* du goulot *f*.

Le fond *c*, en fer-blanc, est soudé à 68 millimètres du fond de la cafetière; sur ce fond et à son centre est soudé le filtre *d* en demi-boule, et l'eau passe à travers ce filtre pour descendre par le tube *e* dans le réservoir inférieur; le tuyau *e* se termine à sa partie supérieure par le fond *c* qui forme entonnoir et sa partie inférieure vient déboucher à 9 millimètres du fond. Au moment de l'ébullition, l'eau monte du réservoir inférieur dans le réservoir supérieur en traversant le café, et aussitôt que l'ébullition cessera (après une minute environ) l'eau chargée des principes stimulants et aromatiques du café, redescend dans le réservoir inférieur.

On fait déboucher le tuyau *e* un peu au-dessus du fond de la cafetière, de façon à avoir une petite quantité d'eau qui empêchera le fond de se dessouder.

Le réservoir supérieur est d'un tiers plus grand que le réservoir inférieur.

Avantages de la cafetière à filtre, et à pression atmosphérique. — La préparation pour faire le café n'exige point d'autre vase que la cafetière seule sans aucun autre accessoire, ni d'autre procédé de chauffage que celui de tout fourneau en usage jusqu'à ce jour, et chauffé par un combustible quelconque, charbon, bois, esprit-de-vin, etc.

Cette préparation du café prêt à boire, pour une cafetière de quatre tasses (grandeur moyenne et le plus en usage), ne demande que quinze minutes, tout compris, l'eau mise froide et le café servi bouillant. Le service en est très commode, puisqu'il suffit de verser l'eau et le café, et de laisser bouillir le tout pendant une minute au plus.

Avec cette cafetière, on obtient un café d'un goût plus agréable que par les procédés connus, parce que, dans cette cafetière, l'eau et le café sont mêlés ensemble au moment même de l'ébullition ; de cette façon l'eau extrait toutes les parties aromatiques du café, au point qu'après l'ébullition le café est réduit en poussière ; dans les autres cafetières, l'eau ne fait qu'arroser seulement le café et n'enlève que très superficiellement l'arome ce qui exige une plus grande quantité de café pour un même nombre de tasses.

Le café est servi tout bouillant, tandis que, dans les autres appareils, il n'est que tiède, puisqu'il faut au moins cinq minutes pour que l'eau puisse filtrer entre le café, tandis que par cet appareil la filtration est rapide à cause de la pression atmosphérique.

Cafetière anglaise

Cette cafetière a les propriétés des cafetières ordinaires auxquelles on a réuni un filtre. L'intérieur est divisé (fig. 12) par le diaphragme *a*. La seule

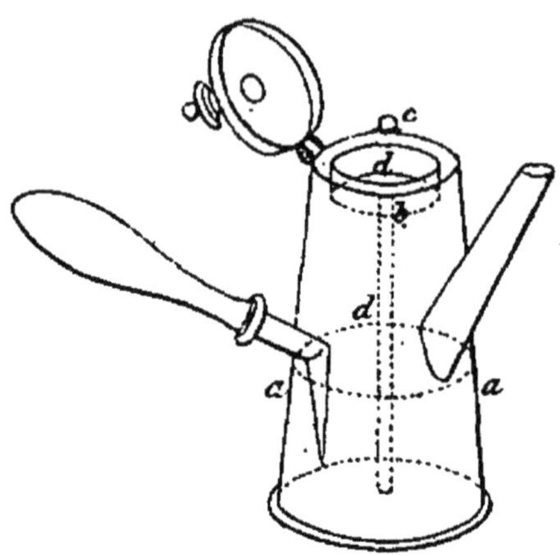

Fig. 12. — Cafetière anglaise.

communication entre les compartiments a lieu par le tube *d* qui traverse cette cloison, y est soudé et arrive jusqu'à 7 millimètres du fond. A l'extrémité supérieure de ce tube est soudée aussi une sorte de boîte *b*, s'ouvrant au-dessus, ce qui forme une espèce d'entonnoir dans lequel on verse l'eau qui doit se rendre dans la case inférieure. Cette boîte doit contenir le café en poudre mis dans une autre boîte identique, ayant le fond percé de trous, et munie d'un couvercle mobile, perforé et pressant légèrement sur le café afin de le tenir ainsi de la même épaisseur. Cette boîte doit être faite de la même manière que celle en *b*, et être fixée dans son intérieur.

Quand la cafetière est placée sur le feu et que

l'eau entre en ébullition, la vapeur n'ayant point d'issue, sauf par un tube ayant une soupape en *c*, égale à une colonne d'eau de 108 millimètres plus haute que la boîte, agit sur la suface de l'eau, et la force à s'élever par le tube *d* dans le café de la boîte *b*, dont elle extrait les parfums solubles, qui tombent très clairs et presque bouillants dans la partie supérieure de la cafetière.

Cafetière « la Ménagère »

La cafetière dite *la Ménagère* se compose (fig. 13) du corps A pourvu d'une poignée P et d'un tube verseur C, auquel on a ajouté un petit sifflet avertisseur *a* qui fonctionne quand l'eau est prête à bouillir. Une ceinture D, placée à une hauteur calculée suivant le nombre de tasses que l'on veut obtenir, indique la hauteur où l'eau doit arriver. Un relief décore le bas de la cafetière.

L'appareil formant le filtre se compose d'une boîte à double fond formée de deux filtres E et F. Celui F est soudé à sa partie centrale à la tige J. Celui E est le couvercle qui se déplace à volonté en le faisant tourner tout simplement jusqu'aux parties évidées, qui font l'office de fermeture à baïonnette.

C'est dans cette boîte qu'on place le café, et ses dimensions sont en rapport avec le nombre des tasses de café à obtenir. Un système de crochets H sert à maintenir le filtre en élévation avant que l'eau entre en ébullition. Ces crochets viennent recevoir les traverses d'attaches ou de fermeture M faisant partie de la tige J. Le mouvement de déplacement se fait en tirant le bouton I placé à l'extrémité de la tige qui traverse la partie centrale du couvercle G.

Le fonctionnement de l'appareil se comprend facilement. On met de l'eau dans le corps A jusqu'au cordon D. On place ensuite du café dans le filtre en

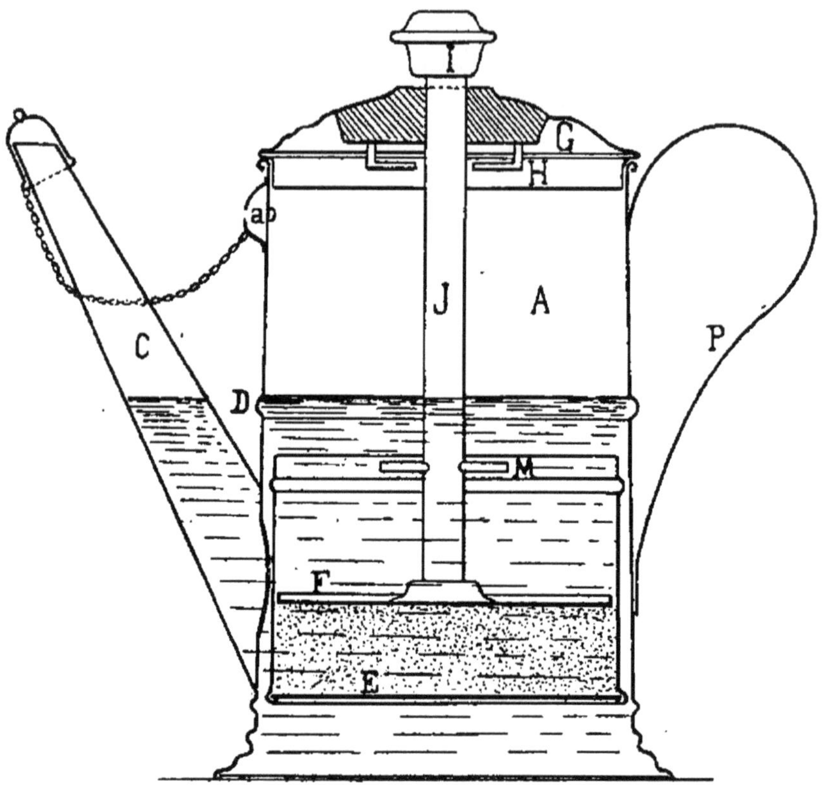

Fig. 13. — Cafetière « La Ménagère ».

quantité suffisante et on suspend cette boîte en haut de la cafetière au moyen des traverses M qui se placent dans l'ouverture des crochets H, en faisant simplement tourner le bouton de la tige J.

On allume la lampe à alcool ou on soumet l'eau à l'action d'un calorique quelconque et, quand le sifflet fonctionnera, ce qui indique que l'eau est entrée en ébullition, on retire la cafetière du feu et on baisse la boîte à filtrer au fond du corps A juste le temps nécessaire pour que l'eau traverse le filtre et vienne dans le récipient E, puis on ramène le filtre à sa position primitive pour que l'eau, en retraversant les filtres, puisse absorber la partie nutritive du café et, une fois l'eau revenue au fond de la cafetière A, ce qui nécessite quelques minutes, le café est fait et peut être servi.

Cafetière-filtre Egloff

Le filtre Egloff se compose (fig. 14) d'un récipient inférieur A destiné à contenir l'eau qui a traversé le café en poudre, c'est-à-dire le café fait, et d'un récipient supérieur O destiné à recevoir le café moulu que l'eau bouillante doit traverser. Dans la partie inférieure de ce récipient O sont rapportés deux tamis S_1 S_2, de telle façon que le tamis S_1 forme le fond d'une pièce rapportée S, dont la partie inférieure est légèrement conique, et à sa partie supérieure est fixée une anse P de forme en U, pour faciliter l'enlèvement du tamis. Le tamis supérieur S_2 qui est muni d'un rebord cylindrique, est disposé de façon à pouvoir être remonté et abaissé sur une vis verticale R qui est fixée au centre de S_1, tandis qu'un organe S_3 fixé sur le filtre S_2 et garni d'une molette, sert d'écrou.

Vers le milieu de sa hauteur la pièce S est rétrécie, de sorte que le diamètre en haut est plus petit que celui de la partie inférieure; la partie coudée est percée de petits trous T pour que l'eau puisse s'écouler dans l'intérieur de la pièce S.

Voici le fonctionnement de l'appareil : on place la pièce rapportée S dans le corps O, en enlevant le tamis S_2; on place le café moulu sur le tamis S_1 et on visse par-dessus le tamis S_2 à l'aide de la molette S_3,

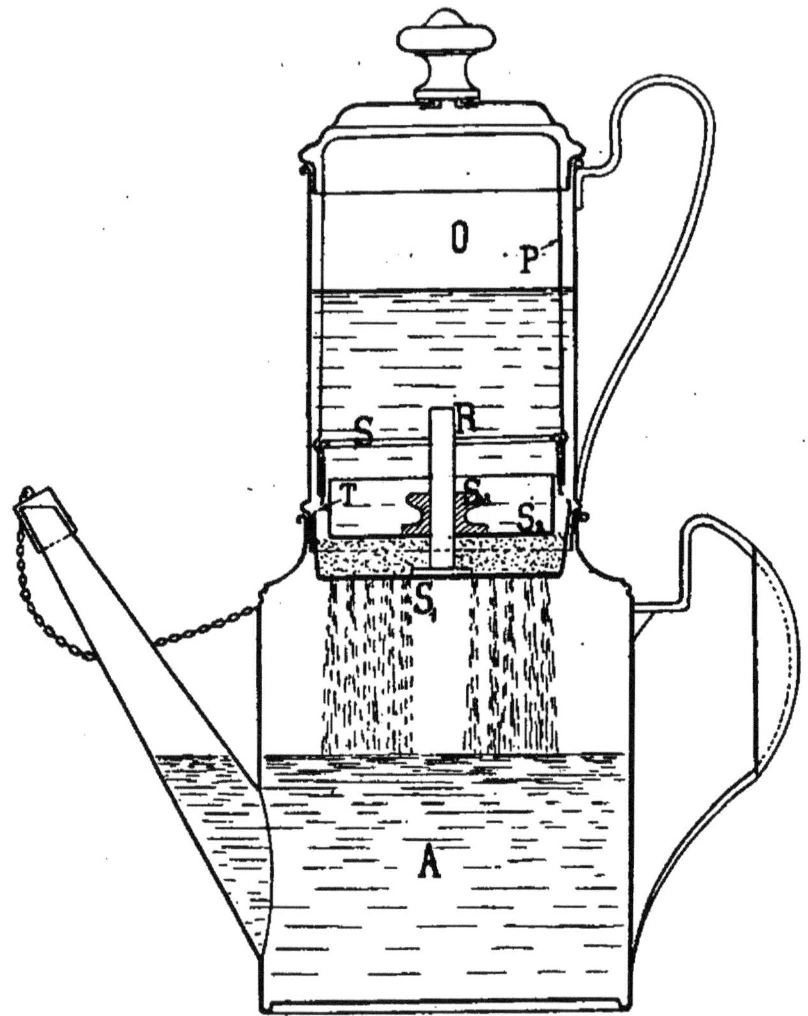

Fig. 14. — Cafetière-filtre Egloff.

jusqu'à ce que ce tamis s'appuie légèrement sur le café; on verse l'eau nécessaire dans le récipient O et on couvre; le café fait se recueille dans le vase A et on peut le servir.

On a reproché à cet appareil de ne pas laisser l'eau en contact avec le café pendant assez longtemps.

Appareil pour préparer le café, de Michelin

Dans sa cafetière, Michelin s'est proposé de conserver dans l'infusion tout l'arome du café, qui reste d'ordinaire en partie dans le marc, en obligeant l'eau bouillante à rester en contact avec la poudre de café en vase clos et pendant un temps suffisant avant de traverser le filtre qui la conduit dans la cafetière.

Elle se compose (fig. 15) de deux vases superposés A et B, dont l'inférieur destiné à recevoir l'infusion est muni d'un bec verseur et d'un manche. Le vase supérieur A a son fond plein et traversé suivant son axe par un tube C ouvert des deux bouts et portant vers le fond du vase une ouverture rectangulaire D ; à l'intérieur de ce tube tourne à frottement doux un deuxième tube E parfaitement ajusté, ouvert par le bas et fermé par le haut. Ce tube porte à la hauteur de l'ouverture D un filtre formé de trous F, disposés sur une surface rectangulaire pouvant venir coïncider avec l'ouverture D, ou se cacher à l'intérieur du tube C, selon que l'on tourne à gauche ou à droite le bouton G qui termine le tube E ; un ergot H, traversant une coulisse I, limite la rotation de ce tube.

Fonctionnement de l'appareil. — Le tube-filtre C étant fermé par le tube E, on place la poudre de café dans le récipient A qu'on remplit d'eau et on replace le couvercle. On laisse infuser un temps suffisant pour recueillir tout l'arome. On tourne le bouton G pour amener le filtre F en face du trou D et l'infusion passe dans le corps B. Le diamètre supérieur du corps A

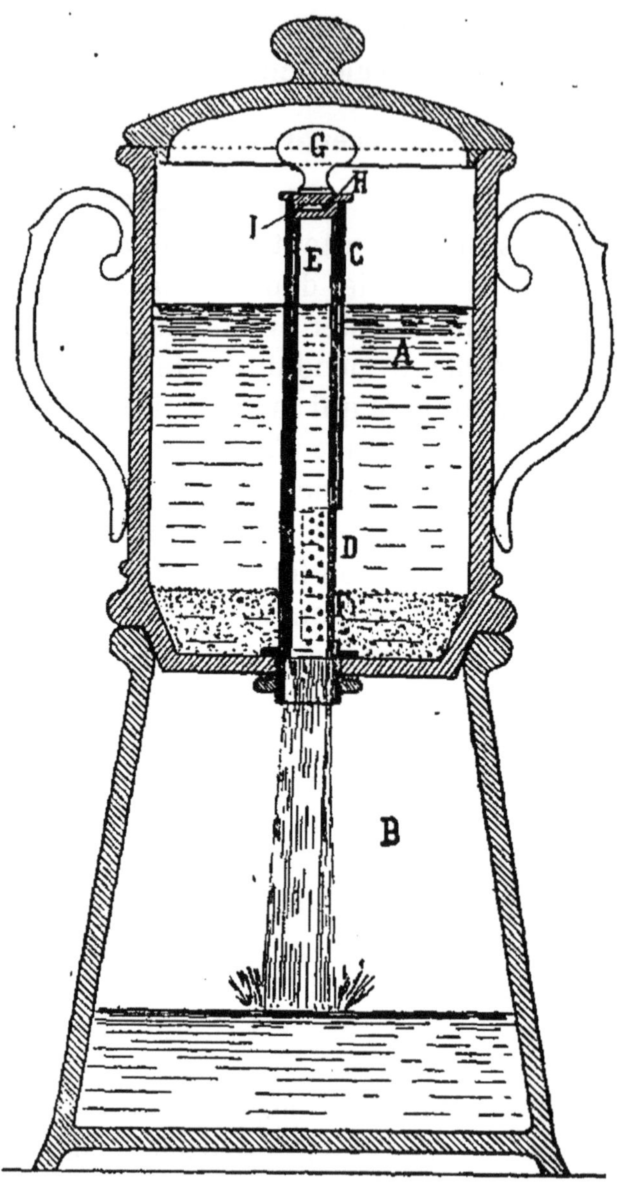

Fig. 15. — Cafetière Michelin.

est le même que celui du corps B, de telle façon qu'on peut enlever le récipient A et placer le couvercle sur le récipient B qui sert alors de verseuse.

Cafetière à la « De Belloy »

Ces cafetières sont à un filtre, ou à double filtre avec soupape. Elles se composent d'une cafetière inférieure *a* (fig. 16) et d'un cylindre supérieur *b*. Le

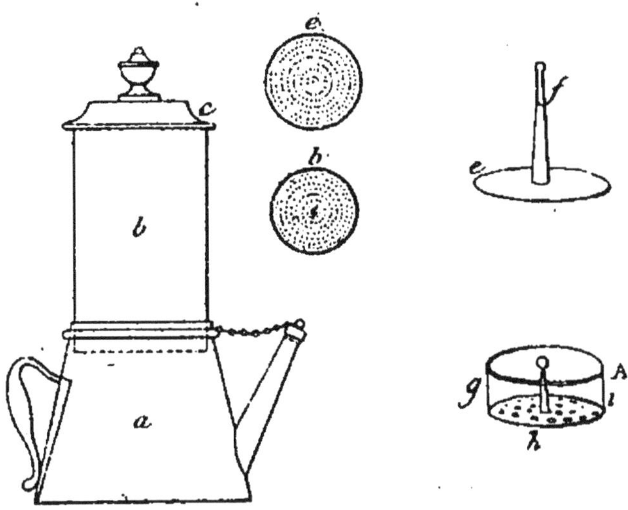

Fig. 16. — Cafetière à la De Belloy.

couvercle *c* que porte le vase *b* doit fermer exactement à l'orifice du vase *a*. Pour y parvenir, on resserre graduellement la cafetière depuis sa base, ou bien on la ferme avec un cylindre semblable au vase *b* et l'on environne ce cylindre d'une enveloppe renflée. Le couvercle sert ainsi aux deux vases, parce qu'après avoir terminé la filtration du café, on enlève *b* qui n'est plus d'aucun usage; on place le couvercle sur *a* qui, alors, ne se trouve plus qu'une cafetière verseuse.

Ce vase inférieur est pourvu d'un bec allongé, très renflé à sa base, placé tantôt en face du manche et, par conséquent, au-devant de la cafetière; tantôt à

90° sur ce manche. D'habitude, cé bec est bouché par un couvercle cylindrique en fer-blanc maintenu par une chaînette scellée sur le bord de la cafetière, au point qui correspond au bec. Le manche est de deux façons, souvent on le fait en bois noirci, introduit à force dans un court tuyau de fer-blanc; tantôt aussi on le prépare avec une lame de fer-blanc, repliée par le haut en manière d'anse.

Le cylindre *b* est toujours muni, à quelques millimètres de sa base, d'un anneau convenablement soudé; le but de cet anneau est d'empêcher le cylindre de glisser trop profondément dans l'ouverture de la cafetière. On laisse, depuis le bord inférieur jusqu'à cet anneau, un intervalle de plusieurs millimètres, d'après les dimensions du vase. Quand la cafetière est grande, l'intervalle dépasse souvent 14 millimètres.

A 2 ou 5 millimètres du bord, à l'intérieur de la base de *b*, on place un filtre percé de nombreux petits trous. C'est une rondelle en fer-blanc de la grandeur voulue, percée à l'emporte-pièce sans interruption ; quelquefois, au centre, on laisse une rondelle épaisse de 9 à 11 millimètres de circonférence, tandis que le reste est à jour.

C'est sur ce filtre qu'on place le café en poudre; le cylindre *b* porte toujours une anse formée d'une lame de fer-blanc. L'une des extrémités de cette anse est soudée sur l'anneau déjà mentionné plus haut ; l'autre est soudée au rouleau que forme le bord du cylindre, replié sur lui-même.

Ce rouleau, ou anneau supérieur, sert à soutenir le couvercle *c*. L'anse, large par le bout de 14 à 20 millimètres et plus, suivant la dimension du vase, s'amincit graduellement de manière à ne présenter que 7 à 11 millimètres par le bas. Elle se place toujours sur la jointure du cylindre.

Le couvercle *c* est composé d'un cercle de 7 à 11 millimètres, selon que le dessus est plus ou moins étendu, plus ou moins embouti; on perce le centre de ce dessus, et l'on introduit dans le trou, ainsi qu'il va être dit, une petite poignée en bois noirci *d*, ayant la forme d'un vase. Une ouverture longitudinale traverse cette poignée; on y introduit une sorte de brochette en fer au bout de laquelle on met une tête ronde en étain, de manière à ce que cette tête porte sur le haut de la poignée; l'autre bout entre dans le trou du couvercle et se soude fortement en dessous.

Les cafetières à la De Belloy ont toujours un fouloir pour tasser le café sur le filtre. Ce fouloir se compose d'une rondelle de fer-blanc mince *e*, emboutie très légèrement au centre; le diamètre de ce fouloir est un peu plus petit que l'ouverture du cylindre, afin de pouvoir entrer librement dans ledit cylindre et presser la poudre de café. Pour faire agir la rondelle, on lui donne un manche *f*, d'une longueur relative à celle du cylindre, de telle sorte, qu'enfoncé dans celui-ci, le fouloir s'élève jusqu'aux deux tiers de sa hauteur; le manche *f* est formé d'une lame de fer-blanc repliée sur elle-même et se terminant en pointe.

Presque toutes les cafetières sont munies d'un second filtre mobile, et dont les trous sont éloignés et grands comme ceux d'une passoire; il sert à diviser l'eau bouillante que l'on verse sur le café; car, sans cette précaution, elle tomberait toute au même endroit et ne l'humecterait pas également. Ce filtre est exactement du même diamètre que le cylindre dans lequel il s'emboîte, de manière à faire corps avec lui et à fermer son orifice.

Ce filtre se compose d'un bord *g*, dont l'extrémité supérieure est légèrement recourbée en dehors formant rebord destiné à retenir le filtre sur le bord du cylindre, déterminé par un petit rouleau qu'embrasse à demi le rebord du filtre. A l'extrémité inférieure de ce rebord est soudée la rondelle *h*, de grandeur convenable, trouée comme une passoire et portant au centre une poignée de hauteur égale à celle du bord *i*. Une languette de fer-blanc, entourant un clou, compose cette poignée. Soudée intérieurement au centre de la rondelle trouée, quand le filtre est de petite dimension, on se contente de replier la languette et de la terminer d'une bouteille d'étain. Le filtre ne doit en rien gêner le couvercle *c*; le bord doit être assez élevé pour que l'eau qu'on y introduit ne puisse retomber sur le cylindre; cette hauteur varie entre 11 et 27 millimètres environ.

Souvent, les cafetières à la De Belloy sont accompagnées d'une soupape qui constitue la partie la plus compliquée de leur fabrication.

Cafetière Russe

L'expérience a démontré depuis longtemps que la meilleure manière de faire du bon café, c'est de traiter la poudre de café par lixiviation, c'est-à-dire par une opération dans laquelle on épuise la substance de ses principes solubles en faisant passer à travers de l'eau à une température susceptible de les dissoudre.

De là, le succès durable et justifié de la cafetière

dite *à la De Belloy*, qui présente, en effet, sur toutes celles construites dans la suite, l'avantage d'être simple et de pouvoir se charger à volonté, même pendant le fonctionnement; mais elle présente aussi l'inconvénient que, le liquide passant en général très vite à travers le café, la lixiviation est incomplète ; on y remédie, il est vrai, en faisant passer la même eau deux fois, mais pendant cette opération l'arome essentiellement volatil du moka s'évapore, le liquide se refroidit et perd de ses qualités. C'est pourquoi on a imaginé la cafetière russe qui, malgré son prix relativement élevé, est aujourd'hui très répandue.

Avec cette cafetière, le café se fait en vase clos et il n'y a point d'arome perdu ; elle se compose (fig. 17) de deux vases A et B superposés, de forme ovoïde.

Le vase A est muni d'un bec verseur. Le compartiment B est celui qui reçoit l'eau et porte le filtre à sa partie supérieure. Pour cela, son ouverture est rétrécie par la fixation d'une feuille ronde D soudée horizontalement et portant un trou d'un diamètre inférieur à celui du récipient B. Sur cette feuille métallique D, on soude un cylindre C ayant 30 à 40 millimètres de hauteur d'un diamètre supérieur à celui de l'ouverture de la feuille D, de façon à ce que cette feuille fasse rebord à l'intérieur du cylindre. Sur ce rebord on vient placer un tamis S_1, au centre duquel est soudée une tige filetée E. Un deuxième tamis S_2 est disposé de manière à pouvoir être abaissé ou monté sur la tige filetée E, à l'aide d'un organe S_3 garni d'une molette servant d'écrou. Un troisième récipient M ayant la même hauteur que le cylindre C et dont le fond est percé de petits trous formant passoire; ce récipient vient recouvrir le cylindre C et s'y fixe solidement à l'aide d'un mouvement à baïonnette K L, ou autre.

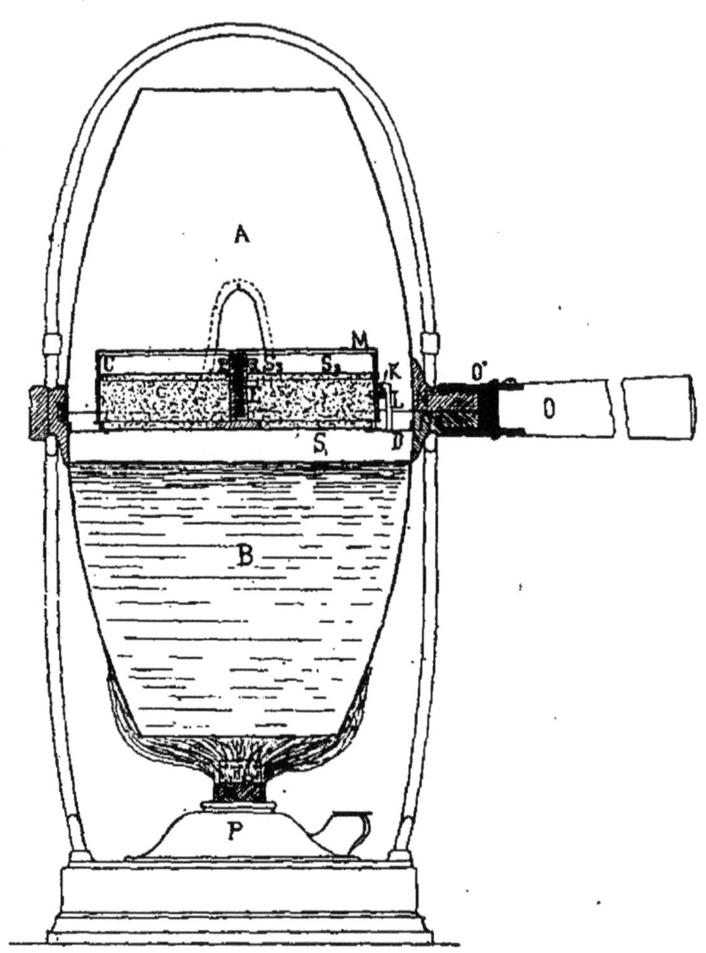

Fig. 17. — Cafetière russe.

Les deux vases A et B sont assemblés entre eux par le moyen suivant. A 90° sur le bec, le vase B porte un tourillon échancré et diamétralement opposé à ce tourillon est soudée une petite tige demi cylindrique filetée N. Le vase A porte de son côté soudé sur sa face extérieure une tige identique N'.

Quand on veut les assembler, on superpose les deux vases en passant le bourrelet du vase A dans l'encoche du tourillon et en tournant ensuite ce vase sur le vase B jusqu'à ce que les deux tiges filetées N, N' se superposent. Le manche en bois noirci O porte une douille métallique O' portant un pas de vis intérieur correspondant au filet des demi-tiges N, N'. On réunit donc ces deux demi-tiges en y vissant le manche. D'ordinaire, ces cafetières sont montées sur un pied et quand l'eau commence à bouillir on bascule la cafetière.

Voici le fonctionnement de l'appareil. La cafetière étant démontée, on remplit le vase B d'eau jusqu'au rebord de la feuille D, puis on place le tamis S_1 sur lequel on verse, en l'égalisant, la poudre de café, puis on visse le deuxième tamis S_2 à l'aide de la molette-écrou S_3, puis on recouvre le tout à l'aide du récipient C dont le fond vient s'appuyer sur l'extrémité de la tige filetée.

On place ensuite le vase A renversé sur le vase B, et on visse le manche, on place la cafetière sur son pied et on allume la lampe à alcool P, et quand l'eau bout, on retourne la cafetière pour faire passer l'eau à travers le café moulu. L'infusion vient tomber dans le vase A.

Nous avons dit que cette cafetière opère en vase clos, ne laissant pas échapper l'arome du café, mais en revanche, une fois chargée et fermée, il n'est plus possible d'y ajouter de l'eau ou du café, ni de régler la filtration, qui ne peut s'opérer qu'en une seule fois.

Cafetière Le Blanc

Pour remédier à l'inconvénient de la cafetière russe que nous venons de signaler, M. Le Blanc a inventé une cafetière qui réunit tous les avantages de cette cafetière à savoir : simplicité de fonctionnement, lixiviation complète et sans perte d'arome, possibilité d'ajouter du café ou de l'eau en cours de fonctionnement sans risque d'explosion ni d'avarie.

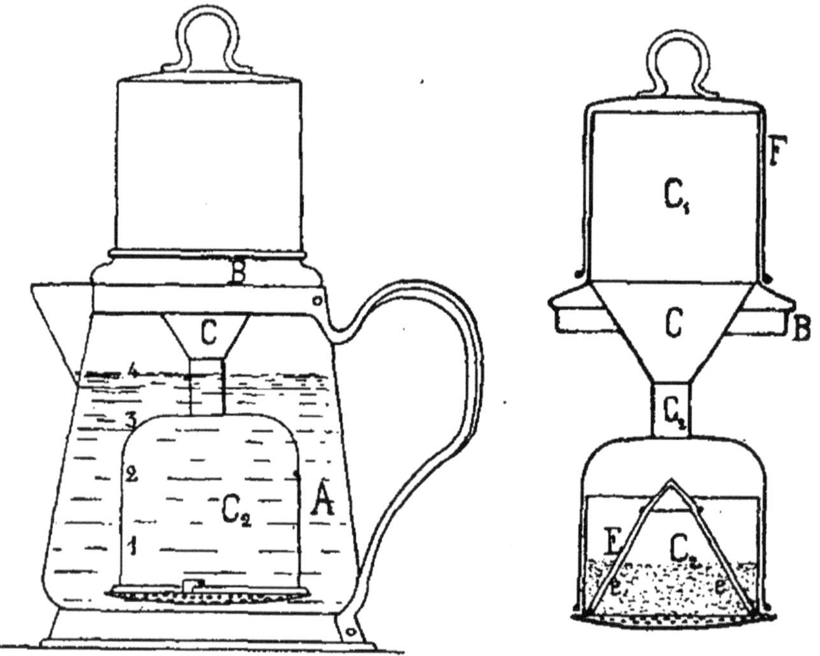

Fig. 18. — Cafetière Le Blanc.

La cafetière Le Blanc se compose (fig. 18) :

1° Du corps de la cafetière A, de forme ordinaire et en verre cerclé de métal à ses deux extrémités, avec anse métallique rivée aux cercles ; quatre traits gravés sur le verre indiquent les niveaux auxquels doit s'élever le liquide suivant qu'on veut faire une, deux, trois ou quatre tasses.

L'avantage du récipient en verre est d'être propre, de ne donner aucun mauvais goût au café, de mieux conserver la chaleur, et enfin d'être transparent, ce qui fait qu'on peut suivre le fonctionnement de l'appareil et voir si le café est assez fort.

2° Du couvercle B, au centre duquel est soudé un entonnoir C, surmonté d'une partie cylindrique C_1, et terminé à son extrémité inférieure par une autre partie cylindrique C_2, recevant le filtre qui s'y adapte par un mouvement à baïonnette.

3° De l'épandeur E, ou petit cône, monté sur fil de fer *e* dont la fonction est d'étendre, en les dispersant et les éparpillant, la poudre de café et l'eau, au moment où ils tombent dans le fond.

4° Du gobelet F, qui recouvre à frottement doux toute la partie cylindrique C_1 de l'entonnoir.

Cette pièce joue un rôle très important comme nous allons le faire voir plus loin.

Le fonctionnement de l'appareil est très simple ; l'appareil étant complètement démonté, on opère de la manière suivante. On place d'abord l'épandeur E dans le filtre, et on fixe ce dernier dans le cylindre C_2 de l'entonnoir ; on met ensuite le couvercle B de la cafetière en place, puis on jette dans l'entonnoir C la quantité de café nécessaire (une cuillerée à bouche par tasse). La poudre de café tombe dans le fond du filtre également répartie par l'épandeur. On verse de l'eau bouillante dans l'entonnoir C; la poudre de café ne pouvant pas remonter, se tasse sous l'action de l'eau qui passe peu à peu dans la cafetière, car la cafetière et l'entonnoir forment deux vases communiquant dans lesquels le liquide tend à s'élever à la même hauteur.

La filtration est plus ou moins rapide, suivant que l'eau est versée plus ou moins vite, puisqu'elle ne s'opère qu'en vertu de la différence de niveau entre les deux vases. On devra donc verser lentement. Lorsqu'on a fini de verser, on enfonce le gobelet F sur la partie cylindrique C_1 de l'entonnoir et il se produit alors dans l'intérieur un refoulement d'air qui achève la filtration. L'air comprimé et emprisonné dans l'entonnoir se charge de vapeur, s'échauffe et se dilate jusqu'à ce que tout le liquide soit passé dans la cafetière et le café est fait.

Si la lixiviation paraît incomplète, il suffit de faire coulisser deux ou trois fois le gobelet F sans le sortir complètement, en maintenant la cafetière avec la main gauche appuyée sur le couvercle; il se produit alors dans l'entonnoir une série d'appels et de refoulements d'air qui font qu'une partie du liquide déjà filtré traverse le marc alternativement de bas en haut et de haut en bas. On laisse reposer quelques instants et on sert.

Cafetière Jones

Elle se compose (fig. 19) d'un vase *a* qu'on place sur une lampe à alcool ou autre foyer quelconque, et dans lequel on met l'eau voulue, d'un double vase *b*, dont l'intérieur en métal perforé reçoit le café moulu, et d'un troisième récipient *c*, placé sur celui en *b*, et ayant une soupape en *d*. Quand l'eau entre en ébullition, la vapeur monte à travers le café en *b*, et quand elle y est en quantité suffisante, elle presse sur la surface de l'eau contenue dans le vase *a*, et la force de monter par le tube *e* et de venir se déverser dans le vase *c*.

La lampe étant éteinte, et le liquide, ayant filtré à

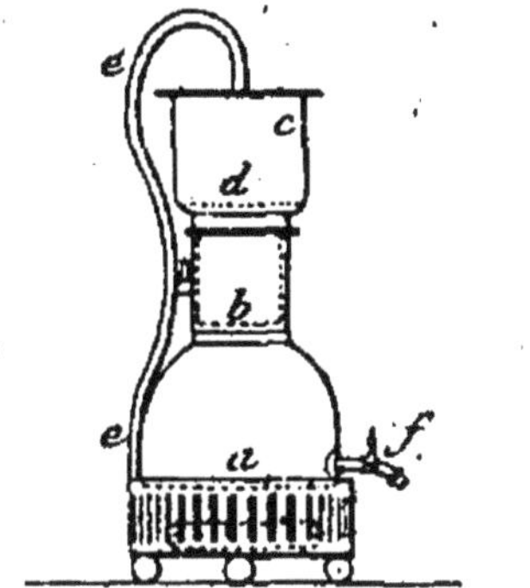

Fig. 19. — Cafetière Jones.

travers le café, traverse le vase perforé et descend dans le vase *a* qui contient alors cette infusion claire avec tout son arome.

Cafetière « La Créole », par Biollay

La cafetière Biollay, dite *la Créole*, se compose d'un récipient A d'une forme ovoïde, sphérique ou cylindrique (fig. 20), muni d'une poignée et terminé à sa partie supérieure par un pas de vis intérieur, destiné à encastrer le récipient supérieur B. Celui-ci qui constitue la cafetière proprement dite est traversé dans toute sa longueur par un tube percé de trous en D, et sur lequel à mi-hauteur vient se placer la boîte mobile E, destinée à recevoir la poudre de café.

Cette boîte est munie d'un fourreau permettant le passage du tube. Une plaque mobile F percée de trous, comme la partie inférieure de la boîte E, empêche la poudre de café gonflée par l'eau bouillante de s'échapper à l'extérieur; une étoile G, pourvue de rigoles H de longueurs différentes est fixée par un

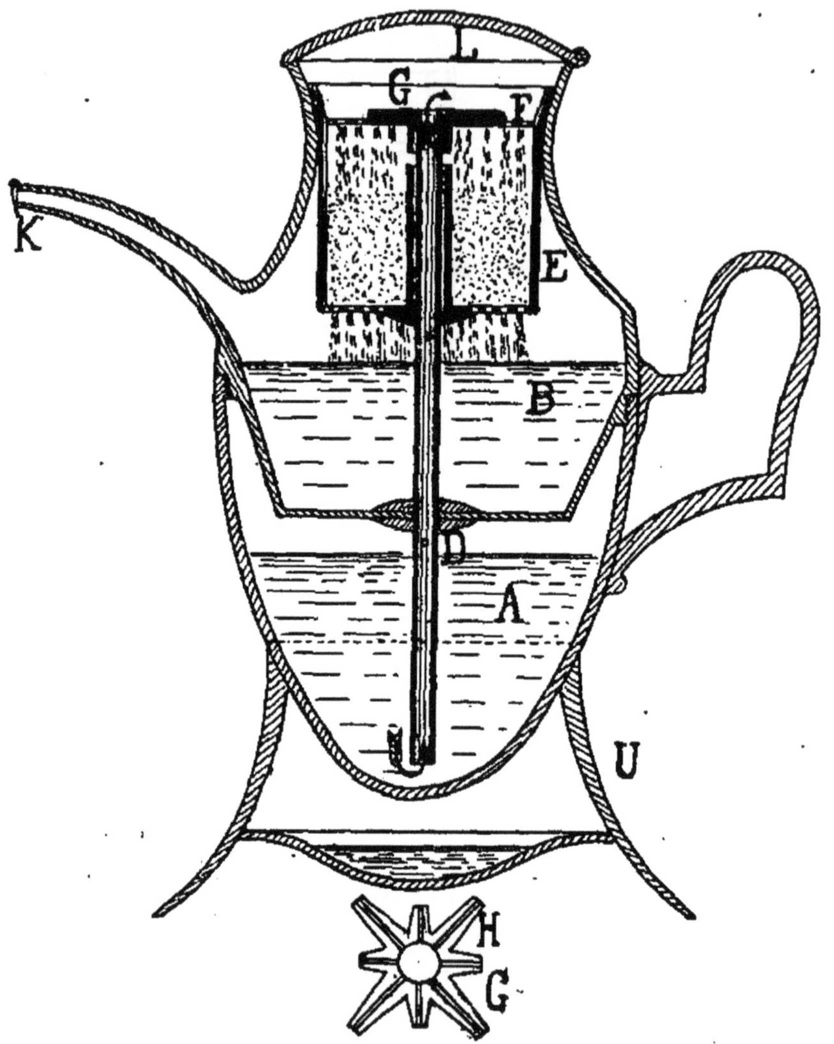

Fig. 20. — Cafetière « la Créole ».

simple coulissage au sommet du tube, suffisamment évidé à sa partie supérieure pour maintenir la force ascensionnelle de l'eau.

Fonctionnement de l'appareil. — La poudre de café étant placée dans la boîte mobile E, on ferme l'appareil hermétiquement avec les couvercles K et L placés sur le sommet et à l'extrémité du bec ; on le pose sur un trépied U portant vers son centre un récipient à alcool.

On remplit d'eau le vase A et on enflamme l'alcool ; la vapeur provenant de l'ébullition de l'eau s'échappe par les orifices D et vient gonfler la poudre de café, de manière à permettre le passage de l'eau dans de bonnes conditions. Ce passage, en raison de la forme même de l'appareil, se fait plus rapidement au début de l'opération qu'à la fin, de sorte que, lorsqu'il est effectué, l'absorption des principes aromatiques et nutritifs du café est absolument complète. De plus, comme l'opération se fait en vase clos, toute perte d'arome est impossible, et le café est maintenu bien chaud.

Cafetière Lavigne

La figure 21 est une coupe verticale de la cafetière Lavigne A, qui, dans le dessin, est portée par une tringle de forme courbe ; mais on emploie de préférence un trépied entre lequel se loge la lampe à esprit-de-vin.

La boîte B, propre à contenir le café, porte deux filtres : l'un supérieur *a* est convexe, et fait partie du couvercle *b* de la boîte ; l'autre inférieur *c* sert de fond à la boîte B qui, beaucoup plus haute que le couvercle *a*, reçoit la matière à infuser.

La fermeture de la boîte n'a pas lieu à frottement doux, mais bien avec fermeture à baïonnette *d.* Sur le couvercle de la boîte B, est soudée ou rapportée de toute autre façon, une tige *e*, traversant le couvercle du récipient A qui, par cette disposition, est rendu indépendant. Cette tige porte diamétralement

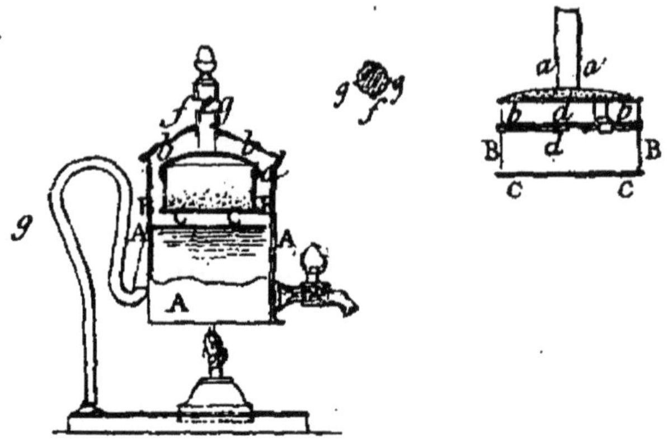

Fig. 21. — Cafetière Lavigne.

des nervures *f f* qui servent, d'une part, à guider la marche ascendante et descendante de la boîte B, et d'autre part, à arrêter ladite boîte vers la partie supérieure du récipient A.

Cet arrêt a lieu très commodément : il suffit d'élever la boîte B, dans laquelle est contenu le café en poudre, jusqu'à la partie supérieure du récipient A, puis tourner d'une demi-révolution la tige *e*. C'est alors que les nervures *f* de cette tige, qui glissaient à frottement doux dans les évidements *g*, ne se trouvant plus en face desdits évidements, prennent appui sur le couvercle.

Voici comment fonctionne cette cafetière. On met de l'eau en quantité suffisante dans le récipient A et la poudre de café dans la boîte B, qu'on fixe à la partie supérieure du récipient A. On met le feu à la lampe à alcool et quand l'eau est prête à entrer en ébullition, on descend la boîte B dans le récipient A et le café étant fait on remonte le filtre B à la partie supérieure de A. Si on trouve que l'infusion n'est pas assez forte, on redescend le filtre B au fond du récipient A.

On voit que cette cafetière fonctionne comme la cafetière déjà décrite page 47, dite « la Ménagère », à laquelle on a en plus ajouté un petit sifflet pour avertir du moment où l'eau entre en ébullition.

Cafetière Morel à dosage variable

Cet appareil (fig. 22), se compose d'une cafetière ordinaire en grès ou porcelaine, sur laquelle se place le filtre B formé d'un vase également en grès ou autre substance quelconque, dont la partie inférieure se termine par une collerette A, sur laquelle se pose un fond perforé L amovible, fixé par un mouvement à baïonnette.

La capacité rétrécie D du filtre est séparée du corps principal de B par un disque perforé E, ayant une anse M, pour sa manipulation facile. Cette capacité D est calculée de façon à contenir la quantité de café nécessaire pour le nombre de tasses en vue duquel le filtre est établi, le disque perforé E étant à sa position la plus basse, c'est-à-dire s'appuyant sur le rebord A' du récipient B.

Le principe de la fabrication de café par cet appareil, consiste à comprimer le café moulu par le disque E, puis verser dans le récipient B l'eau bouillante qui traverse lentement le café et s'écoule dans la cafetière.

Pour obtenir facilement la compression du café, le disque E porte sur son pourtour supérieur deux rebords H en forme de rampes inclinées, dirigées dans

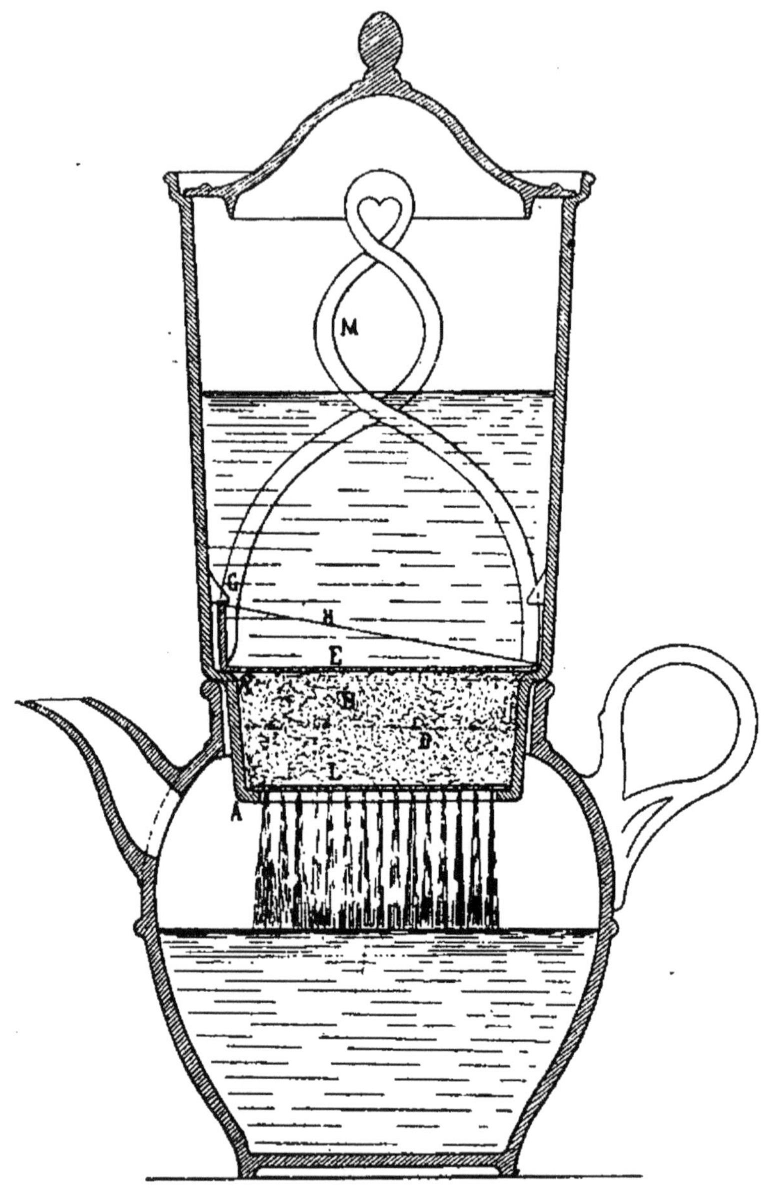

Fig. 22. — Cafetière Morel, à dosage variable.

le même sens en partant chacune à leur point bas d'une encoche pour s'élever régulièrement sur la presque demi-circonférence du disque, et aboutir, à leur point le plus haut, contre la naissance de l'anse.

Les encoches du disque E sont sur un même diamètre et correspondent exactement, comme position, à deux saillies G existant sur la paroi intérieure du récipient B. Le disque E est établi de façon à pénétrer avec un léger jeu dans le récipient B, et son diamètre est plus grand que l'espace libre entre les deux saillies G.

Pour pouvoir forcer le dosage en café, on fixe les saillies G et par suite le tracé des rampes, de façon à ce qu'entre la position la plus basse et la position la plus haute du disque E, corresponde une capacité égale aux deux tiers de la capacité D.

On pourra donc ainsi faire le café avec le dosage minimum de 10 grammes par tasse et augmenter ce dosage à volonté jusqu'à 16 et 18 grammes par tasse; il suffit, pour cela, de tourner le disque E, soit totalement soit partiellement, jusqu'à ce qu'il exerce une légère pression sur le café.

D'ordinaire cette cafetière est vendue avec un godet contenant exactement 10 grammes de café en poudre.

Cafetière Giraud, dite « Brésilienne »

Cet appareil en verre et entièrement clos présente les deux avantages suivants :

1° Opération conduite par déplacement par fractionnements successifs du liquide.

2° Déplacement de bas en haut.

La cafetière Giraud se compose (fig. 23), d'un vase A, cylindrique intérieurement et garni d'ornements quelconques sur la face extérieure et présentant à sa

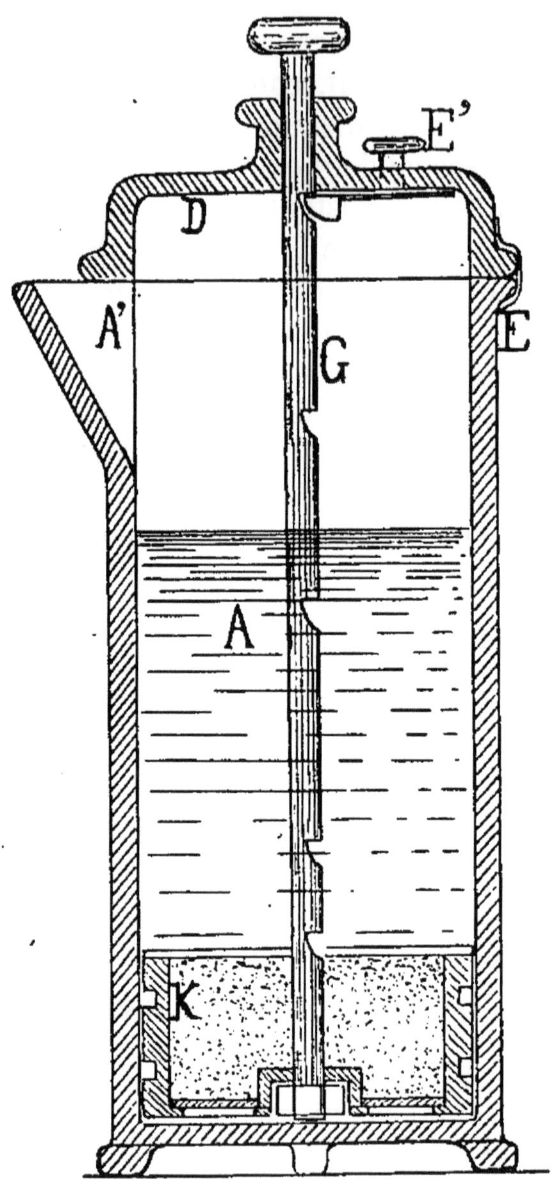

Fig. 23. — Cafetière Giraud, dite « Brésilienne ».

partie supérieure un évasement triangulaire ou bec A' de la hauteur de la boîte à café et, dans un angle de 90° par rapport au bec, est disposé un appendice pour la poignée; trois ou quatre tétons protègent le fond contre celui du bain-marie.

Ce vase est bouché par un couvercle D, qui lui est solidaire au moyen d'une lame-ressort E, dont les extrémités s'agrafent sur le bord saillant du vase. Vers le centre du couvercle et sur la lame-ressort E, est fixé un taquet-ressort E', dont le but est de maintenir la tige de la boîte à café.

Le couvercle, ainsi que la lame E, ont leur centre percé d'un trou pour laisser passer la tige à crans G, fixée au fond de la boîte à café; cette boîte à café est extérieurement cylindrique pour rentrer à frottement doux dans le vase A à la façon d'un piston. Son fond, percé de deux trous, en porte, en outre, un troisième pour la fixation de la tige G; deux rondelles de molleton cerclées de baleine pour les tenir rigides servent à emprisonner le café en poudre; sur le pourtour de la boîte sont ménagées quatre rainures K, destinées à former obturateur ou joint hydraulique. Le couvercle sert à fermer le tout et est évidé à sa partie inférieure, pour permettre de monter la boîte au-dessus de la surface du vase d'une quantité égale au tiers de sa hauteur, de façon à dégager le bec.

Grâce à la tige à crans G et au cliquet, on pourra arrêter la boîte à café aux hauteurs correspondantes aux crans de la tige (d'ordinaire, ces crans sont espacés d'une quantité égale à la hauteur de la boîte, jusqu'à ce que sa face supérieure arrivé à l'ouverture du vase), ou l'engager dans le couvercle creux.

Voici le moyen de se servir de cet appareil : le café en poudre occupe les deux tiers de la boîte et est renfermé entre les deux molletons. On met dans le vase A la quantité d'eau nécessaire, la boîte étant placée au fond du vase, et on chauffe au bain-marie; quand il bout, il suffit de soulever par sa tige la boîte en plusieurs fractions de la hauteur du vase. Toute l'eau qui était au-dessus de la boîte passe au-dessous par les trous ménagés au fond de la boîte et quand cette boîte est en face du bord supérieur du vase rien ne peut échapper par le bec, car il est bouché par cette boîte. Pour verser le café, il suffit de soulever la boîte et l'engager dans le creux du couvercle.

Cafetière à circulation de MM. Bouillon et Siry (1)

Les dispositions des vases destinés à préparer les infusions de café ont été variées de beaucoup de manières; celles de la cafetière de MM. Bouillon et Siry ont pour objet de déterminer une circulation prolongée de l'eau chaude sur le café en poudre. Le système au moyen duquel cette circulation est obtenue, est conforme à celui dont l'application en grand se fait pour le blanchiment du linge.

La cafetière se compose, modèle n° 1, de deux compartiments principaux superposés : l'un, inférieur, sert de chaudière; le second, placé au-dessus, et réuni au premier par une douille conique formant étranglement, s'appelle le réservoir. Il est surmonté par un filtre mobile s'ajustant dans une gorge à frottement, et ce filtre est traversé dans son centre par un tube étroit et vertical nommé *tube d'ascension,* lequel s'élève du dôme de la chaudière et du milieu de la douille de jonction jusqu'à la hauteur du bord supérieur du filtre. Un bouchon adhérant aux parois

(1) Extrait d'un rapport fait à la Société d'encouragement par M. Clerget.

externes de l'extrémité inférieure de ce tube entre dans la douille de jonction, et lorsque le bouchon est en place, la chaudière ne communique par sa partie supérieure et centrale avec le réservoir, ou plus exactement avec le filtre qu'il supporte, que par le tube d'ascension; mais, latéralement, la chaudière et le réservoir sont encore en communication par un tube dit *de retour*, plus étroit que celui de l'ascension, et qui, du fond de la chaudière, arrive à la base du réservoir.

Enfin, il est à observer que le tube d'ascension est recouvert, à sa partie supérieure, par une petite plaque soudée formant champignon, et au-dessous de laquelle, à son contact, sur le pourtour du tube, existent des trous très fins.

Sur le filtre se place un couvercle, dont la gorge est espacée de celle du filtre au moyen de petites saillies destinées à empêcher que la fermeture ne soit complète.

La manœuvre de cette cafetière est fort simple; on enlève le filtre et, par conséquent, le tube d'ascension soudé au milieu du crible; on verse dans le vase, composé de la chaudière et du réservoir, la quantité d'eau nécessaire pour l'infusion. Le filtre est remis en place; on le charge de café en poudre, et l'appareil est posé soit sur un feu de charbon, soit sur une lampe à alcool.

Le liquide s'échauffe, s'élève dans le tube d'ascension, et projeté par les trous d'émission contre la plaque qui recouvre ce tube, il se répand en pluie sur le café, le traverse et s'écoule dans le réservoir. Cependant, une partie du liquide contenu dans ce compartiment de l'appareil a déjà remplacé dans la chaudière, en s'y introduisant par le tube de retour, la quantité expulsée. La température du contenu de la chaudière s'abaisse et la projection par le tube d'ascension s'arrête; mais bientôt, le liquide de la chaudière s'échauffant de nouveau, la projection se reproduit; de là, le mouvement de circulation qui caractérise l'appareil.

Dans le commencement, les projections ont lieu avec des intervalles de huit à dix secondes, mais elles se rapprochent de plus en plus, et, si le feu est bien mené, le jet du liquide est bientôt continu. C'est alors, ou du moins après deux ou trois minutes d'émission sans intermittence, que la préparation est complète, et on obtient ainsi dans un temps très court, et sans qu'il soit aucunement besoin de surveiller la cafetière, une infusion amenée au maximum de force que la substance peut donner; cette infusion est puissamment aromatisée sans avoir ni âcreté, ni amertume.

Nous avons décrit le fait même de la circulation du liquide; il reste à en indiquer la cause.

Il paraît certain que ce sont les bulles de vapeur produites tumultueusement qui, en gagnant le dôme de la chaudière, poussent devant elles la petite quantité de liquide contenu dans le tube central. Celle-ci expulsée, et la vapeur se dégageant et ne produisant plus de pression dans la chaudière, le vide, dû à l'ébullition, est immédiatement rempli par le liquide que conduit le tube de retour. Cette introduction, en abaissant la température, arrête pour quelques instants l'ébullition, mais bientôt le premier effet se reproduit avec des intervalles d'autant plus courts que la masse du liquide s'échauffe davantage, et c'est alors que la température devient à peu près égale dans toutes ses parties, que cessent les intermittences et que le jet continu, ou presque continu, s'établit.

C'est, du reste, ce qui est démontré par une expérience facile : au lieu de chauffer la surface inférieure de la chaudière à feu nu, on a placé celle-ci dans un bain-marie. On sait que la propriété des bains-marie est de ne jamais déterminer l'ébullition du liquide contenu dans le vase intérieur, lorsque le point d'ébullition de ce liquide est le même que celui du liquide qui forme le bain.

Or, dans ces conditions, et quelle que soit l'activité du feu, la nouvelle cafetière ne produit aucun déversement par le tube central, bien que, dans cette circonstance, la dilatation ne présente pas de diminution appréciable, comparativement à celle qu'on obtient en chauffant à nu.

Quoi qu'il en soit, et c'est le point essentiel, l'ébullition de courte durée que subit le liquide, sans que le marc suspendu sur le filtre se trouve jamais en contact avec la surface de chauffe, n'a pas paru altérer la qualité de l'infusion. Nous l'avons comparée à celle des infusions que l'on obtient avec les cafetières bien connues et justement appréciées, dites à la *De Belloy*, et aucune différence de saveur ne s'est manifestée lorsque les produits ont été amenés au même degré de force et ont marqué le même degré aréométrique.

Il restait à examiner la question d'économie. A cet effet, des infusions de quantités égales de café ont été préparées, les unes avec les nouvelles cafetières, les autres avec les cafetières à la *De Belloy*, qu'il nous a paru toujours convenable de choisir comme point de comparaison, à cause de leur réputation méritée. Lorsque, dans ces essais, on ne fait passer qu'une fois l'eau bouillante sur le filtre à la *De Belloy*, la force de l'infusion obtenue avec les nouvelles cafetières est évidemment plus grande. Si l'on fait, au contraire, repasser l'infusion sur le marc contenu dans le filtre à la *De Belloy*, les produits sont semblables; mais cette opération est longue et exige des soins que ne comportent pas les nouvelles cafetières.

D'ailleurs, les infusions préparées avec celles-ci présentent l'avantage de conserver, au moment où elles sont déterminées, une température beaucoup plus élevée que celles des infusions à la *De Belloy*, à moins qu'on ne reçoive ces dernières dans un bain-marie bouillant, ce qui complique beaucoup l'opération. Il est à observer que l'ébullition, se manifestant dans les nouvelles cafetières sans aucune pression, et que des évents étant même ménagés sous le couvercle et entre la gorge qui réunit le filtre au réservoir, on n'a jamais à craindre les explosions qui ont lieu quelquefois avec les cafetières de constructions variées, dites *à vapeur*, le nettoyage est d'ailleurs aussi prompt que celui des cafetières les plus simples.

En définitive, si les cafetières de MM. Bouillon et Siry donnent des infusions aussi fortes, aussi limpides et aussi économiques que celles que l'on obtient avec les meilleurs appareils qui les ont précédées, elles se recommandent surtout par la facilité de la manœuvre.

M. Bouillon a apporté, pour les cafetières de ménage de petites et moyennes dimensions, une modification nouvelle (modèle n° 2), qui facilite beaucoup la construction et en diminue les frais, sans rien changer à la base fondamentale du système. Dans ce modèle, la partie inférieure de la cafetière ne se compose plus que d'un seul vase non divisé par un étranglement en deux compartiments, comme dans le modèle n° 1. Un cône en fer-blanc est soudé par son sommet, tronqué à l'extrémité inférieure du tube d'ascension, et sa base s'appuie exactement sur le fond du vase dans lequel il entre à frottement. L'espace compris sous ce cône mis en place, constitue la chaudière, et une gorge étroite demi-cylindrique et d'une saillie de 1 à 2 millimètres, pratiquée au-dessous du bec de la cafetière, en se coudant à angle droit au-dessus du cône, tient lieu du tube extérieur de retour du premier modèle et entretient la circulation du liquide.

Ce nouveau modèle est remarquable par sa simplicité, les bons effets qu'il produit et la commodité de son emploi.

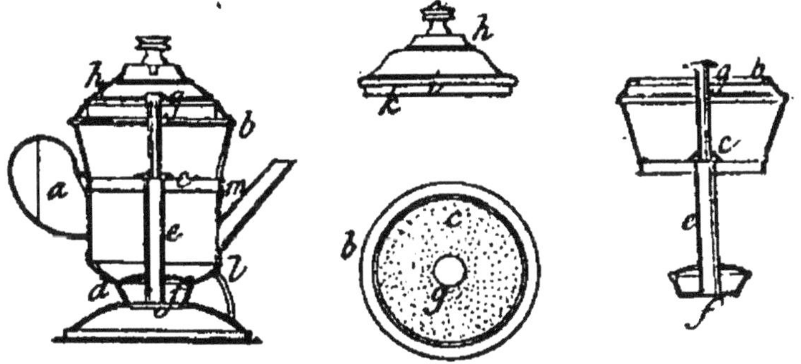

Fig. 24. — Cafetière à circulation de MM. Bouillon et Siry (modèle n° 1).

La figure 24 représente la cafetière du modèle n° 1, en coupe verticale et avec le filtre détaché, auquel adhère le tuyau d'ascension.

La figure 25 représente la cafetière modèle n° 2 et

le filtre séparé. *a*, est le corps de la cafetière; *b*, récipient dans lequel on met le café en poudre; *c*, filtre fixé au fond de ce récipient; *d*, chaudière qu'on remplit d'eau et qu'on pose sur un feu de charbon ou sur une lampe à alcool; *e*, tuyau d'ascension de

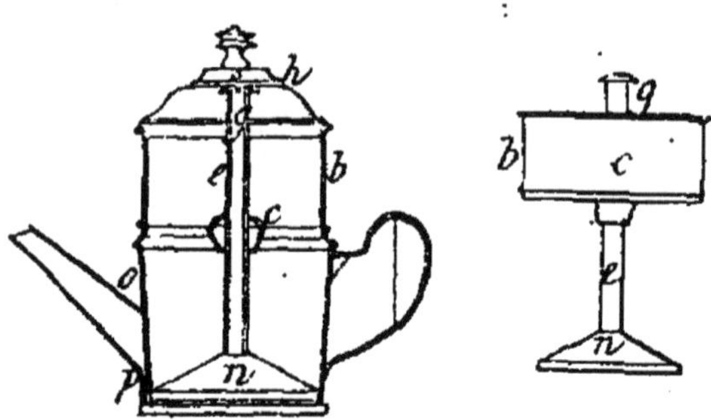

Fig. 25. — Cafetière à circulation de MM. Bouillon et Siry (modèle n° 2).

l'eau bouillante; *f*, bouchon adapté à la base de ce tuyau et qui ferme la chaudière; *g*, champignon formant le sommet du tuyau d'ascension qui est percé de petits trous par où l'eau se répand en pluie sur le café; *h*, couvercle; *i*, trous percés dans le couvercle pour laisser échapper la vapeur; *r*, saillies adaptées au bord du couvercle pour le tenir éloigné du récipient *b*; *l*, tube de retour établissant la communication avec l'air extérieur pour laisser échapper la vapeur; *n*, cône creux formant la base du tuyau d'ascension de la cafetière du modèle n° 2 (fig. 25). Ce cône, qui se place au fond du corps *o* de la cafetière, laisse un espace suffisant pour que l'eau puisse passer au-dessous du cône et, qu'étant portée à l'ébullition, elle s'élève dans le tube d'ascension pour se répandre sur le café; *p*, petit canal pratiqué au-dessous du bec de la cafetière et remplaçant le tuyau de retour *l* de la cafetière du modèle n° 1.

Cafetière Sommaire

Une modification heureuse de la cafetière de MM. Bouillon et Siry a été faite par Sommaire.

Dans cette cafetière, le café fait reste en contact avec le bain-marie et, par conséquent, toujours très chaud. D'autre part, elle permet, si l'infusion n'est pas au degré voulu de concentration, de faire repasser cette infusion à nouveau sur le marc de café.

Elle se compose (fig. 26) d'un récipient O dans lequel on introduit de l'eau et qui est entouré, de toute part, par le récipient P, dans lequel arrivera le café fait. Un robinet Q permettra de servir la liqueur préparée. Le socle R est creux et plein d'eau et communique avec le réservoir O par un petit tube V. Un robinet S permet d'effectuer la vidange de l'appareil. Un autre robinet T met en communication momentanée le récipient P et le récipient O. Au centre du récipient O est disposé un tube U vertical qui débouche dans le socle R et qui est muni en W d'un robinet qu'on manœuvre de l'extérieur à l'aide de la manette X.

Au-dessus de deux vases P et O se place un appareil composé d'un vase extérieur A à poignée, à l'intérieur duquel se trouve le filtre E. Un tube U' prolonge à l'intérieur du vase A le tube U. Un robinet placé en Y fait communiquer A avec le vase P.

Le fonctionnement de l'appareil s'explique comme suit : on remplit d'eau les vases O et R et on met en place le vase A, dans l'intérieur duquel on place le filtre chargé du café en poudre et on allume la flamme de chauffe au-dessous du fond du vase R. Lorsque l'eau bout, on agit sur la manette X de fa-

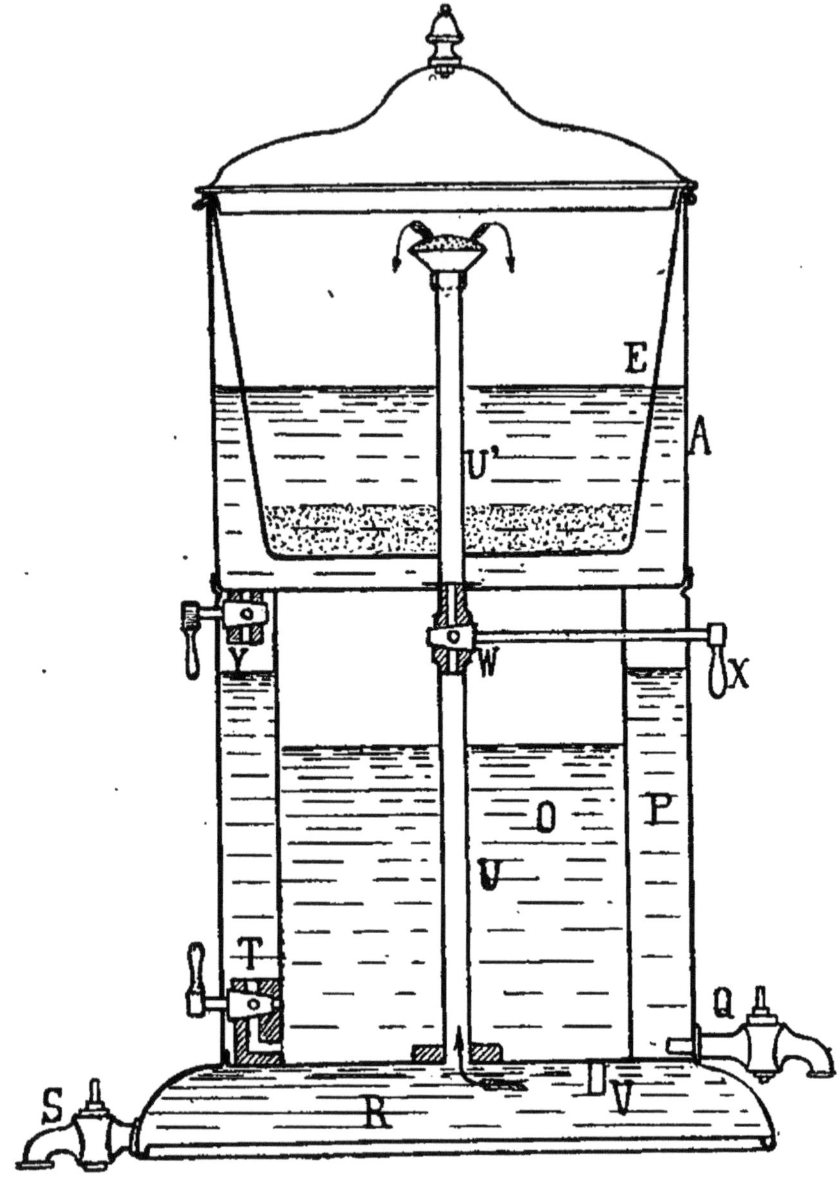

Fig. 26. — Cafetière Sommaire.

çon à ouvrir le robinet W. Par suite de la pression de la vapeur qui se trouve dans le vase O, l'eau bouillante monte par le tube U U' et vient se répandre par la partie supérieure du tube U', muni à cet effet d'un entonnoir sur le café en poudre contenu dans le filtre.

L'infusion du café remplit alors le récipient A et en ouvrant le robinet Y on l'amène dans le vase P où elle reste donc en contact avec le bain-marie formé par l'eau du vase O et se trouve ainsi constamment chauffée sans pouvoir être portée en ébullition; on sert le café en ouvrant Q. Si l'infusion n'est pas au degré voulu de concentration, on peut en ouvrant le robinet T faire repasser cette infusion à nouveau sur le café en poudre; l'infusion contenue dans le vase P pénètre dans le vase O, de là dans le socle R et remonte par U U', elle se déverse sur le marc, et par le robinet Y retourne dans le vase P. Le robinet S permet de vider les vases O et R.

Cafetière Turmel

La figure 27 représente cette cafetière qui se compose de deux vases A et B, dont l'un, le vase A, peut être en verre, et reçoit la poudre de café, et dont l'autre B, hermétiquement fermé, contient le liquide c'est-à-dire l'eau. Un tube C, partant de très bas dans le vase B, traverse sa tubulure supérieure; puis, se recourbant, se dirige vers le fond du vase A, où il se termine par un filtre lenticulaire D.

On comprend que, les choses étant disposées comme nous venons de le décrire, si, par un moyen quelconque, une lampe à alcool, par exemple, on échauffe le fond du vase B, l'eau finira par s'y mettre en ébullition, et la pression de la vapeur au-dessus de cette eau la forcera à s'élever dans le tube C et à venir mouiller le café placé au fond du vase A. On comprend aussi que si l'on ne chauffe pas le fond du vase B, la vapeur qui y est contenue se condensera par le refroidissement, et que le vide s'y faisant,

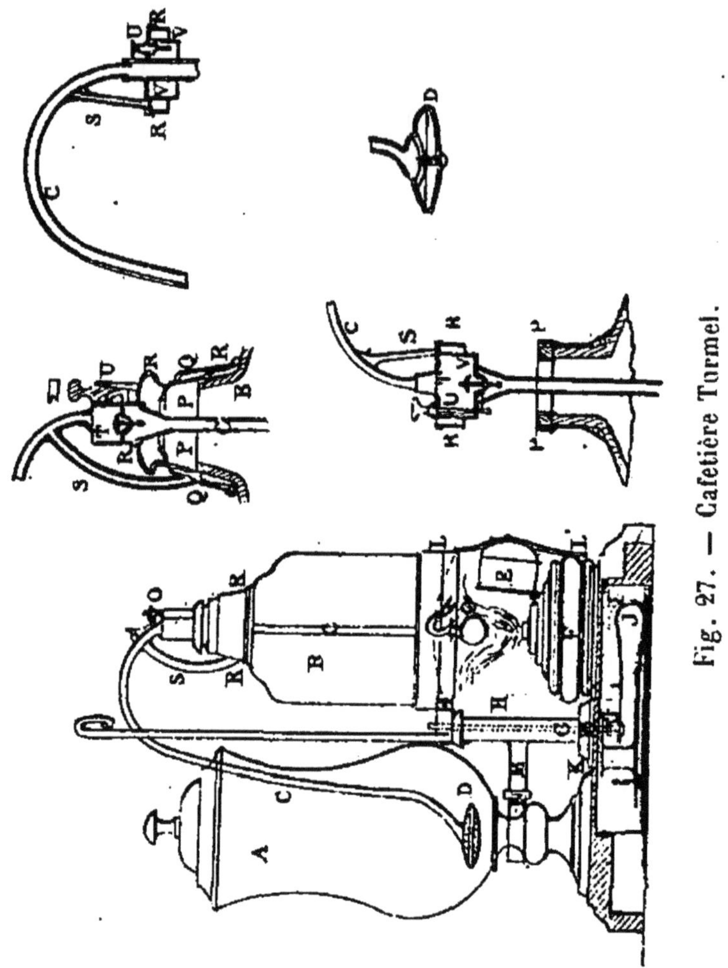

Fig. 27. — Cafetière Turmel.

la pression atmosphérique, devenant prépondérante dans le vase A, forcera le liquide qui s'y trouve, et qui s'est emparé de la matière extractive du café, à retourner dans le vase B, en traversant le filtre D.

On comprend encore que, si par un moyen quelconque le vase B, alourdi par le liquide, se tient plus bas que lorsque le liquide l'a quitté, on peut profiter de cette condition pour arc-bouter contre son bord inférieur le couvercle E de la lampe à alcool F, de manière que quand le vase B déchargé de son liquide, se relève, le même couvercle E retombe sur la flamme et l'éteigne, soit sous l'action de son propre poids, soit sous celle d'un ressort, bandé pour la position d'ouverture.

On a obtenu la descente et l'élévation du vase B par deux moyens. Le premier consiste à suspendre le vase B à l'un des bras d'un levier, dont l'autre bras porte un contre-poids. C'est, en d'autres termes, une espèce de balance qui bascule du côté du vase B, quand celui-ci contient du liquide, et du côté du contre-poids quand le vase B est vide.

Le second moyen consiste à faire peser le vase B sur un ressort à boudin, qui le laisse s'abaisser quand il contient du liquide et le relève quand il est vide.

Ces deux conditions présentent l'inconvénient d'obliger à faire un contre-poids ou un ressort spécial pour chaque vase B, qu'il est bien difficile d'obtenir d'un même poids en fabrique, surtout quand on l'exécute en porcelaine, comme c'est le cas le plus général ; car une condition essentielle au bon fonctionnement de l'appareil, c'est que le vase B se relève aussitôt qu'il est vide et qu'il descende dès qu'il contient une très petite quantité d'eau.

M. Turmel a pu obtenir ce résultat pour un vase B, d'un poids quelconque : il a fixé ce vase B, par une saillie qui part de son fond, à l'extrémité supérieure d'une tige G qui a pour guides deux trous pratiqués aux deux extrémités de la colonne H fixée sur le socle de l'appareil.

Cette tige G est fixée, à sa partie inférieure, sur l'extrémité de la branche I du ressort à pincettes I, J, placé dans l'intérieur du tube. La branche J peut glisser dans une gaine plate K, où on l'enfonce plus ou moins profondément, pour donner au ressort les conditions d'élasticité, en rapport avec le poids du vase B. Le point convenable étant trouvé, une goupille qui traverse à la fois la gaine et le ressort, fixe définitivement la longueur de la branche J ; une vis de pression atteindrait le même but.

Quant au moyen d'obtenir la fermeture du couvercle E de la lampe, lorsque le vase B s'élève, il consiste dans un petit ressort L L', fixé en un point de sa longueur sur le sommet du couvercle ; son extrémité L s'arc-boutant contre le bord inférieur du vase B, tandis que son extrémité L' est bandée par son contact avec le corps de la lampe F.

On comprend que, dès que le vase B s'élève, la réaction du ressort L' détermine la fermeture du couvercle E et l'extinction de la lampe.

Pour maintenir le vase A sur le socle, on emploie une pince M, fixée à la colonne H, et dont les deux branches formant collier autour du pied du vase A, y sont maintenues rapprochées au moyen du coulant N.

Le vase B est d'ordinaire en porcelaine, il porte à sa partie supérieure deux tubulures : l'une traversée par le tube C, le joint étant rendu étanche par un bouchon de liège, traversé lui-même par le tube ; l'autre tubulure est fermée par un simple bouchon qu'on ôte pour rendre l'air au vase B, lorsqu'on veut verser le café par le robinet O.

On comprend combien il est difficile de rendre étanche à l'air la fermeture de la tubulure traversée par le tube, puisqu'un même bouchon doit produire cet effet, tout contre la paroi extérieure du tube. Aussi arrive t-il fréquemment que l'air rentre par ce joint, et oppose un obstacle invincible au retour de l'infusion dans le vase B.

On remédie à ce grave inconvénient en produisant une fermeture parfaitement hermétique de l'unique tubulure du vase B ; une douille métallique P, emboutie au tour, est d'abord mastiquée sur la tubulure du vase B, et celui-ci est en porcelaine ou en verre, et cette douille fait partie intégrante du vase si celui-ci est métallique ; elle est coiffée d'un couvercle R embouti au tour et traversé par le tube C qui fait corps avec lui au moyen de la soudure.

Une condition essentielle est que le couvercle R et la douille laissent entre eux un espace annulaire Q, un peu exagéré sur le dessin pour le mieux faire comprendre, et qu'ils ne se touchent qu'au-dessus et au-dessous de cet espace annulaire. Cette condition est facile à remplir, parce que le couvercle R est exécuté en métal assez mince pour se mouler pour ainsi dire sur la douille P aux points de contact réservés sur cette douille ; un tube S, partant du tube C, vient aboutir dans l'espace annulaire Q. Une soupape T est logée dans un renflement du tube C, et enfin un robinet vertical U ouvre ou ferme, suivant la position, la communication entre les deux portions du tube C, séparées par la soupape T.

Voici maintenant comment fonctionnent les divers organes que nous venons de décrire : lorsque la pression de la vapeur a chassé le liquide du verre B dans celui A, et que le vide se fait dans le premier, la pression atmosphérique tend à l'y faire rentrer ; mais alors il rencontre la soupape T qui se ferme et l'empêche de rentrer, si on a eu la précaution de fermer le robinet U. Une petite portion du liquide s'écoule par le tube S, et vient occuper l'espace annulaire Q, ce qui rend parfaitement étanche le joint entre le couvercle R et la douille P, lors même que leur jonction ne serait pas parfaite; parce que, si d'un côté la pression atmosphérique tend à faire rentrer l'air par le joint imparfait de la douille P et du couvercle R, cette même pression, qui agit par l'intermédiaire du tube S, sur une surface beaucoup plus considérable de liquide, contrebalance la première tendance, surtout pendant la courte durée de l'infusion. Si celle-ci devait se prolonger, comme, par exemple dans les grandes cafetières de limonadiers, il serait alors préférable de renverser les conditions désignées dans cette fermeture, c'est-à-dire de mettre la douille à l'extérieur du couvercle ; la pression atmosphérique s'exercerait alors du haut en bas, et si une fuite quelconque existait dans le joint, elle serait constamment alimentée de liquide par l'espace annulaire, sans que l'air pût s'y introduire.

La soupape T a pour but de parer à l'inconvénient suivant des cafetières ordinaires, c'est-à-dire qu'on prolonge l'infusion aussi longtemps qu'on le veut, et le café ne rentre dans le vase B que quand on a tourné le robinet U de manière à rétablir la communication entre les deux parties du tube C, séparées par la soupape T, tandis qu'avant l'infusion rentrait dans le vase B, aussitôt que le vide s'y faisait. Un signe quelconque placé sur la tête du robinet V indique, par sa position, si cette communication est ouverte ou fermée.

Enfin, lorsqu'on veut servir le café, on peut rendre l'air au vase B en soulevant le robinet U, ou en dégageant, avec une cuiller, le marc qui obstrue le filtre lenticulaire D, dont le nettoyage, presque impossible dans les cafetières connues de même genre, s'opère très facilement dans les conditions de construction suivantes :

Les deux coquilles au lieu d'être soudées par les bords comme dans les autres cafetières, peuvent se séparer et se réunir soit au moyen d'une vis et d'un écrou central, soit au moyen d'un pas de vis pratiqué sur la circonférence de chacune d'elles, soit enfin au moyen très suffisant d'un simple emboîtage un peu serré.

Cafetière automatique Ergot

L'appareil se compose d'un cône A (fig. 28) qu'on place dans un récipient quelconque, une marmite par exemple, dans laquelle se fait l'ébullition de l'eau et qui se produit sous ce cône. Le filtre B est accroché à la partie supérieure de ce cône et reçoit le café qui y est pressé par un fouloir annulaire C. L'extrémité supérieure du cône A porte un tuyau D surmonté d'un chapeau. Le filtre repose par un tube central E sur un rebord F du cône A. Une série de petits bossages préservent le fond perforé du filtre quand on l'enlève et qu'on le pose sur le coin du fourneau ou sur une table. Le cône A repose sur le fond de la marmite par l'intermédiaire de petits tasseaux T qui le maintiennent à une certaine distance du fond, pour permettre la circulation de l'eau.

On voit quel est l'avantage de cet appareil, qui n'exige pas de vase spécial et aucune surveillance

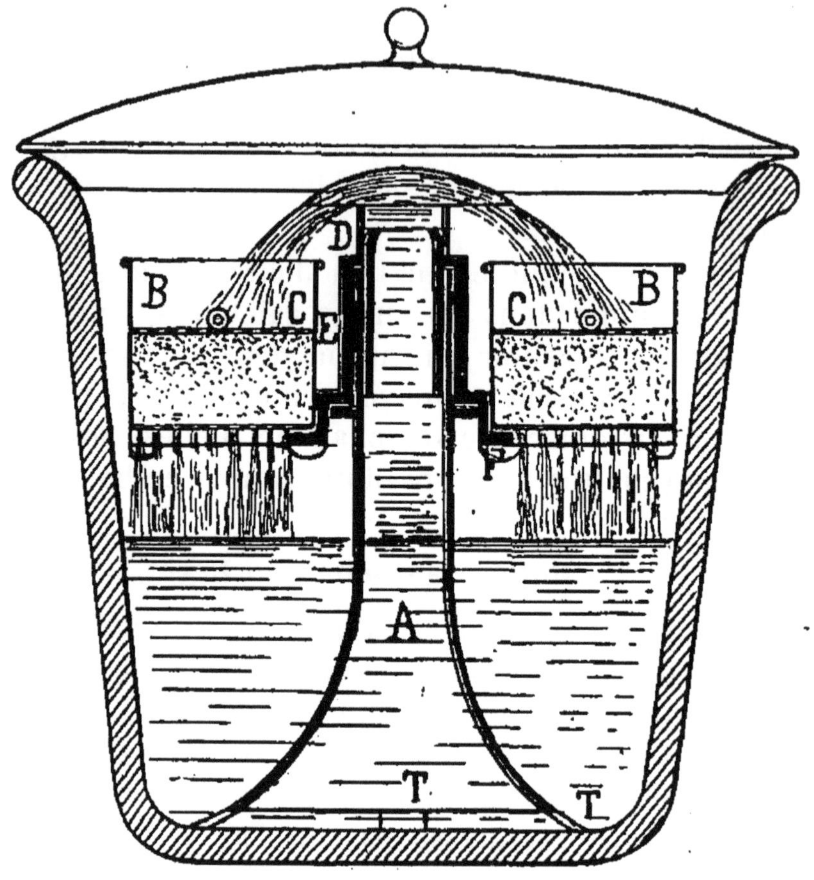

Fig. 28. — Cafetière Ergot.

pour faire le café ; l'infusion passera sur le marc tant que la marmite restera sur le feu.

Cafetière Viville, dite « Française »

La cafetière dite *Française* se compose de deux parties distinctes :

L'une est la cafetière proprement dite (fig. 29) B,

qui sert aussi de verseuse. Dans la partie supérieure est descendu un panier H dont les rebords reposent sur le rebord du vase B, et dont le fond est perforé

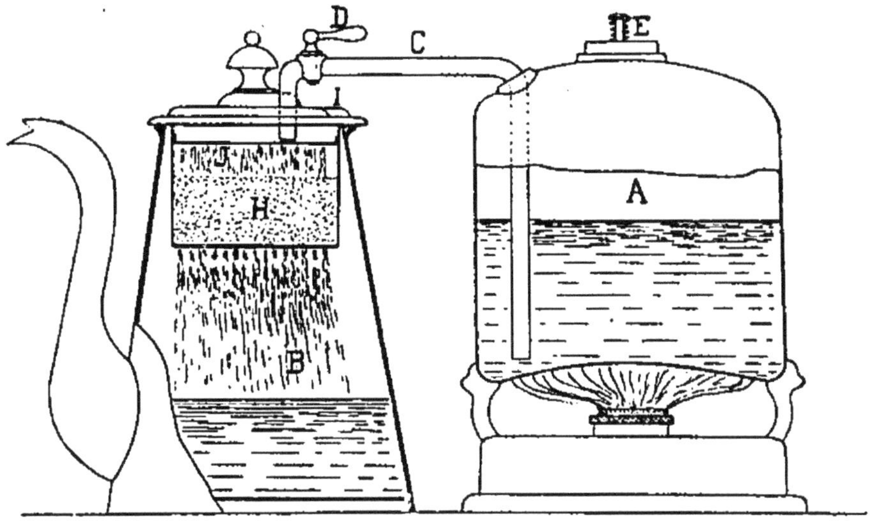

Fig. 29. — Cafetière Viville, dite « Française ».

de petits trous formant le filtre. Pour extraire tout l'arome que contient le café placé dans ce panier, il faut que l'eau soit à peu près à 100°, qu'on la verse doucement et que la dernière eau qui entraînera les dernières traces d'arome soit de l'eau pure n'ayant pas encore passé sur le café.

La deuxième partie se compose d'une bouilloire A fermée de toutes parts et munie seulement d'un bouchon à vis, dans lequel est établie une soupape de sûreté E s'ouvrant du dedans au dehors. Un tube en col de cygne C plonge presque jusqu'au fond de la bouilloire A et est soudé au couvercle; son autre extrémité est recourbée et porte un robinet D. Cette extrémité rentre dans la cafetière par une échancrure disposée sur le couvercle. Un panier J répand cette eau sur toute la surface du café.

Fonctionnement de l'appareil. — On place la bouilloire sur un fourneau à alcool, on verse par le bouchon dans le vase A autant de tasses d'eau qu'on veut de tasses de café avec l'excédent nécessaire pour l'imbibition du café et un excédent qui restera au fond de la bouilloire, au-dessous du tube C. On visse le bouchon, on met dans le panier H le café et on allume la lampe ; quand l'eau bout, la pression de la vapeur la force de passer dans le vase B. On régle le robinet D de manière que l'écoulement de l'eau se fasse très lentement.

Quand toute l'eau a passé, la vapeur produite par la petite quantité d'eau restée au fond de la bouilloire sort par le robinet D, et le sifflement qu'elle occasionne avertit que l'opération est terminée ; on éteint la flamme et on sert la boisson.

Cafetière basculante, dite « automatique express », de M. Trottier

Cette cafetière présente la particularité qu'elle est combinée de telle façon que, une fois qu'elle est chargée et placée sur son support au-dessus d'un foyer, le café se fait automatiquement, sans qu'on ait à s'en inquiéter, si ce n'est que pour le verser dans les tasses.

De plus, la cafetière éteint automatiquement, dès qu'il devient inutile, le feu qui servait à la chauffer.

Elle se compose de trois compartiments superposés, mis en communication d'une façon spéciale ; le compartiment inférieur reçoit l'eau et le compartiment intermédiaire et intérieur reçoit le café en poudre. La cafetière est munie de tourillons par lesquels elle est soutenue sur un support approprié au-dessus d'un foyer.

Quand l'eau contenue dans le compartiment inférieur est assez chaude, la pression de la vapeur l'oblige à monter par un tube ascensionnel dans le filtre et de là dans le compartiment supérieur; le centre de gravité se trouvant ainsi déplacé, la cafetière bascule de 180° sur ces tourillons et provoque ainsi le déplacement d'un éteignoir qui vient recouvrir le foyer afin d'éteindre le feu.

Si l'on veut que l'infusion traverse une deuxième fois le café, l'appareil peut être établi pour que, par suite du vide qui se produit par le refroidissement dans le compartiment qui contenait l'eau primitivement, et de la pression atmosphérique qui s'exerce dans le compartiment où se trouve l'infusion, celle-ci remontera à nouveau par un deuxième tube ascensionnel dans l'autre compartiment, en traversant le filtre et en faisant basculer la cafetière une deuxième fois.

La figure 30 représente l'appareil combiné à basculer deux fois.

Dans cet appareil, la chaleur est produite par une lampe à alcool A, munie de supports latéraux A_1 sur lesquels seront reçus les tourillons de la cafetière; la lampe est munie d'un chapeau A_2 monté à charnière et pourvu d'un prolongement M qui, lorsque la cafetière basculera dans le sens de la flèche, sera rencontré par elle, en sorte que le chapeau se rabattra sur la mèche et éteindra la flamme.

Les trois compartiments sont B, C, D, et s'emboîtent les uns dans les autres. Le compartiment B reçoit l'eau; il est muni du bec N qui est alourdi de

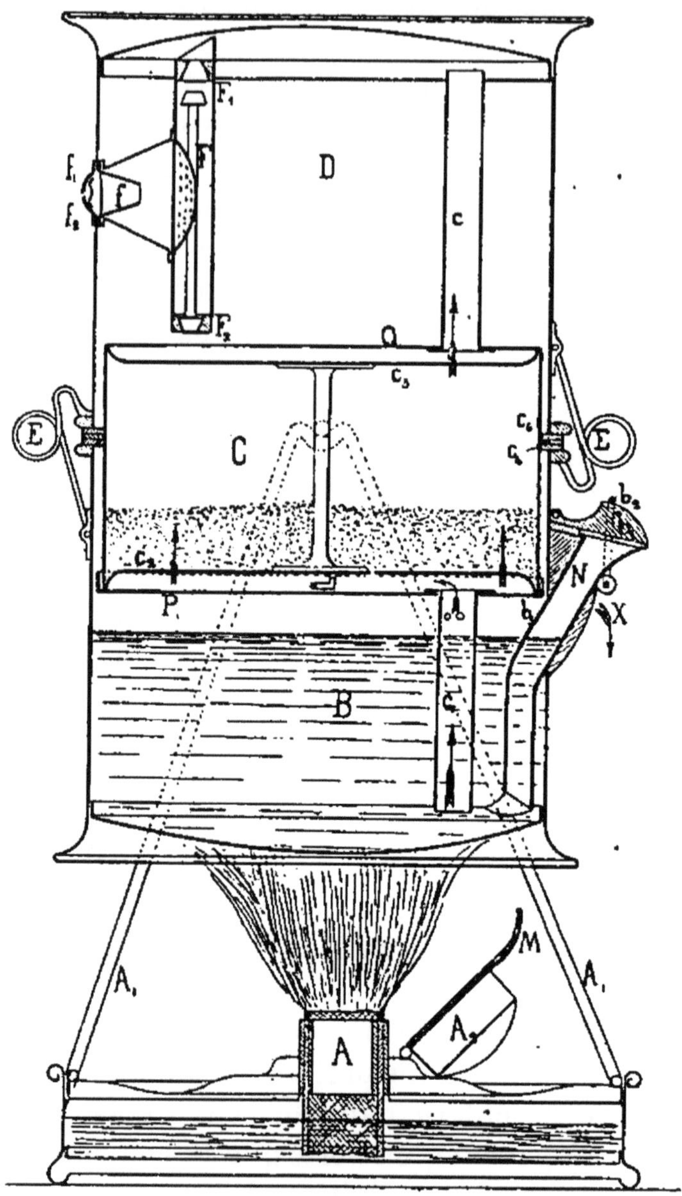

Fig. 30. — Cafetière Trottier, basculante deux fois.

façon à charger l'appareil d'un côté, afin que le basculement s'opère toujours dans le même sens, indiqué par la flèche X. Ce bec est formé par un couvercle b_1, qui est retenu en place par un anneau de pression b_2. Le récipient C reçoit la charge de café; chacun de ses fonds est muni d'un tube ascensionnel C et C_1. Le fond P est mobile; il s'assemble au récipient C par un mouvement à baïonnette; il est muni intérieurement d'une grille C_2. La poudre de café est reçue entre cette grille et une autre grille mobile C_3 qui prend appui par ses bords contre le fond fixe Q du récipient.

Au récipient C est soudé, plus près du fond fixe que du fond mobile, une rondelette C_4 qui est recouverte d'une rondelle mobile en caoutchouc sur chacune de ses faces et qui sera reçue entre les rebords terminant les deux récipients B et D.

Des pinces élastiques E articulées à l'un des récipients B ou D, et pouvant venir faire pression sur le rebord de l'autre récipient, assurent l'herméticité du joint. Dans l'exemple représenté, ces pinces sont formées chacune par un fil métallique replié sur lui-même, comme l'indique le dessin ; la rondelle C_4 porte en deux points diamétralement opposés des tourillons dont l'un se prolonge pour recevoir la poignée.

Le compartiment D est semblable au récipient inférieur B, il est muni d'une double soupape F qui laisse passer l'air ou la vapeur, quelle que soit la position de la cafetière; mais qui empêche tout crachement d'eau grâce à la disposition de la garde f.

Voici l'explication du fonctionnement bien simple de cet appareil. Supposons qu'on a mis la poudre de café dans le filtre C, l'eau dans le compartiment B et qu'on a monté et placé l'appareil sur le support A, au-dessus de la lampe à alcool. On allume la mèche et l'eau se met en ébullition. La pression de la vapeur qui s'exerce bientôt au-dessus de l'eau contenue dans le vase B oblige cette eau à monter par le tube C_1 dans le filtre C. Elle traverse le café et vient se déverser dans le récipient D, en même temps que l'air contenu dans ce récipient s'échappe par la soupape F. Le centre de gravité se trouve alors déplacé au-dessus des tourillons et comme l'appareil est plus lourd du côté du bec N, il bascule dans le sens de la flèche; pendant ce mouvement, la base de la cafetière rencontre le prolongement M du chapeau de l'éteignoir A_2 et entraîne ce chapeau pour le rabattre sur la mèche et éteindre la flamme.

Le compartiment D, contenant l'infusion, se trouve maintenant en bas et la soupape F est tombée par son poids de façon à dégager son orifice F_2 qui se trouve en haut et à fermer son orifice F_1. L'air rentre donc dans le compartiment D au-dessus de l'infusion en même temps que le vide se fait dans le récipient B par suite du refroidissement; il en résulte que la pression atmosphérique va faire remonter le liquide à travers C dans le compartiment B et l'appareil va basculer à nouveau et reprend la position qu'il occupe sur le dessin.

Le liquide, qui n'a pas pu passer par le tube C, retombe dans le filtre et de là dans le récipient inférieur par des petits trous C_6 ménagés à cet effet dans la paroi du filtre au-dessus de la rondelle C_4. Il n'y a plus qu'à verser le café dans les tasses en relevant le couvercle b_1 ; l'orifice b_3 permet à l'air de rentrer pendant qu'on verse. L'éteignoir A_2 est souvent perforé afin de modérer seulement la flamme au lieu de l'éteindre et tenir le café au chaud. En outre, on peut

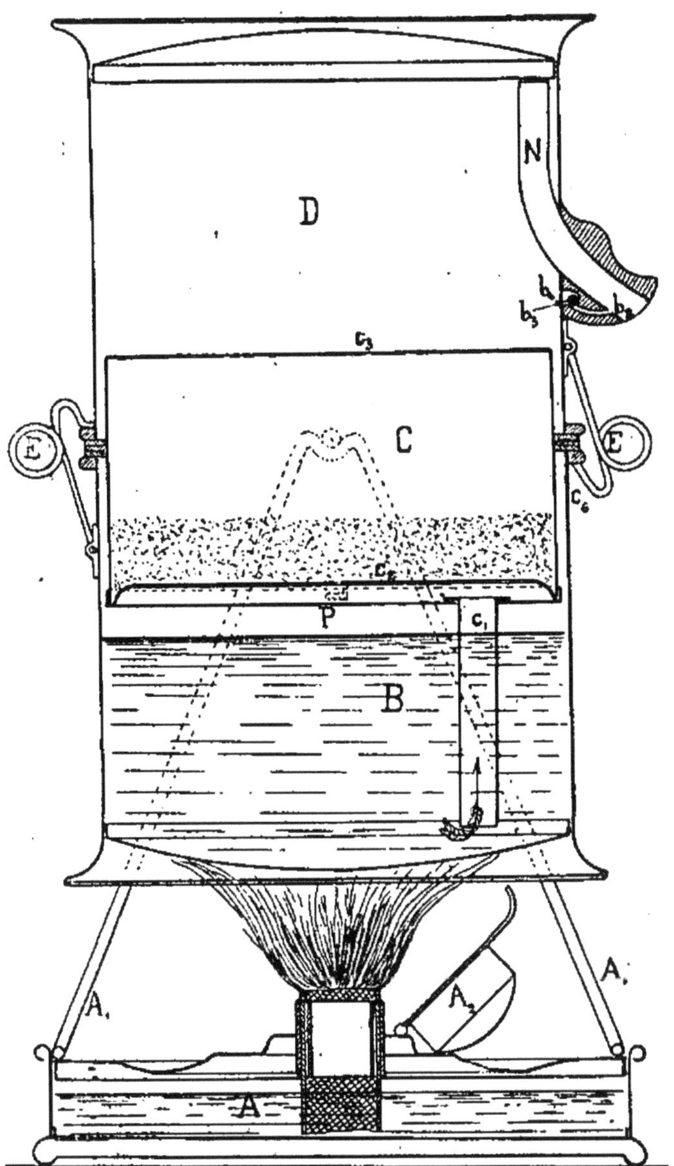

Fig. 31. — Cafetière Trottier, basculante une seule fois.

obtenir plusieurs passages de l'infusion sur le marc en munissant le chapeau A_2 d'une deuxième prolonge qui serait rencontrée par la cafetière au deuxième basculement pour provoquer le relèvement du chapeau, et la flamme reprendrait toute sa force ; le fonctionnement de l'appareil se répèterait donc tant qu'il resterait sur le feu.

La figure 31 représente la même cafetière, mais qui ne bascule qu'une seule fois.

On supprime à la cafetière précédemment décrite le tube ascensionnel C ainsi que la soupape F et on munit du bec N le récipient D. La grille c_3 constitue le fond fixe du filtre et les orifices c_6 pour l'écoulement du liquide, qui n'a pas pu passer par le tube ascensionnel, se trouvent du côté du récipient B au lieu de se trouver du côté du vase D.

Le bec N reste ouvert pour laisser l'air sortir pendant l'ascension du liquide ; pour que cet air ne s'échappe pas par l'orifice b_2, cet orifice est fermé par une bille b_3 qui tombe au fond de la chambre b_4 quand la cafetière bascule et dégage ainsi la rentrée de l'air.

Cafetière Borchers automatique et à chauffage simultané du lait

Cet appareil se base sur l'emploi d'un siphon dont le fonctionnement repose sur le principe que l'effet du siphon se fait sentir aussitôt que par suite de l'élévation de la température l'ébullition se produit, l'air contenu dans le siphon se trouve chassé complètement; un léger refroidissement ayant lieu ensuite amène la condensation de la vapeur qui est venue remplacer l'air. L'eau pénètre de nouveau des deux bouts du siphon et le remplit; par conséquent, le siphon est amorcé et fonctionne ; l'eau bouillante tombe sur le café en poudre et, de là, dans la cafetière.

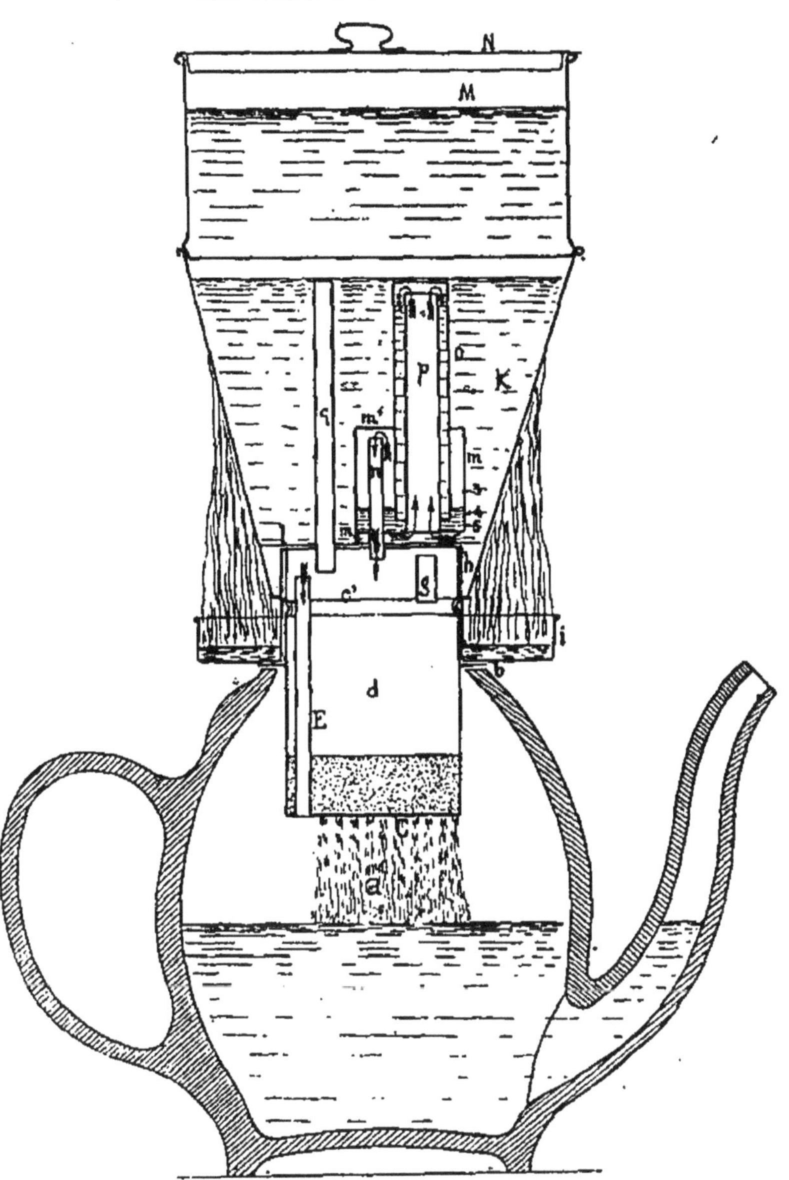

Fig. 32. — Cafetière Borchers.

L'appareil se compose (fig. 32), d'un cylindre *d*, qui repose sur l'ouverture d'un corps de cafetière *a* quelconque, par l'intermédiaire d'un bourrelet *b* et ouvert en haut, tandis qu'il est fermé en bas par un fond perforé en forme de passoire C; à ce fond est soudé un tube E ouvert à ses deux extrémités et qui fait fonction de trop-plein. A l'extrémité supérieure du cylindre *d* se trouve une nervure *c'* destinée à recevoir un disque c_2, auquel se trouve soudé un bout de tube *g*; ce disque porte, en outre, un trou pour le passage du tube E.

Sur le tube *d* s'engage librement un cylindre *h*, portant à son extrémité inférieure un appendice en forme de cuvette ou godet *i*, venant s'appuyer sur le bourrelet *b*, et destiné à recevoir l'alcool de chauffage. Un vase en forme d'entonnoir K, muni d'un fond *l*, placé à une certaine hauteur au-dessus de l'ouverture inférieure la plus étroite de l'entonnoir, vient s'appuyer sur le bord supérieur du cylindre à café *d*, par l'intermédiaire du fond *l*; l'extrémité inférieure de l'entonnoir placée en saillie sur ce fond entoure et s'ajuste autour du cylindre *d*.

Sur le bord supérieur du réservoir K, on place un vase M fermé par un couvercle N et destiné à contenir le lait à chauffer.

Le siphon de la bouilloire consiste dans le récipient *m*, qui est placé verticalement et fermé en haut et en bas; ce récipient est muni de trois tubes; le tube étroit *n*, soudé au fond *l* de l'entonnoir K, il traverse le fond m_2 du récipient *m* et monte en se terminant à une faible distance du couvercle *m'* de ce même récipient *m*. Le tube *o*, le plus gros, ouvert en bas et fermé en haut, est soudé au couvercle *m'* à la hauteur voulue; son extrémité inférieure ouverte est située à une faible hauteur au-dessus du fond m_2 du vase *m*. Ce dernier repose sur le fond de l'entonnoir K.

Le troisième tube *p* est ouvert en haut et en bas et est placé à l'intérieur du tube *o* et soudé au fond m_2 du récipient *m*. Le tube *q*, qui traverse le fond de l'entonnoir K, sert à conduire la vapeur en excès vers la partie supérieure du cylindre *d*, et de là par le tube E à la cafetière *a*, qui se trouve ainsi chauffée à l'avance.

Fonctionnement. — On commence par verser le café moulu dans le vase *d* sur la passoire C et on pose ledit vase sur le bord de la cafetière *a*. On installe ensuite le cylindre *h*, avec le godet *i*, sur le cylindre *d*; puis on place le vase K sur le cylindre *h*, de façon que le fond *l* repose sur le bord supérieur des cylindres *h* et *d*. On remplit d'eau le vase K, de façon à noyer complètement le récipient *m*. Une partie de cette eau pénètre d'en bas dans le tube *p* et arrive au bord supérieur de ce tube; elle coule le long de sa paroi extérieure jusqu'au fond du récipient *m*; le tube *o* étant assez large, l'eau n'arrive pas à chasser l'air contenu dans ce tube; c'est donc, en premier lieu, l'espace situé entre les lignes 4 et 5 qui se remplit d'eau, c'est-à-dire que l'eau monte jusqu'au bord inférieur du tube *o*; elle monte ensuite dans le vase *m*, à l'extérieur du tube *o*, et cela jusqu'à ce que la colonne d'eau (située approximativement entre les lignes 3 et 4) arrive à contrebalancer la pression que la colonne d'eau 1-2 exerce sur l'air renfermé dans le tube *o*.

On verse alors dans le godet *i* l'alcool nécessaire pour faire bouillir l'eau et on y met le feu. Le café se fait tout seul, sans qu'on n'ait plus à s'en occuper, et voici comment les choses se passent : la flamme de l'alcool fait bouillir l'eau contenue dans le vase K, et la vapeur produite à l'intérieur du siphon chasse l'air contenu dans les tubes; aussitôt après l'extinction de la flamme, un refroidissement presqu'instantané a lieu dans l'intérieur du siphon, il en résulte une condensation de la vapeur qui est venue remplacer l'air primitif et le vide nécessaire pour amorcer le siphon se produit par conséquent automatiquement.

Le lait, placé dans le réservoir supérieur, est échauffé par les vapeurs produites par l'ébullition dans le vase K.

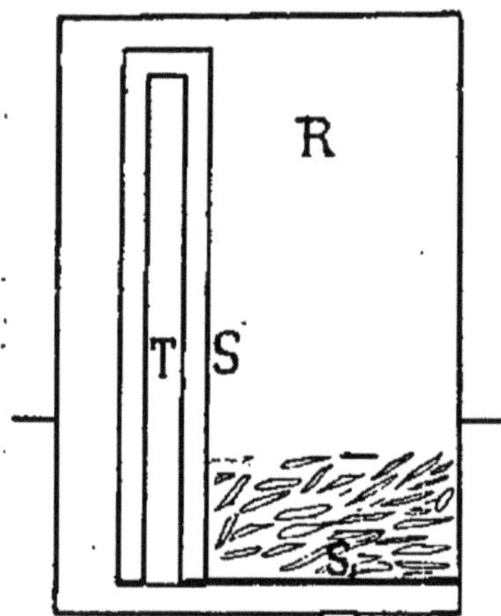

Fig. 33. Cylindre supplémentaire

Cet appareil est toujours accompagné d'un cylindre supplémentaire R (fig. 33), ouvert en haut, et au fond duquel se trouve soudé un tube T, ouvert en haut et en bas et entouré d'un autre tube plus gros S, ouvert également en haut et en bas et portant une plaque S, percée en passoire et soudée à son extrémité inférieure. Cette plaque reçoit les feuilles de thé à infuser et remplace le cylindre à café *d*.

On voit donc que cet appareil peut servir à faire toute infusion.

II. APPAREIL A FAIRE LE CAFÉ AVEC DES GRAINS DE CAFÉ VERT, DE WAGNER

Cet appareil très ingénieux permet de faire du café en plaçant dans ledit appareil du café en grains non torréfiés. Toutes les opérations nécessaires à la préparation du café ont lieu dans cet appareil, savoir : torréfaction, mouture et infusion.

Cette cafetière se compose (fig. 34) de l'appareil torréfacteur déjà décrit (page 41), auquel on ajoute une marmite C, qui entoure la flamme montant de la lampe B. Le tambour est surmonté d'une calotte H, sur laquelle sont placés une poignée *m* et un bouton *o* muni des griffes *n*.

En voici le fonctionnement : On verse les grains de café dans le tambour A par l'ouverture *a'*, qu'on referme par son couvercle *d*, et on allume la lampe à alcool; on tourne la manivelle en laissant le taquet K dans sa rainure *l*, de façon à entraîner dans la rotation les deux pièces e e_1.

Le café étant torréfié, on fixe le tambour à l'aide de la poignée *m* et du taquet *h* et, en pressant sur le bouton *o*, on engage le bouton *v* dans les griffes; dès qu'on n'appuie plus sur le bouton *o*, le ressort *s* agit et fait sortir le taquet K de sa rainure *l*, alors la face travaillante e_1 étant devenue libre, vient s'appuyer sur la face *e*, sous l'action du ressort *g*; en tournant la manivelle *c*, on produit la mouture du café, qui reste dans le compartiment E. En ouvrant le trou *a'*, le café moulu tombe dans la trémie S et de là dans l'eau bouillante contenue dans la marmite C. Le café fait est retiré par le robinet.

Il est facile de comprendre les services que peut rendre cet appareil, dans les cas où l'on veut avoir

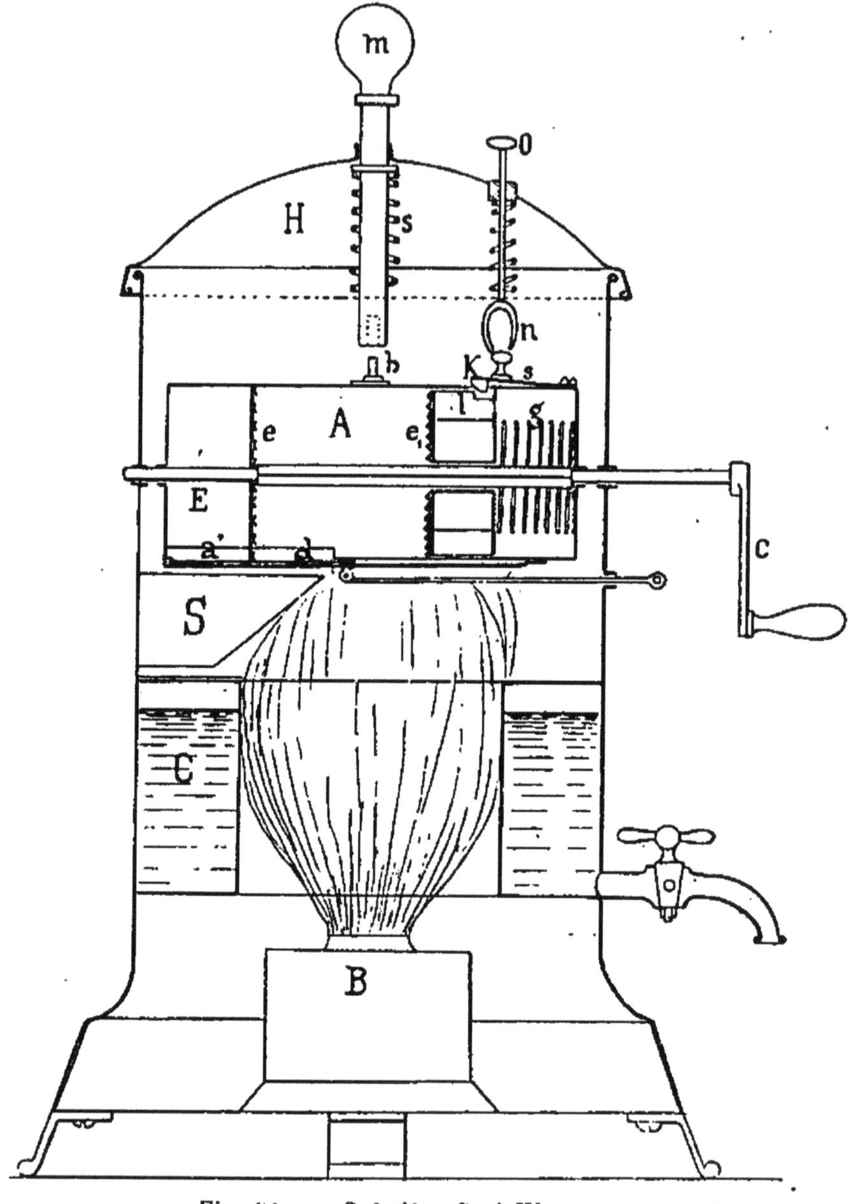

Fig. 34. — Cafetière Carl Wagner.

le café torréfié au moment même de préparer l'infusion, et aussi quand on n'a sous la main ni brûloir ni café torréfié en poudre.

III. APPAREIL A FAIRE LE CAFÉ, LE CHOCOLAT, ETC.

Nous allons terminer la description des appareils à préparer le café dans les ménages, en donnant celle d'un appareil destiné à préparer le café et le chocolat; à faire bouillir de l'eau; cuire des œufs, un bifteck, etc.; le tout en moins de dix minutes. Cet ingénieux appareil peut servir pour confectionner, en même temps, une soupe, cuire du poisson, des côtelettes, etc., sans dépenser plus d'un centime de combustible.

La figure 35 montre l'extérieur de cet appareil et

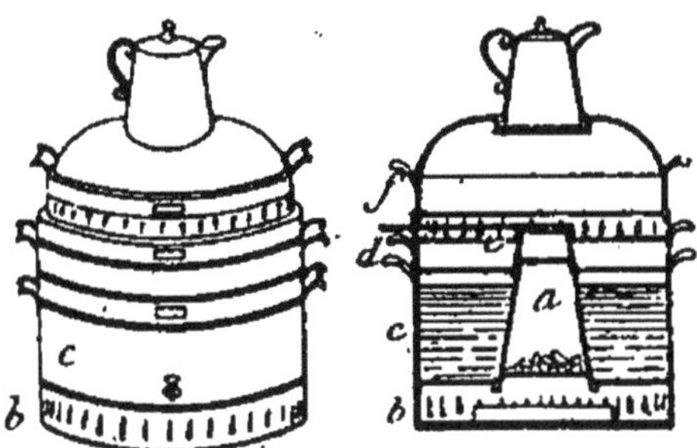

Fig. 35. — Appareil à faire le café, le chocolat, etc.

une coupe verticale : *a* est un petit cône de fer ou de fonte ayant au fond une grille sur laquelle est mis le charbon de bois; le cône traverse plusieurs petites pièces; au-dessous est une petite chambre *b*, perforée de manière à donner accès à l'air, et contenant un petit plateau pour recevoir les cendres; on allume le charbon au moyen d'un morceau de papier placé sous la partie perforée. Le vase *c* contient de l'eau, qui entoure presque en entier le cône; le vaisseau supérieur *c* est destiné à agir comme une sorte de machine à vapeur; à son centre est le sommet d'un cône, sur les bords duquel les vapeurs descendent au fond du vase au-dessous du cône; celui-ci donne issue, dans la chambre au-dessus, aux produits de la combustion, qui s'échappent par plusieurs perforations. Sur le sommet de ce cône est une soupape pour diminuer ou pour élargir son ouverture, ayant une baguette horizontale qui y est fixée, laquelle passe au dehors du vaisseau, comme on le voit. Le vaisseau de dessus *f* est une espèce d'étuve, chauffée par l'air chaud ou l'influence directe du feu. Dans ce réservoir de chaleur, une cavité ménagée à son couvercle reçoit un vase pour chauffer de petites quantités de liquide.

Les divers accessoires de l'appareil sont destinés à la préparation des substances alimentaires.

IV. CAFETIÈRES POUR LIMONADIERS

Nous allons commencer par la description des appareils permettant de faire le café devant le consommateur et par tasse.

Ces appareils présentent l'avantage qu'on peut servir toujours du café frais sans aucun goût de réchauffé, et en plus on offre au consommateur un moyen de contrôle sur la qualité du café employé en lui montrant que c'est réellement du café qu'on lui sert et non un mélange de café et de chicorée, ou autre succédané du café.

Cafetière-tasse Giraud

Elle se compose d'un vase en verre ordinaire destiné à recevoir le breuvage et un verre de forme spéciale, qui contient à la fois le café en poudre et toute la quantité d'eau nécessaire pour faire une tasse de café, plus celle qui sera perdue en restant dans le marc. Ce vase spécial se pose sur le verre ordinaire et, par un dispositif de trous capillaires placés sur le vase ordinaire, on fait passer une certaine quantité d'eau à travers la poudre de café.

Cette cafetière présente l'inconvénient que le vase qui reçoit le café fait n'est pas un verre ordinaire à café; c'est pour cela que nous donnons la description d'une autre cafetière-tasse qui emploie une tasse ou un verre ordinaire.

Cafetière-tasse Morel

L'appareil se compose (fig. 36), d'un récipient inférieur A, lequel n'est autre chose qu'une tasse ordinaire, dans laquelle on servira la boisson et sur lequel est placé le filtre proprement dit, constitué par un petit réservoir B fermé en haut par un couvercle C et terminé inférieurement par une capacité rétrécie D à fond E perforé. La capacité inférieure D est séparée du corps principal du réservoir B par un disque perforé F ayant une anse G pour sa manipulation facile. Le principe de la fabrication du café par cet appareil consiste à comprimer, au moyen du disque F, le café moulu placé préalablement en quantité convenable dans la capacité D, puis à verser dans le réservoir B l'eau bouillante, qui traverse lentement le café comprimé et s'écoule dans la tasse A.

Pour obtenir facilement la compression du café, le disque F porte sur son pourtour supérieur, deux rebords H, en forme de rampes inclinées dirigées dans le même sens en partant chacune, à leur point bas,

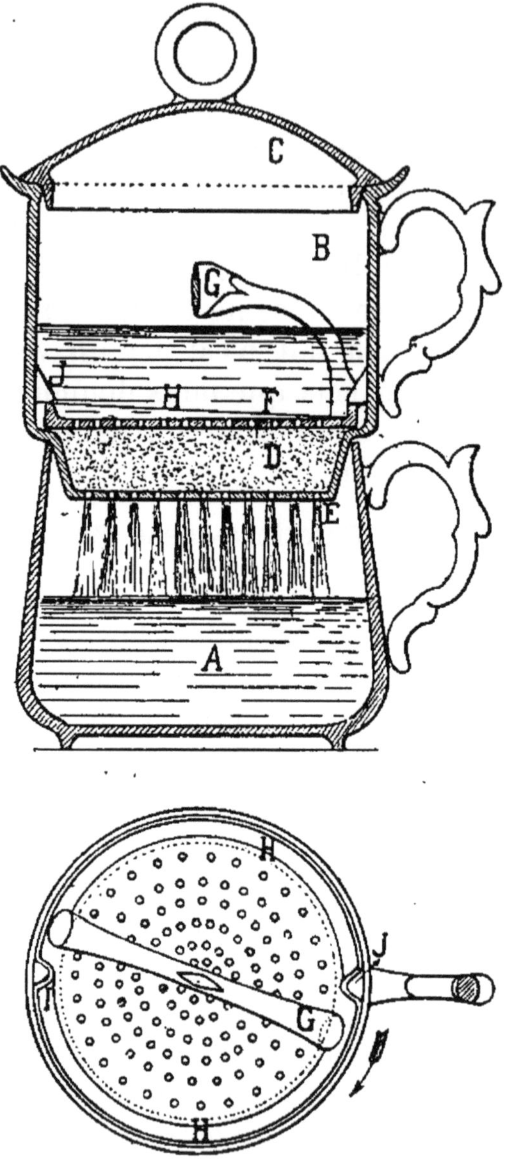

Fig. 36. — Cafetière-tasse Morel.

d'une encoche I pour s'élever régulièrement sur la presque demi-circonférence du disque et aboutir à leur point le plus élevé, contre la naissance correspondante de l'anse G. Les encoches I du disque du compression F sont situées aux extrémités d'un même diamètre et correspondent exactement comme position à deux saillies J, existant sur la paroi intérieure du vase B.

D'autre part, le disque F est établi pour pénétrer avec un léger jeu dans le réservoir B; mais son diamètre est plus grand que le vide laissé entre les deux saillies J. On opère de la façon suivante pour produire l'effet de compression voulue : la quantité de café moulu à utiliser est déterminée par le couvercle C, qui est établi de façon à ce que, renversé, il en constitue la mesure exacte. Le café moulu ayant été ainsi placé dans la capacité D du filtre, on introduit le disque F orienté comme l'indique la vue en plan, à l'aide de l'anse G, de manière que les encoches I livrent passage aux saillies J; le disque se trouvant ainsi au-dessous des saillies J, on le fait tourner sur lui-même horizontalement à l'aide de l'anse. Dans ce mouvement, la surface supérieure des rampes H s'appuyant sur la surface inférieure des saillies J, le disque est obligé de descendre et la compression s'opère.

Cafetière-verseuse Eisenmenger

Elle se compose (fig. 37) d'un cylindre *b*, dont la hauteur est relativement grande et le diamètre petit; le cylindre est formé dans le haut par un couvercle *a* étanche et sa partie inférieure est munie d'une pièce amovible *h*, présentant la forme d'un plateau. Ce plateau *h* peut facilement se visser en place ou s'enlever par un mouvement à baïonnette; il se pose sur le vase destiné à recevoir le café préparé. Dans l'intérieur du cylindre est logé un cône pointu se termi-

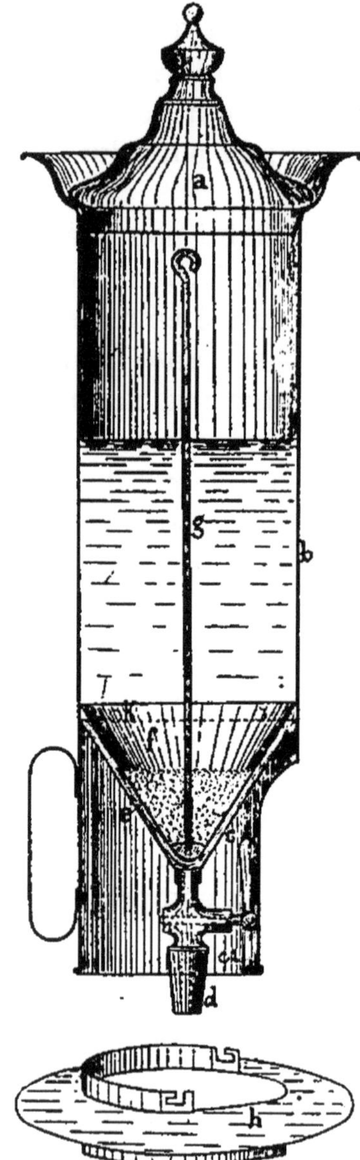

Fig. 37. — Cafetière-verseuse Eisennemenger.

nant par un prolongement destiné à recevoir un robinet verseur *d*, rendu accessible par une ouverture latérale pratiquée dans la partie inférieure du cylindre. Sur le cône *c* on pose le filtre *e*, de forme conique, et par-dessus ce dernier un tamis *f* conique laissant un petit jeu avec le cône ; ce jeu est nécessaire pour empêcher le filtre et le cône de trop se rapprocher. Pour cela on a réservé dans l'intérieur du vase cylindrique trois petites saillies K, contre lesquelles s'appuient le filtre et le tamis une fois mis en place ; une tige *g* forme poignée au tamis.

Pour faire le café, on distribue régulièrement la poudre de café dans l'entonnoir (par des secousses convenables) préalablement retiré de l'appareil, après avoir pressé le filtre en futaine de bas en haut contre le tamis.

Si on introduit maintenant le tamis dans le cylindre, le filtre vient se placer entre le tamis et le cône ; on verse une petite quantité d'eau bouillante, de façon à faire bien reposer la colonne d'eau sur le café en poudre, on laisse l'appareil au repos pendant quelques instants, puis on verse l'eau nécessaire au nombre de tasses que l'on veut obtenir; on ferme le couvercle, on laisse reposer une minute, puis on ouvre le robinet et on sert le café fait.

Cet appareil présente l'avantage que le café se tasse dans une forme d'entonnoir très réduit et sous une assez grande hauteur, diminuant de section vers le bas; par conséquent, le café sera traversé par l'eau uniformément et on peut maintenir cette eau à volonté sur le café en ouvrant plus ou moins le robinet.

Cet appareil peut faire aussi l'infusion du thé.

Cafetière Dangan à un seul filtre, pour le café

La cafetière se compose (fig. 38) de deux vases A et B superposés et réunis entre eux par un pas de vis, que l'on peut démonter au besoin pour le nettoyage. Un grand tube traverse le fond de séparation des deux vases et se termine à sa partie inférieure bien près du fond; un champignon vient coiffer son extrémité supérieure pour répandre uniformément l'eau bouillante sur le café; un petit tube met en communication le fond du vase B avec le vase A et vient déboucher dans le grand tube. La boîte à filtre se compose d'un récipient légèrement conique, à fond perforé, et portant à son centre une ouverture pour le passage du grand tube. Pour que le café en poudre ne passe pas par l'espace laissé libre entre cette ouverture et le tube, le fond perforé a un rebord relevé qui retient toujours le café dans le filtre.

Fonctionnement de l'appareil. — On place la boîte à filtre dans la partie supérieure de la cafetière,

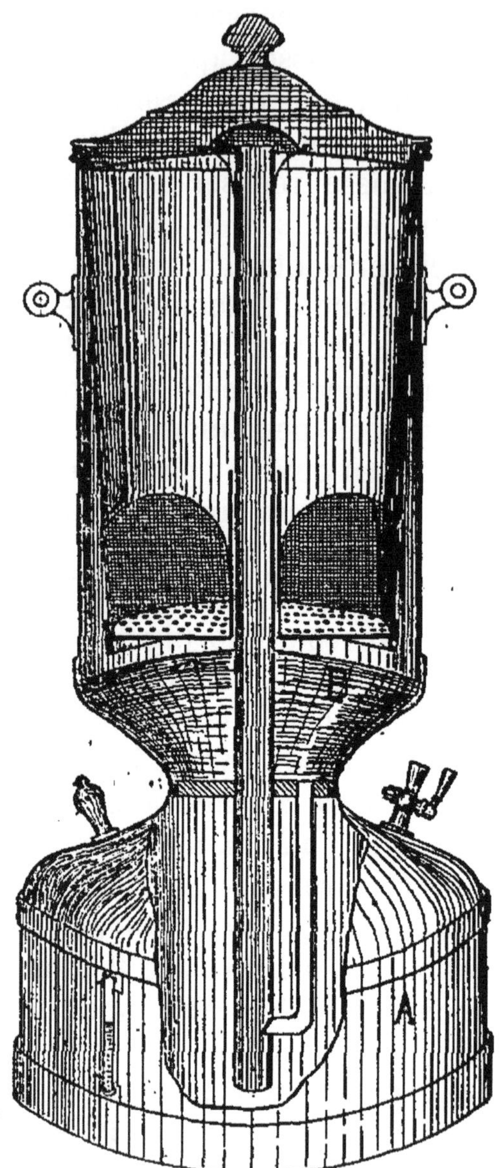

Fig. 38. — Cafetière Dangan.

ainsi que le champignon qui se pose au-dessus du grand tube. On verse l'eau dans la cafetière par le haut, le liquide descend immédiatement dans la partie inférieure par le petit tube; la hauteur d'eau est indiquée par un petit tube de niveau placé sur le côté; quand ce tube est plein, on cesse de verser. On jette le café dans le filtre et on place le couvercle.

La cafetière, étant ainsi préparée, est mise sur le feu et l'infusion du café a lieu dès que l'eau commence à bouillir; on s'aperçoit alors, par le tube en verre qui se vide, que l'eau remonte dans la partie supérieure. Sitôt que l'eau est montée, le sifflet retentit et avertit qu'il faut retirer la cafetière du feu; par le refroidissement, la vapeur contenue dans le vase A se condense, et l'infusion descend dans ce vase. Si on juge l'infusion faible et pas assez colorée, on replace la cafetière sur le feu pour faire passer l'infusion de nouveau sur le marc de café; on laisse reposer quelques minutes pour qu'il se clarifie et on peut ensuite servir.

Pour vider le marc, on ôte le champignon du haut, en retirant la boîte à filtre pour la nettoyer; on lave aussi la partie inférieure en versant de l'eau par la partie supérieure et en agitant fortement. On fait sortir cette eau par le robinet d'écoulement.

S'il arrivait que le liquide éprouvât de la difficulté à descendre, il faudrait dévisser la partie du bas et vérifier si les tubes de l'intérieur ainsi que le petit trou placé en haut du tube-plongeur ne seraient pas bouchés; la boîte à filtre étant bien lavée et essuyée, si une partie des trous sont encore obstrués, on pourra tenir le filtre au-dessus d'un feu doux qui sèchera et réduira en poussière le tartre; immmédiatement après on brosse de façon à compléter le dégagement des trous (on ne doit jamais se servir de brosses en chiendent).

Cafetière à deux compartiments et à deux filtres (marc et café)

Cette cafetière comprend deux parties distinctes : la cafetière proprement dite (fig. 39), et la bouil-

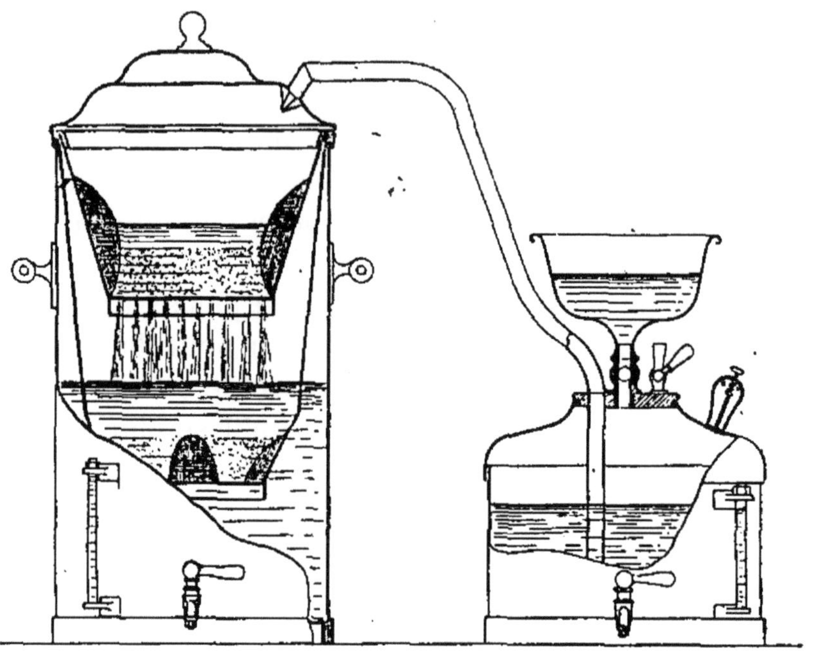

Fig. 39. — Cafetière à deux compartiments et à deux filtres (marc et café).

loire. La cafetière se compose d'un vase cylindrique portant un robinet de vidange à sa partie inférieure et un tube de niveau placé sur le côté. A la partie supérieure de ce vase se place d'abord un premier vase, de forme conique et à fond perforé, formant le filtre à café; dans l'intérieur de ce filtre se place un deuxième vase conique, plus petit, reposant par son rebord supérieur sur le premier filtre : c'est le filtre à marc. Un couvercle ferme assez bien et à frottement doux tout l'appareil.

La bouilloire se compose d'un vase fermé hermétiquement de toutes parts, portant également un robinet de vidange et sur le sommet un entonnoir, séparé du vase par un robinet; un sifflet d'alarme et une soupape de sûreté sont placés sur le dôme du bouilleur. Un tube en col de cygne plonge dans le bouilleur à peu de distance du fond et vient déboucher par son autre extrémité sur le couvercle de la cafetière.

Fonctionnement de l'appareil. — Pour faire le café, verser l'eau dans l'entonnoir et emplir le niveau du tube en verre. Fermer ensuite le robinet placé sous l'entonnoir et faire chauffer. Mettre le café dans le grand filtre et le marc de la précédente préparation dans le petit filtre. Ajuster les deux parties de l'appareil à l'aide du tube, et les laisser ainsi jusqu'à ce que l'eau du bouilleur soit passée dans la cafetière ou saturateur, c'est-à-dire jusqu'à ce que le niveau d'eau du bouilleur soit vide et le sifflet fonctionne. Oter la cafetière du feu.

Cette cafetière se fait de deux manières différentes, c'est-à-dire qu'on peut mettre sur le foyer seulement le bouilleur, ou encore placer le bouilleur sur un foyer et la cafetière sur un fourneau avec bain-marie.

Cafetière Dangan à deux filtres (marc et café)

Cette cafetière se compose de deux vases superposés A et B (fig. 40), séparés par un étranglement sur lequel vient s'ajuster très exactement un bouchon G portant une poignée pour faciliter la manœuvre. Ces deux vases peuvent communiquer entre eux par le robinet R. Le vase A porte sur son côté un niveau

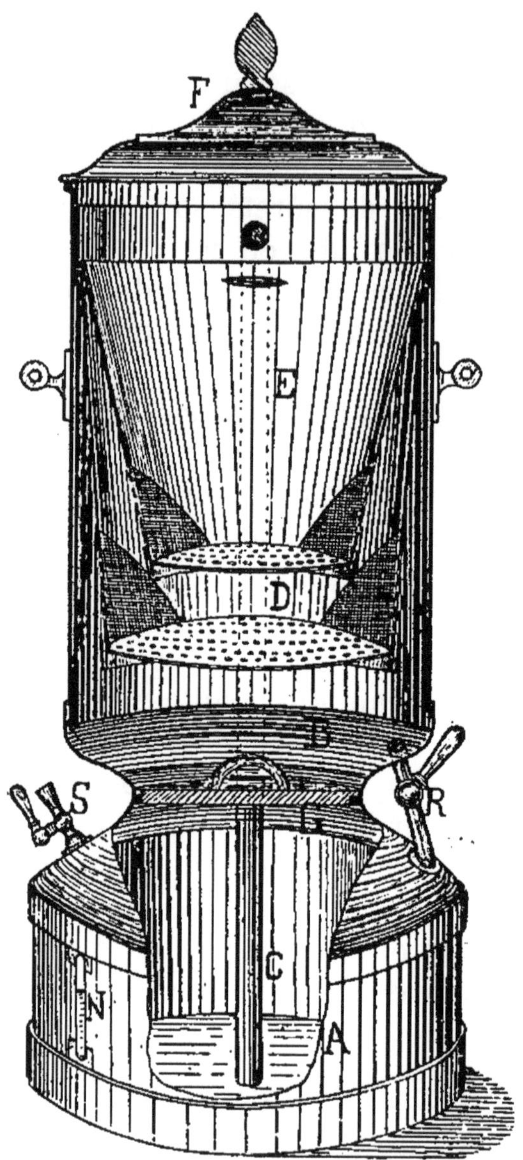

Fig. 40. — Cafetière Dangan à deux filtres (marc et café).

d'eau et sur son dôme un sifflet d'appel S. Dans le vase supérieur se placent les deux vases D et E à fonds perforés formant les filtres : celui D le filtre à café et E le filtre à marc; ils sont maintenus en place par l'appui que trouvent leurs rebords supérieurs sur une collerette venue avec le vase B. Le couvercle F bouche hermétiquement tout l'appareil. Un tube ascensionnel C part presque du fond du vase A et vient déboucher par son autre extrémité, recourbée à cet effet, au-dessus de la boîte à filtres.

Fonctionnement de l'appareil. — Ouvrir le robinet de séparation placé en R sur le côté de la cafetière (il est ouvert la poignée en l'air, ainsi que le sifflet); verser l'eau par le haut, remplir jusqu'à la hauteur du tube indicateur du niveau d'eau, retirer le trop-plein, s'il y en a, par le robinet d'écoulement placé dans le bas de la cafetière; fermer le robinet de séparation, ouvrir le sifflet d'appel, mettre le café frais dans le filtre du dessous D, et le marc de la fois précédente dans celui du dessus E, placer le couvercle et mettre la cafetière sur le feu; lorsque l'eau bout, le sifflet vous avertit; attendre que toute l'eau soit montée, ce que l'on voit par sa disparition du niveau et par l'arrêt du sifflet; enlever la cafetière du feu. Laisser infuser pendant dix minutes environ, selon que l'on veut obtenir le café plus ou moins fort, ouvrir le robinet de séparation R, laisser descendre le café dans le bas et servir par le robinet d'écoulement.

Entretien de l'appareil. — Pour nettoyer l'intérieur, dévisser le bouchon G, laver à grande eau et au goupillon; les filtres se lavent à chaque opération; les faire sécher au-dessus d'un feu modéré et les brosser pour déboucher les grilles.

Cafetière à deux filtres (marc et café) avec réservoir d'eau chaude servant de bain-marie à la cafetière.

L'appareil se compose de deux vases superposés A et B (fig. 41), portant chacun un robinet de vidange, un tube indicateur de niveau et un tube E, qui pénètre dans le vase A en débouchant au tiers de la hauteur du vase à partir du fond, et dont l'autre extrémité recourbée vient déboucher au-dessus des filtres. Un réservoir F servant d'entonnoir communique par l'intermédiaire du tube X portant le robinet T avec le réservoir A.

C'est dans cet entonnoir qu'on place l'eau. Les deux compartiments A et B sont souvent mis en communication par un robinet et un tampon vissé sur la paroi de séparation des deux compartiments A et B. Deux filtres C et D coniques reposent par leur bord supérieur sur la collerette fixée à l'intérieur du vase B. Un sifflet d'appel S avertit quand l'eau entre en ébullition et ne s'arrête que quand toute l'eau nécessaire a passé sur les filtres; on sert le café par le robinet R'.

Fonctionnement de l'appareil. — Verser l'eau dans l'entonnoir F placé sur le côté, jusqu'à ce que le tube indicateur N du bas de l'appareil soit plein; puis on ferme le robinet T placé sous l'entonnoir. On met le café moulu dans le filtre C et le marc de la fois précédente dans le filtre D, puis on place le couvercle; on met sur le feu l'appareil. On ouvre le sifflet en plaçant la clef en l'air quand toute l'eau est montée, c'est-à-dire quand le niveau indicateur N du vase A n'est plus rempli qu'au tiers de sa hauteur. A

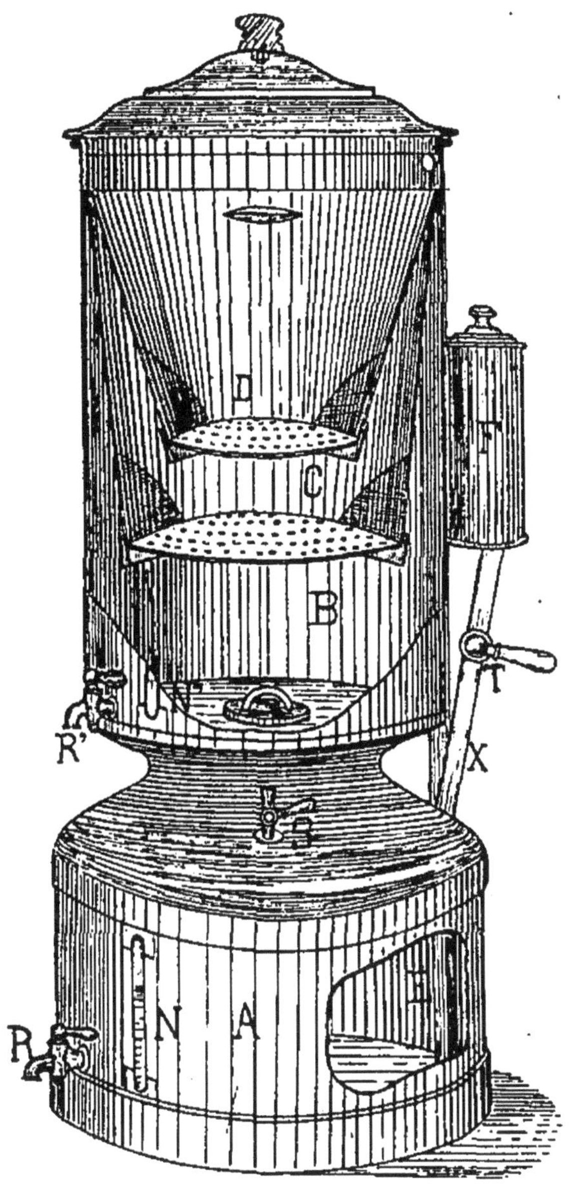

Fig. 41. — Cafetière à deux filtres (marc et café) et à bain-marie.

ce moment le café est fait, il suffit de laisser reposer un instant avant de le servir par le robinet R'. L'eau qui reste dans la partie inférieure du vase A tient le café contenu dans le vase B au bain-marie, sans qu'il puisse bouillir; un feu très doux suffit pour cela. Il est bien entendu qu'on peut utiliser cette eau chaude pour les besoins divers du ménage en la soutirant par le robinet du bas.

Bien des constructeurs suppriment l'entonnoir placé sur le côté de l'appareil et fixent sur le dôme du vase A un bouchon fileté, par lequel on introduit l'eau dans le dit vase.

Cafetière à bouilleur tubulaire Mangin

Dans les cafetières que nous venons de décrire, le bouilleur, ou vase inférieur A, est chauffé à feu nu ou par une rampe de gaz dont les produits de combustion viennent simplement lécher le fond plat ou légèrement bombé de l'appareil.

Au lieu d'un chauffage aussi primitif, M. Mangin fait passer les produits de la combustion dans un faisceau tubulaire, ou même dans un tuyau unique traversant la masse du liquide à porter à l'ébullition. De cette façon, on utilise intégralement la chaleur et on arrive à une prompte ébullition.

La figure 42 représente l'appareil Mangin avec un tube unique T, auquel on donne une forme conique et en col de cygne, de manière à le faire déboucher à l'extérieur; on le munit d'un bouchon perforé; le fond du vase A est en outre bombé pour mieux utiliser la chaleur.

Les deux vases superposés A et B sont reliés par un tube T', de sorte que l'eau passe sur les passoires P et P'. La passoire P' à café reçoit en outre un couvercle perforé *b*, qui s'oppose à tout bouillonnement et à l'agitation du café. Le vase B est disposé de façon à conserver le café fait, à sa partie inférieure, sans qu'il soit besoin de le retourner dans le vase A, et, à l'aide du robinet C, on peut le déverser

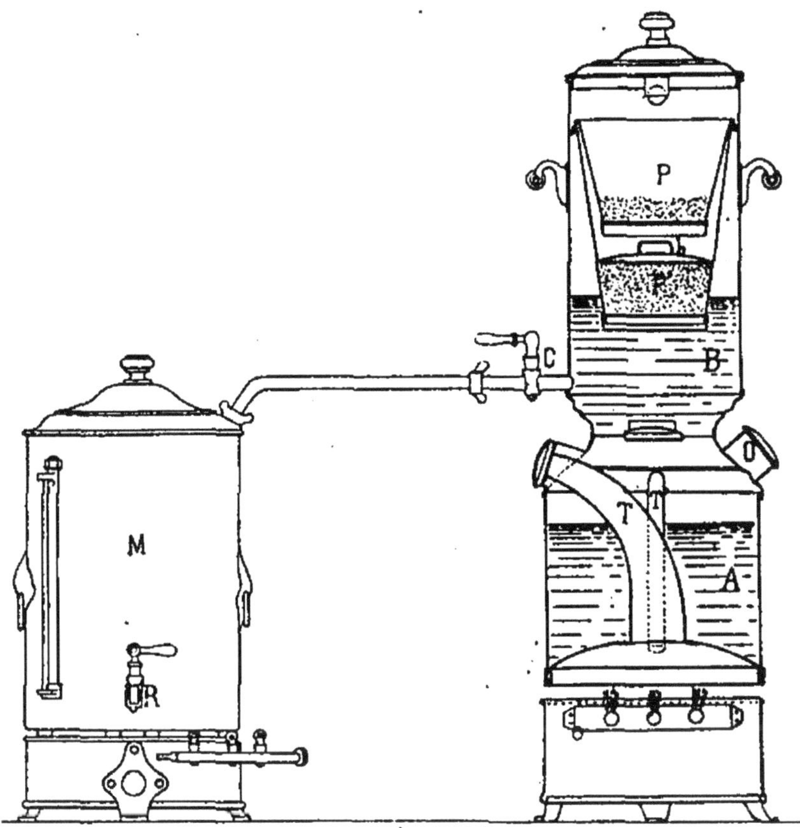

Fig. 42. — Cafetière Mangin.

dans un vase spécial, dit *champoreau* M, qui permet de tenir le café au chaud en hiver par le bain-marie, et à la glace l'été en remplaçant l'eau du bain-marie par de la glace pilée. Nous allons d'ailleurs donner plus loin la description du champoreau.

Le fonctionnement de l'appareil est identique à celui des appareils déjà décrits.

V. CHAMPOREAU

On appelle ainsi un vase en grès (fig. 43) bouché hermétiquement à l'aide d'un bouchon égale-

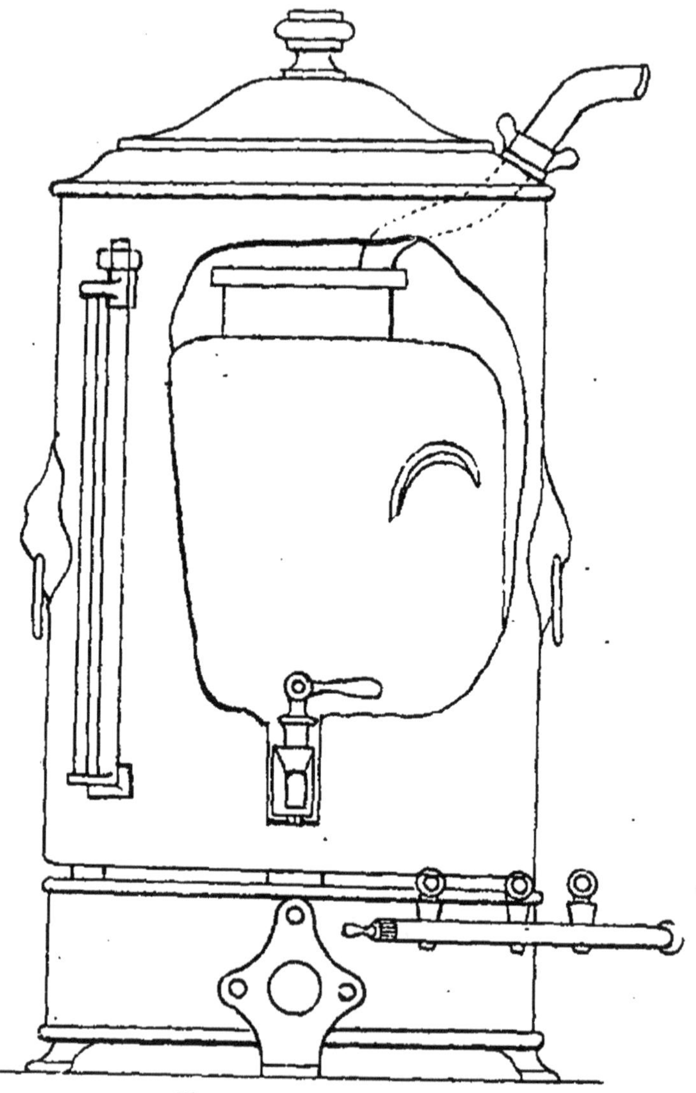

Fig. 43. — Champoreau.

ment en grès, qui s'y fixe à l'aide d'un mouvement à baïonnette, portant un robinet pour servir le café, et muni de deux anses pour le porter. On place ce vase dans un autre vase métallique, de manière que son fond se trouve placé à une certaine distance du fond de ce vase, formant ainsi le bain-marie. En hiver, on garnit le bain-marie avec de l'eau ou mieux encore en mélangeant cette eau avec du marc de café hors d'usage; en été, on peut le garnir avec de la glace pilée. Le couvercle du vase en grès porte un petit trou dans le cas où le champoreau est en communication constante avec la cafetière, comme cela arrive par exemple dans la cafetière Mangin; dans ce cas, on munit le champoreau d'un tube indicateur de niveau se fixant sur un bossage du robinet, qui permet ainsi de voir si le vase est plein.

VI. BAINS-MARIE

On appelle ainsi des vases de formes différentes servant à tenir le café et en général toute infusion au chaud. Ces vases, fermés de toutes parts, portent sur la paroi supérieure des trous circulaires qui reçoivent soit les théières en porcelaine, soit des cruches ou des copettes dont une partie plonge dans l'eau du bain-marie, qu'on place sur un fourneau à bois ou à rampe de gaz.

La figure 44 représente un bain-marie avec vases en porcelaine de 1 litre 1/2, chauffé par une rampe de gaz à flamme bleue, c'est-à-dire à prise d'air, et montre la disposition de ces récipients en porcelaine formés d'un vase portant un bec verseur et une anse métallique fixée par deux bandes métalliques se repliant autour du corps du récipient qui, vers son milieu, porte un bourrelet servant à arrêter sa descente dans le bain-marie en se posant sur le couvercle du dit bain-marie

Fig. 44. — Bain-marie.

On construit aussi des bains-marie à siphons et robinets qui n'exigent pas qu'on enlève les théières

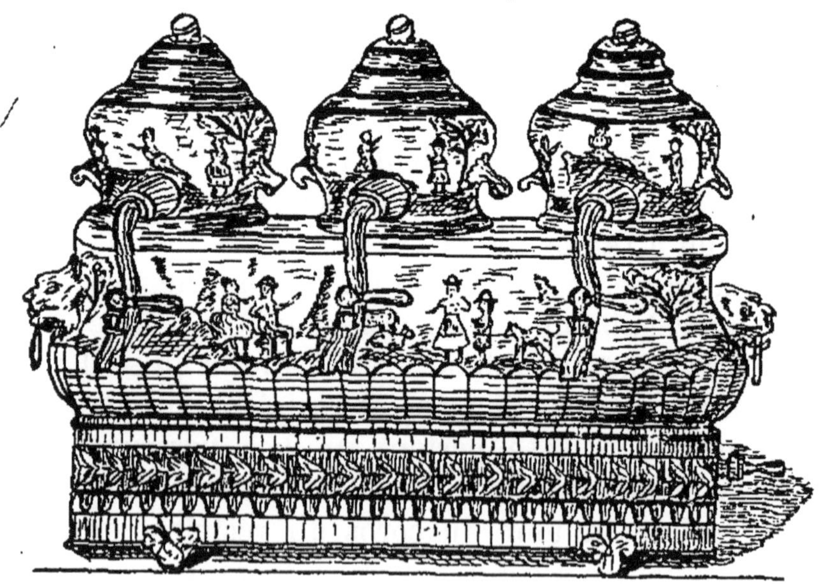

Fig. 45. — Bain-marie à siphon.

de leur place; il suffit d'ouvrir le robinet pour servir la boisson dans les verres. La figure 45 représente un bain-marie construit de cette manière.

CHAPITRE V

Extraits de café liquides et solides, et produits à base de Café

SOMMAIRE. — I. Extrait liquide concentré. — II. Extrait de café en état sec. — III. Extrait sec Forster pur et au lait. — IV. Pastilles ou tablettes de café et de sucre Boulé. — V. Pastilles Dumont (café et sucre). — VI. Café au lait instantané Lebret. — VII. Autre café comprimé en tablettes. — VIII. Falsifications du café.

L'industrie fabrique aujourd'hui des extraits de café liquides ou solides permettant d'obtenir, sous un volume très restreint, de quoi faire une certaine quantité de boisson. On se sert surtout de ces extraits pour faire le café au lait.

I. EXTRAIT LIQUIDE CONCENTRÉ

On fait l'extraction de tous les principes aromatiques et nutritifs comme à l'ordinaire et on porte à l'ébullition l'infusion ainsi obtenue; mais, par ce procédé, l'arome est altéré.

M. Eschvege a fabriqué de l'extrait de café liquide très concentré sans évaporation et à basse température (35° environ), en opérant de la façon suivante :

Il envoie dans un vase, dit *mélangeur*, de l'eau froide et de l'eau bouillante, de façon à avoir un mélange à la température de 35°; puis par un robinet on fait couler cette eau à 35° dans une série de vases similaires réunis entre eux par un tuyau d'alimentation et par un tuyau de sortie. On fait l'alimentation par le fond et la sortie par le haut. Dans chaque vase il y a deux diaphragmes, entre lesquels on place le café en poudre, et on dispose les vases en cascades de façon que chacun d'eux s'alimente avec l'infusion du précédent. L'eau introduite dans le premier passe sur le café qui y est contenu et coule dans le suivant, et ainsi de suite jusqu'au dernier. Quand le café du premier vase est épuisé, on enlève ce vase et on ajoute à la suite du dernier vase de la série, un nouveau vase chargé de café frais; on continue de cette façon jusqu'à épuisement complet de tout le café.

II. EXTRAIT DE CAFÉ EN ÉTAT SEC

On fabrique aussi de l'extrait en état sec, mais cette fabrication exige des appareils distillatoires et d'évaporation dans le vide. Nous nous contenterons de dire qu'on trouve cet extrait sec sous forme de tablettes incolores de sucre dans lequel on a incorporé l'extrait sec pulvérisé.

III. EXTRAIT SEC FORSTER PUR ET AU LAIT

M. Forster prépare un extrait sec à l'aide d'une infusion de café, obtenue avec de l'eau à une température inférieure à 70° et à l'abri de l'air, puis porte cette infusion à l'état sec par une évaporation dans le vide. L'extrait est moulé ensuite dans des moules ayant la forme de tablettes.

En mélangeant l'infusion de café avec du sucre et du lait et en portant ensuite le tout à l'état sec dans le vide, on obtient après moulage des tablettes qui, délayées dans de l'eau chaude, donnent un café au lait tout sucré et prêt à boire.

IV. PASTILLES OU TABLETTES DE CAFÉ ET DE SUCRE BOULÉ

M. Boulé s'est attaché à fabriquer de l'extrait sec aussi parfait que possible, et à l'enfermer ensuite de toutes parts par compression dans la quantité de sucre qu'on emploie en moyenne pour les consommations. Sous cette forme il est inaltérable et donne instantanément une infusion de café en versant sur le ou les morceaux la quantité nécessaire d'eau bouillante.

On trouve dans le commerce cet extrait par tablettes comme les morceaux de sucre ordinaire, ou en briquettes pour 20, 50 ou 100 personnes.

On comprend le grand service que peuvent rendre ces pastilles, surtout dans les campagnes et les voyages d'exploration dans les pays inconnus.

V. PASTILLES DUMONT (CAFÉ ET SUCRE)

M. Dumont comprime dans des moules du café en poudre et du sucre également en poudre ; on obtient ainsi des pastilles qui sont très facilement fondantes à cause de la présence du sucre.

VI. CAFÉ AU LAIT INSTANTANÉ LEBRET

On commence par concentrer du lait ordinaire à 60° et dans le vide; on y ajoute 12 0/0 de sucre et une liqueur de café obtenue par déplacement et distillation. Pour arriver à fixer et à conserver l'arome du café, la moitié de la liqueur obtenue par déplacement est distillée sur le sucre et ajoutée vers la fin de l'opération dans l'appareil évaporatoire. De plus, on ajoute au produit 2 0/0 de sucre en caramel.

On pousse la concentration jusqu'à consistance sirupeuse, puis on met le produit dans des boîtes ou flacons hermétiquement bouchés et ficelés, et passés à l'autoclave.

Pour faire le café au lait, il suffit de prendre une cuillerée du produit concentré et lui restituer l'eau enlevée par la concentration.

De la même manière on fait le chocolat au lait instantané, en remplaçant la liqueur de café par un mélange de cacao torréfié pulvérisé et de sucre.

VII. AUTRE CAFÉ COMPRIMÉ EN TABLETTES

On a reproché aux tablettes de café comprimé de perdre leur arome avec le temps; c'est pour cela que M. Lane a comprimé en tablettes du café grillé et finement moulu et à froid. Puis il a trempé ces tablettes dans un bain de vernis de dammara ou de copal finement raffiné; après qu'elles sont devenues bien sèches, on les plonge une deuxième fois dans le bain et on les sèche de nouveau; la croûte ainsi formée donne aux tablettes la dureté nécessaire et ne laisse pas échapper l'arome. Quand on fait le café, la croûte reste dans le filtre en état de cellulose complètement inodore et ne communique aucun goût au café.

VIII. FALSIFICATIONS DU CAFÉ

On a imaginé de remplacer le café par beaucoup de substances dont il est inutile d'entretenir le lecteur; mais une fois entrée dans la voie de l'invention des succédanés du café, l'industrie ne s'est plus arrêtée et a fait servir ces prétendus cafés à la sophistication des véritables cafés. Pour mettre en garde contre les fraudes, nous indiquons ici quelques faits observés par les chimistes, et qui peuvent servir à constater la qualité des matières que l'on emploie.

Un café conservé quelque temps dans un lieu humide, ou un café mouillé par l'eau de mer a perdu presque tout son arome et la saveur amère agréable qui caractérise le caféone. Un café, détérioré de cette manière, n'abandonne pas plus de 12 0/0 de son poids à l'eau, et cette eau a une saveur d'eau de mer ou de moisi.

Une infusion de café a un poids spécifique de 1008 à 1008,2 tandis qu'une infusion de chicorée pèse 1019,1. La première contient bien moins de matière colorante que la seconde. La chicorée, traitée à quatre reprises différentes par dix fois son poids d'alcool bouillant à 16° donne 67,8 0/0 d'extrait, et traitée par l'éther, 6 de matières extractives. Le café Moka torréfié ne fournit avec l'alcool que 26,35 0/0 d'extrait, mais 16 0/0 de matières extractives avec l'éther.

Les divers cafés du commerce renferment, sur 100

parties, lorsqu'ils sont à l'état de nature, de 5,7 à 7,8 0/0 de sucre; après torréfaction, ce sucre disparaît ou s'élève tout au plus à 1,14 0/0. La chicorée avant torréfaction, en renferme de 23,75 à 35,23 0/0 et, après torréfaction, de 9,85 à 18 0/0.

La silice, peu abondante dans les cendres du café normal, s'élève depuis 11 jusqu'à 36 0/0 dans les cendres de la chicorée. La caféine et l'acide caféique n'existent pas dans la chicorée, ni dans aucune des autres matières employées à falsifier le café.

CHAPITRE VI

Du Thé

Sommaire. — I. Historique. — II. Thés verts. — Thés noirs. — IV. Analyse chimique des thés. — V. Sophistication des thés. — VI. Propriétés du thé. — VII. Infusion du thé. — VIII. Appareils à faire le thé.

I. HISTORIQUE

Le thé est un arbrisseau ou un arbre d'une hauteur médiocre, que l'on cultive en Chine et au Japon, au Brésil et aux Indes, et dont les deux espèces, le *théa viridis* et le *bohea*, ont été réunies dans une seule, nommée *théa sinensis*, ou thé de Chine. D'après l'opinion d'un grand nombre de botanistes, les différences qui existent entre les diverses espèces de thé doivent être attribuées à l'âge auquel on a récolté les feuilles et à leur mode de dessiccation. Les feuilles sont récoltées plusieurs fois dans l'année, et leur dessiccation a lieu sur des plaques de fer médiocrement chauffées.

Le thé le plus agréable et le plus estimé est celui qui arrive par les caravanes de la Chine à Saint-Pétersbourg ; il porte avec lui une odeur prononcée de violette, que celui qui vient par mer ne possède jamais.

On ne connaît le thé en Europe que depuis le commencement du dix-septième siècle, à peu près. Ce furent les Hollandais qui l'apportèrent. L'infusion aqueuse que l'on prépare avec ces feuilles desséchées et roulées sur elles-mêmes, prit une faveur tellement rapide, et leur consommation fut si grande, que dès 1660, on avait établi en Angleterre un impôt sur l'introduction du thé, qui rapportait des sommes considérables.

Les feuilles les plus petites de l'arbuste, les plus jeunes et les plus tendres, sont aussi celles qui possèdent le plus d'arome; c'est pourquoi elles sont choisies avec le plus grand soin pour faire le thé qu'on désigne sous le nom de *thé impérial*; comme on ne le destine qu'à l'empereur et à sa famille, nous ne le connaissons que d'après le rapport des voyageurs. Il en est encore un autre connu sous le nom de *thé mandarin*, aussi extrêmement rare.

La récolte des feuilles se fait à la main, une par une : une seule personne peut en cueillir de 7 à 7 kilogrammes et demi par jour, La première cueillette s'opère vers la fin de février, ou au commencement de mars ; celle-ci sert à faire le *thé impérial*, comme nous l'avons dit, ou la fleur de thé ; la seconde récolte se fait au mois d'avril, et la troisième a lieu en juin. Les feuilles ont alors acquis leur entier développement ; le thé qu'elles donnent est de qualité inférieure : c'est celui du peuple. Il arrive quelquefois qu'on ne fait que deux récoltes, en avril et en juin, et même une seule à cette dernière époque. Quoi qu'il en soit, on sépare toujours les feuilles plus ou moins mûres pour en préparer les diverses espèces de thé qu'on trouve dans le commerce, et qu'on distingue en *thés verts* et *thés noirs*.

II. THÉS VERTS

Thé heyswen, hysson ou hé-chum

Sa couleur est verte, avec une nuance d'un bleu noirâtre ; il est roulé longitudinalement ; il a une odeur particulière et agréable ; sa saveur est un peu âcre et astringente. Par son infusion dans l'eau, les feuilles se déroulent, deviennent plus vertes et ont une longueur de 27 à 54 millimètres ; leur forme est ovale-lancéolée, une surface glabre et l'autre pubescente. Leur infusion est d'un jaune doré, la saveur est amère et aromatique ; elle rougit la teinture du tournesol, précipite le nitrate de plomb en blanc et celui d'argent en noir ; elle réduit la dissolution d'or et celle du protonitrate de mercure, et n'exerce aucune action sur le nitrate de baryte ni sur l'oxalate d'ammoniaque. Ce thé abandonne près de 48 0/0 de principes solubles.

L'hysson skin des Anglais est un thé de rebut, composé avec les débris du hysson, qui a très peu de parfum, est mal préparé, a une saveur ferrugineuse et n'abandonne que 43 0/0 de principes solubles.

Thé Schulang ou Schouiang

M. Guibourt pense que ce n'est que du thé heyswen aromatisé par la fleur de l'*olea flagrans*, ou *lanho* des Chinois. Ce thé est peu estimé et peu recherché des amateurs.

Thé perlé, chou-cha

Forme ramassée et presque ronde; couleur brune et en même temps grisâtre; odeur agréable. Les feuilles, qui sont d'un vert foncé, parfois argentées, se déroulent plus lentement dans l'eau bouillante; elles sont aussi plus petites que les précédentes. Leur infusion est colorée en vert doré, un peu trouble, enlevant aux feuilles 32 0/0 de principes solubles.

Thé poudre à canon

Plus roulé que le précédent; les feuilles avec lesquelles on le prépare sont incisées transversalement en trois ou quatre parties qu'on a roulées ensuite: leur forme est semblable à celle du thé *heyswen*; elles sont seulement plus grandes. Infusion semblable et ayant les mêmes propriétés que celle du *thé perlé*.

Thé impérial ou Fleurs de thé

Les feuilles sont larges, minces, vertes, luisantes, d'une odeur faible, mais très agréable. Ce thé est fort estimé, et on le considère comme un triage de l'*heyswen*.

Thé Singlo ou Songlo

Cette variété diffère peu du thé *heyswen*; il a un coup d'œil plombé et une saveur très astringente. Son nom lui vient du lieu où on le cultive.

III. THÉS NOIRS

Voici les principales espèces de thé noir :

Thé Bou, thé Bouy ou Bohéa

Ce thé porte également les noms de thé noir et de Saot-Chon. Il est fourni par le *thea-bohea* (Lin.) ; il est roulé dans sa longueur ; sa couleur est brune, tirant sur le noir ; son odeur est moins agréable ; ses feuilles déroulées dans l'eau bouillante, sont lancéolées, dentées et plus épaisses que celle du thé *heyswen*. Son infusion est moins excitante ; elle est d'un brun orangé, d'une saveur amère ; elle rougit la teinture de tournesol, réduit les dissolutions d'or, précipite, sans les réduire, les nitrates d'argent et de mercure, et verdit les solutions de fer. On le fabrique, dit-on, avec les feuilles de toutes sortes d'arbres, auxquelles on mélange un peu de vrai thé. On croit même qu'on le compose avec des feuilles de divers thés, dont on a déjà tiré une infusion. Dans tous les cas, c'est une sorte inférieure qui ne vient en Europe qu'à raison de son prix très bas.

Thé Pékao ou Pékoé

Selon M. Guibourt, cette espèce ne serait qu'une variété du *thé Bouy*, ou, pour mieux dire, un choix de ce thé ; la forme, la saveur et l'odeur sont les mêmes ; seulement cette odeur est plus agréable. Elle se rapproche de celle de la violette. Les petits filets, comme argentés, qu'on y distingue, sont dus à des feuilles terminales, non encore bien développées. Mais aujourd'hui on donne le nom de *Pékoé* à diverses qualités fines et aromatisées de thés noirs qui proviennent d'une première récolte et qu'on aromatise avec les feuilles de l'olivier odorant. Ces thés abandonnent de 34 à 48 0/0 de principes solubles. Les plus recherchés sont les *pékoés* orange et noir de la Chine, qui donnent une infusion riche et d'un parfum délicieux, tandis que les *pékoés* de l'Assam ou Anglais n'ont presque aucun mérite.

Thé Congo ou Cong-fou

Cette espèce de thé a des feuilles très larges et qui ressemblent assez, pour la couleur et les propriétés, au thé Bouy.

Thé Saotchon, Saoutchong ou Souchong

C'est une variété qui est supérieure au thé Bouy ; ses feuilles, plus larges que celles du Congo, sont minces et souvent ornées. En France, on les mélange avec le *pékoé*. Il contient 46 0/0 de principes solubles et l'infusion est verdâtre.

Thé Fichi

Ce thé a éprouvé une dessiccation complète afin de pouvoir le pulvériser, pour prendre cette poudre dans l'eau. On le prépare avec les feuilles les plus jeunes, et on ne l'exporte pas à l'étranger.

On connaît encore beaucoup d'autres espèces de thés dans le commerce; les unes d'une qualité délicate, et les autres d'un mérite secondaire. Quoi qu'il en soit, on cherche assez généralement à donner à certains thés les qualités qui leur manquent en les associant avec d'autres qui les présentent à un plus haut degré. Ainsi, pour relever la saveur du *souchong*, on y mélange une petite quantité de *hysson*, et on adoucit la saveur vive et pénétrante du *pékoé* en y mélangeant du *congo*.

IV. ANALYSE CHIMIQUE DES THÉS

Davy a trouvé plus de tannin dans le thé noir que dans le thé vert, tandis que Brande a annoncé le contraire en comparant quatre espèces de thés noirs à cinq espèces de thés verts. Celui-ci abandonne le plus à l'eau et à l'alcool, et la décoction du premier donne, avec la gélatine, un précipité qui en fait les 23 et 28 0/0, tandis que celle du thé vert donne ainsi un précipité de 24 à 31 0/0.

Ces analyses étaient fort incomplètes et laissaient encore beaucoup à désirer, lorsque Mülder, chimiste hollandais, entreprit une nouvelle analyse des thés, et leur assigna la composition suivante :

	Thé vert	Thé noir
	—	—
Huile essentielle	0.79	0.60
Matière verte.	2.22	1.84
Cire	0.28	»
Résine	2.22	3.64
Gomme.	8.56	7.28
Tannin.	17.80	12.88
Théine ou caféine. . . .	0.43	0.46
Matière extractive. . . .	22.80	21.36
Matière colorante particulière	23.60	19.19
Albumine	3.00	2.80
Fibres (cellulose)	17.08	28.32
Matières minérales . . .	5.56	5.24

Nous avons déjà fait connaître précédemment, en nous occupant du café, les propriétés de la caféine qui est la même substance que la théine, seulement on n'a pas cherché s'il n'existerait pas dans le thé une matière analogue à la *caféone*, principe aromatique du café.

Quoi qu'il en soit, M. Stenhouse, en Angleterre, et M. Peligot, en France, ont repris l'analyse des thés, et se sont surtout appliqués à rechercher la proportion de théine et de principes solubles qu'abandonne chaque espèce. Ainsi, M. Stenhouse a trouvé que le *hysson* donnait 1,05 de théine, et le thé noir 1,02 tandis que M. Peligot assigne à la *poudre à canon* 3 0/0 de théine, et à un mélange de thé vert et de thé noir, 2,92 0/0. M. Peligot, en cherchant la proportion des principes solubles du thé, a trouvé que leur proportion varie, suivant la qualité et les variétés, depuis 32,5 0/0 jusqu'à 45,7 0/0. Il a de plus constaté que la quantité de matières azotées contenues dans le thé s'élevait de 20 à 30 0/0, c'est-à-dire était plus forte que dans beaucoup de substances alimentaires d'origine végétale.

V. SOPHISTICATION DES THÉS

Le thé est une matière d'une extrême délicatesse, qui a besoin d'être conservé à l'abri de l'air et de la lumière, et loin de toute odeur aromatique ou désagréable, qu'il absorbe avec facilité et qui altère sa qualité, souvent même ses propriétés.

Un gourmet reconnaît sans peine les thés qui n'ont point été conservés avec le soin convenable et qui ont perdu leur saveur aromatique agréable, ou en ont contracté une qui leur est étrangère.

Le transport des thés par mer, quand ils ne sont pas emballés comme il convient, fournit souvent des thés humides, éventés, altérés, auxquels on cherche, par divers moyens, à rendre, sinon la saveur, du moins les apparences d'un produit sain et de bonne qualité.

Disons d'abord que les analyses les plus exactes des chimistes ne sont pas parvenues à découvrir dans les thés d'origine incontestable, les sels de cuivre qu'on avait prétendu y entrer en forte proportion, à raison du mode même de préparation des feuilles du thé qu'on roule sur des feuilles de ce métal.

Une première falsification consiste donc à rendre aux thés avariés une apparence de thé sain, en les roulant dans des sels de cuivre en poudre qui leur rendent cet aspect bleu verdâtre que possèdent certains thés verts, et à cette substance on ajoute du bleu de Prusse, du curcuma, pour contribuer à les faire virer. On constate la présence du cuivre dans l'infusion de ces thés sophistiqués, par l'ammoniaque qui donne une coloration bleue à la liqueur, ou bien par l'acide sulfurique et en y plongeant un morceau de fer bien propre qui se recouvrira en peu de temps d'une couche de cuivre ; le bleu de Prusse se dépose au fond du vase où a eu lieu l'infusion. Cette fraude est très coupable en ce qu'elle introduit dans une substance alimentaire deux corps très vénéneux et qui, même en quantité infiniment petite, peuvent occasionner de graves accidents.

Une autre fraude, très usitée en Angleterre, consiste à mélanger aux feuilles de thé, des feuilles d'autres arbres généralement dépourvues d'arome et de saveur. Pour constater cette fraude, il faut consulter l'odorat, le goût et surtout l'aspect des feuilles de thé après qu'elles se sont déroulées dans l'eau bouillante.

Avec un peu d'habitude on reconnaît aisément les feuilles étrangères.

On cherche encore, en Angleterre, à donner du poids aux thés, en les enrobant avec du kaolin, de la terre de pipe colorée par le cuivre et le bleu de Prusse ; non seulement cette fraude est facile à découvrir par le dépôt rapide de ces matières solides, dans l'infusion, mais on peut la rendre plus évidente encore en incinérant une petite portion du thé suspect et en constatant que les cendres du résidu ont un poids bien supérieur à 5 1/2 0/0 qui est celui que laissent généralement les thés purs.

Enfin, une fraude contre laquelle il est plus difficile de se mettre en garde, est l'introduction dans les thés, de thés déjà épuisés et qui ont servi. Cette falsification, qu'on dit assez commune, ne peut se découvrir que par le goût et par une comparaison des infusions de poids égaux de thé suspect et de thé sur la qualité duquel il ne peut s'élever le moindre doute.

VI. PROPRIÉTÉS DU THÉ

On attribue au thé des propriétés excellentes contre les indigestions, les faiblesses d'estomac, et pour arrêter les vomissements et même certaines diarrhées. En médecine, on le considère comme stimulant et stomachique. Il est bon, cependant, de faire observer que, suivant la différence des tempéraments et les dispositions du corps, il produit souvent une différence d'action telle, qu'il est des individus chez lesquels l'excitation est à ce point qu'elle est constamment suivie d'insomnie et d'une irritation nerveuse. En Angleterre et aux Etats-Unis, l'usage en est généralement répandu dans toutes les classes de la société.

Pris avec modération, le thé favorise la digestion. Le thé vert a une influence plus marquée sur le système nerveux que le thé noir, mais un mélange de ces deux espèces produit une douce surexcitation qui donne une énergie nouvelle, rétablit la force et la chaleur du corps sans laisser après de malaise; les 30 0/0 environ de matières azotées que le thé renferme, en font, comme nous l'avons déjà dit, un aliment très substantiel.

On lui attribue aussi la propriété de remédier aux dérangements gastriques, d'enrayer les dysenteries, de rétablir la transpiration et la circulation languissantes, de jouir de propriétés diurétiques, etc.

VII. INFUSION DU THÉ

La meilleure manière de préparer le thé consiste à prendre une pincée plus ou moins forte de feuilles desséchées ; après les avoir mises dans le fond d'une théière, on verse d'abord dessus une demi-tasse d'eau bouillante, on couvre et on laisse infuser pendant quelques minutes ; on remplit ensuite la théière avec de l'eau bouillante. La substance aromatique se développe alors graduellement et toute entière.

Si l'on veut suivre une autre méthode, et faire bouillir, pour laisser reposer et ensuite refroidir, quelle que soit la qualité du thé employé, on ne produit rien de suave et agréable à prendre ; avec cette infusion on n'a que de l'eau chaude chargée d'une substance odorante.

Voici encore une autre manière de faire le thé : on verse de l'eau bouillante dans la théière pour l'échauffer et on jette ensuite cette eau dans les tasses, pour le même motif. Après avoir égoutté la théière, on y met le thé mélangé comme il est ci-dessus indiqué. Une forte cuillerée à café fournit deux tasses d'infusion, si l'on n'a besoin que de deux tasses seulement, il faut une cuillerée pour chaque tasse.

Je suppose qu'il s'agisse de préparer du thé pour six personnes : dans une théière qui contiendra six tasses, on met six cuillerées de thé ; on verse dessus de l'eau bouillante jusqu'au tiers du vase ; on ferme la théière et on laisse infuser pendant cinq minutes ; on remplit alors la théière jusqu'en haut, toujours avec de l'eau bouillante ; on jette l'eau qui a servi à échauffer les tasses, dans lesquelles, après avoir mis le sucre, on verse l'infusion, en ayant soin de n'emplir les tasses qu'à moitié ; on remplit de nouveau la théière avec de l'eau bouillante, et avec cette nouvelle infusion, on achève de remplir les tasses ; on ajoute pour chaque tasse deux cuillerées à bouche de crème froide, on le double de lait froid et sans avoir été bouilli.

Enfin, on remplit de nouveau la théière, qui cette fois s'est trouvée vide à peu près de moitié; on la ferme. Le thé achève ainsi de s'infuser, tandis qu'on boit les premières tasses ; et pour le second tour, la théière se trouve contenir précisément les six tasses dont on a besoin. De cette manière, on fait douze tasses d'infusion égales en force et en goût. Si l'on faisait du thé pour un plus grand nombre de tasses que la théière ne contiendrait, il faudrait épuiser entièrement l'infusion au premier tour; lorsqu'il n'en resterait plus, on met dans la théière à peu près la moitié du thé qu'on avait mis primitivement.

Il est nécessaire que l'eau versée sur les feuilles sèches soit bouillante au plus haut degré, car de cette chaleur dépend la finesse du bouquet. Le thé, préparé avec de l'eau chaude seulement, ne se déroule pas et ne donne à l'infusion qu'une teinte légère et de goût et de couleur peu agréables.

Nous allons maintenant décrire deux appareils propres à faire du thé avec de l'eau bouillante.

VIII. APPAREILS A FAIRE LE THÉ

Les appareils à faire le thé sont en général en porcelaine, *ou en métal anglais*. Le métal est préférable, car il s'imprègne du parfun du thé et peut être entretenu dans un état de propreté parfait à l'extérieur, au moyen du blanc de Meudon; pour l'intérieur, on enlève le thé qui a servi et on laisse la théière ouverte pour qu'elle sèche. Si l'on ne fait pas attention, elle moisit, et quand on s'en sert ensuite, elle donne au thé une odeur très désagréable.

Tout le monde connaît la théière ordinaire, soit en porcelaine, soit en métal. Nous nous contenterons de décrire les deux appareils suivants et de mentionner ceux qui servent à la fois pour faire l'infusion de café et de thé.

Appareil infusoir Gilles

Cette bouilloire se compose d'une cage-filtre A (fig. 46) fixée au couvercle, dans laquelle on renferme la matière à infuser. Cette cage est fermée en bas par un fond amovible C s'adaptant par un montage à baïonnette sur le corps cylindrique. On place cette cage-filtre dans un récipient D, qui porte un bec

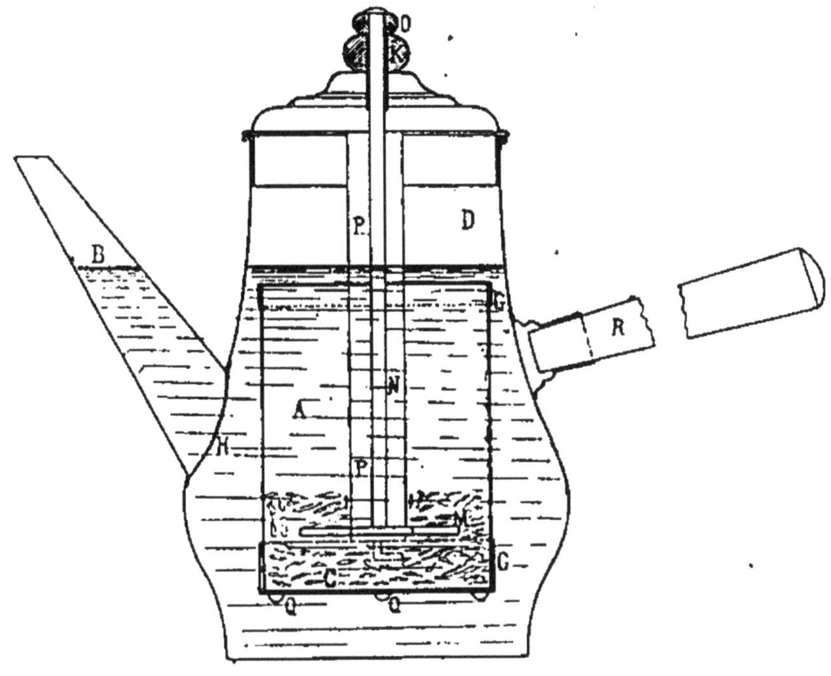

Fig. 46. — Infusoir Gilles.

verseur B et une anse ou manche R en bois ou en toute autre matière mauvaise conductrice de la chaleur.

La cage-filtre A est en toile métallique plus ou moins fine et est fixée au couvercle à l'aide des pattes P; son fond C est également en toile métallique. On consolide la toile avec des bandes G de renfort. Une toile métallique ou tôle perforée H est disposée au point de raccordement du bec avec le corps de la bouilloire et sert à retenir les feuilles qui se sont répandues par hasard dans le corps de la bouilloire. De petits pieds Q sont soudés au fond C pour éloigner la toile de ce fond, de la surface sur laquelle on pose la dite cage lorsqu'on la retire de la bouilloire.

Un agitateur M, formé d'un disque, est disposé à l'intérieur de la cage; il est porté par une tige verticale N qui peut glisser dans la douille K et se termine par un bouton O pour la manœuvre. On donne à cet agitateur un mouvement quelconque, soit de rotation, soit vertical, ce qui est nécessaire pour bien faire sortir l'essence et uniformiser la qualité de l'infusion.

Appareil Maitland

On considère en général comme désirable, pour obtenir les meilleurs résultats, que l'eau qu'on emploie pour faire l'infusion de thé n'atteigne que le point d'ébullition sans pouvoir bouillir longtemps.

On a essayé d'adapter un avertisseur d'ébullition, mais tous ces essais n'ont pas réussi, car la pression de la vapeur contenue dans la bouilloire ordinaire n'était pas assez forte pour faire fonctionner le sifflet. Un autre inconvénient, c'est qu'il fallait adapter étroitement le couvercle de façon que la vapeur ne pût s'échapper; mais alors la vapeur, dont la pression augmentait, forçait l'eau à sortir par le bec de la théière. En outre, il fallait fixer le bec assez bas pour que l'ouverture intérieure du dit bec fût bouchée par l'eau.

Pour remédier à tous ces inconvénients, M. Maitland a construit une théière où la vapeur d'eau se recueille indépendamment du couvercle et du bec, et passe en dernier lieu par une chambre étroite pour arriver au signal avertisseur.

Cette théière se compose (fig. 47) d'un corps de théière A, avec bec verseur A' monté comme d'ordinaire et du couvercle A_2 s'adaptant librement. La théière A est pourvue d'une cloison transversale B

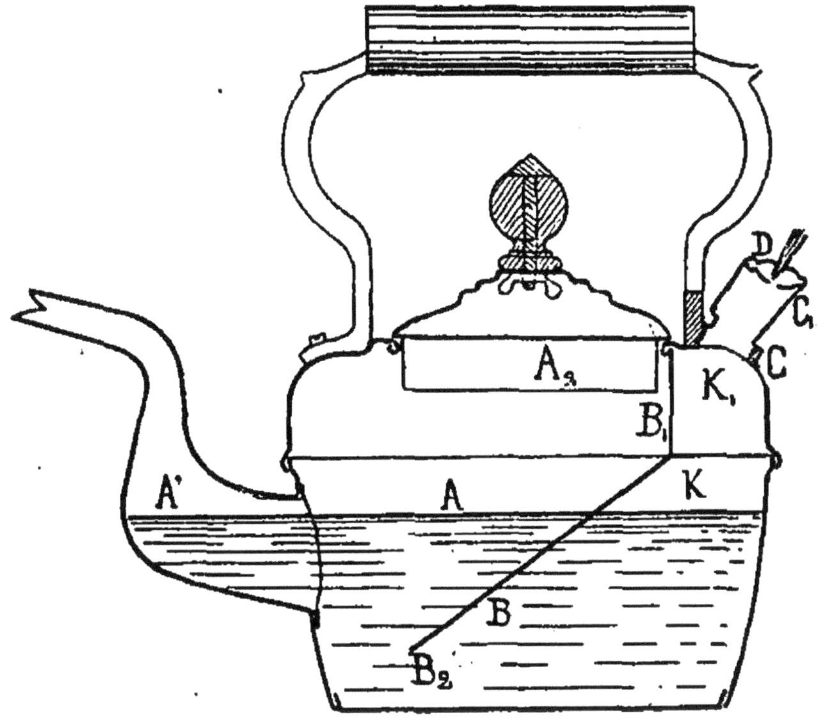

Fig. 47. — Appareil Maitland.

qui part du sommet de la théière A, près de sa partie postérieure et au delà du couvercle A_2, puis descend en sens vertical à une faible distance, comme on le voit en B_1, et s'avance ensuite en s'inclinant comme l'indique B lui-même jusqu'au fond ou à peu près, mais toujours au-dessous de la jonction du bec avec le corps A.

Cette cloison est soudée tout autour de l'intérieur du corps A, de façon à faire une cloison étanche, tandis que son extrémité inférieure est à encoche ou pourvue d'une ouverture semi-circulaire B_2 pour que la circulation d'eau puisse avoir lieu. Une chambre K est ainsi formée sous et en arrière du diaphragme B, laquelle diminue graduellement de bas en haut, puis se termine dans une chambre à vapeur K_1 ayant des côtés parallèles ; en raison de la forme particulière de la chambre K, la vapeur venant de presque toute la surface de chauffe de la théière, est recueillie dans la chambre K_1.

Il suffit que l'eau recouvre l'ouverture B_2 du diaphragme B, de façon que la chambre K soit indépendante du couvercle A_2, le diaphragme peut alors s'adapter librement et le couvercle peut se placer presque dans toute position voulue. A la partie supérieure de la chambre K_1 et au sommet de la théière, est pratiquée une ouverture qu'entoure de préférence une vis C (ou autre accessoire convenable), fixée et où se visse un tube court C_1 dans l'extrémité duquel on visse un sifflet D, de sorte que toute la vapeur recueillie dans K_1 passe par le sifflet et le fait résonner.

DEUXIÈME PARTIE

LIMONADIER

CHAPITRE VII

Bières, Cidres et Boissons diverses

Sommaire. — I. Bières. — II. Cidres. — III. Hydromels. IV. Vins factices. — V. Vins de fruits et sucs végétaux. — VI. Hypocras. — VII. Vins de raisins secs.

I. BIÈRES

Dans les pays vignobles, ou à pommes, le plus grand nombre des propriétaires et petits fermiers fabriquent eux-mêmes le vin ou le cidre nécessaire à leur consommation personnelle et à celle de leurs ouvriers.

Dans les pays où la bière est la principale boisson, il n'en est pas de même, quoique l'orge et le houblon y soient très cultivés. La loi qui permet de faire son vin et son cidre, ou même de les transformer en alcool sans payer d'impôt, oblige le propriétaire qui veut faire de la bière à payer l'impôt, et encore il faut brasser dans des chaudières contenant au moins six hectolitres; il est donc inutile de donner ici la manière de fabriquer la bière et nous renvoyons le lecteur désireux de la connaître au *Manuel du Brasseur*, de l'ENCYCLOPÉDIE-RORET (1).

La bière renferme, en proportions variables, de l'eau, de l'alcool, du sucre, de la dextrine, différents sels et phosphates, de l'acide carbonique et une huile essentielle aromatique : toutes les substances végétales qui contiennent de la fécule amylacée sont susceptibles de donner de la dextrine et du sucre fermentescible, et quand elles en contiennent une quantité suffisante comme l'orge, le seigle, l'avoine, etc., ou les fèves, pois, lentilles, pommes de terre, topinambours, etc., elles peuvent servir pour faire de la bière. Mais dans la fabrication courante de la bière, c'est l'orge qu'on emploie de préférence, car elle donne des produits de qualité supérieure.

Les petites bières, plus ou moins légères et mousseuses, étaient plus recherchées autrefois qu'aujourd'hui; lorsqu'elles ont été brassées avec soin, sans précipitation, lorsqu'elles sont suffisamment aromatisées par le houblon, qu'elles sont claires, limpides, d'un jaune brillant, beaucoup de personnes les recherchent et les supportent très bien; elles désaltèrent agréablement, provoquent l'urine, excitent une légère transpiration à la peau et activent toutes les autres secrétions; mais on ne peut les garder longtemps.

Dans le commerce, on établit assez généralement les distinctions suivantes entre les bières. On distingue :

1° Les *bières fortes*, préparées avec du malt en grande quantité et où l'on a poussé la fermentation

(1) 2 vol. et atlas, 8 fr.

très loin. Telles sont les bières de Munich et le *porter* des Anglais;

2° Les *bières* dites *lourdes*, dont l'*ale* d'Angleterre est un exemple, qui ont une saveur plus douce que les bières fortes et sont d'une digestion plus difficile;

3° Les *bières de garde* et *bières de mer*, dont les bières de Bavière et celles de Strasbourg sont les exemples, de goût douceâtre, moins alcooliques que les précédentes et d'une conservation facile.

4° Les *bières ordinaires*, peu riches en matières extractives et en alcool, auxquelles on ajoute souvent du sucre et qui sont destinées à être bues rapidement dans les temps chauds.

Donnons quelques détails sommaires sur les diverses espèces de bières françaises et étrangères :

La *bière de Lille* jouit d'une réputation méritée; on en fabrique trois variétés, savoir : la bière double ou de garde, la bière ordinaire ou brune, et une petite bière pour les classes pauvres. Les deux premières seules sont destinées à l'exportation. Ces bières sont composées de houblon et du malt d'orge et fabriquées avec du malt plus long que celui de Paris, mais moins long et moins frisé que celui de Strasbourg et d'Allemagne. On la cuit assez fortement.

La *bière de Strasbourg* est une bière forte qu'on prépare avec des houblons d'Alsace et un malt plus long d'un tiers que le grain, frisé et de couleur depuis le jaune pâle jusqu'au brun.

La *bière de Lyon* est douce, brune, et d'une assez longue conservation. On la prépare avec du moût assez riche. Elle mousse bien quand elle a été conservée en cruchons.

La *bière double de Paris*, dans laquelle on fait entrer du sirop, est brune et peu appréciée des consommateurs.

La *petite bière* est moins riche en extrait et se consomme principalement en été.

La *bière de Bavière* est une boisson renommée en ce genre. On la fabrique avec du malt pâle, un peu frisé, qu'on prépare avec la grosse orge à deux rangs, qu'on a conservée pendant un certain temps, et du houblon de première qualité. On la dépose dans des tonneaux enduits de poix, qui lui donnent une saveur particulière, appréciée par les consommateurs ; on y ajoutait autrefois quelques substances amères et astringentes, mais on a cessé ces dangereuses immixtions.

Il y a plusieurs sortes de bières de Bavière, savoir : la bière d'hiver ou de débit, et la bière de garde, très forte, d'une couleur brunâtre, d'une saveur plus amère, qu'on aromatise souvent avec du coriandre.

Le *bock* est une bière de conserve, d'un goût agréable et très enivrante.

Le *salvador de Munich* est une bière plus forte que le bock, d'une amertume plus prononcée et riche en houblon.

Les *bières anglaises* jouissent de propriétés précieuses qui les font rechercher en France et dans les pays étrangers. Les deux plus connues sont :

Le *porter*, bière claire d'un brun très foncé, d'une amertume très prononcée et d'une saveur toute particulière.

L'*ale*, d'une couleur pâle et plus douce et moins amère que le porter. Sa saveur est plus délicate, plus stimulante, propriété qu'elle doit à une plus forte proportion d'alcool.

Nous allons donner quelques recettes permettant de faire de la bière économiquement dans les ménages.

Bière anglaise, Ale

Pour faire 200 litres d'ale, on met dans un tonneau plein d'eau :

Malt	35 litres
Houblon.	1 k.
Sucre	1 k. 1/2
Coriandre et piment mélangé	1 k 1/2

On met en bouteille avant que la fermentation soit complètement finie, on filtre et on bouche avec soin

Bière de ménage ordinaire

Pour 100 litres d'eau, on prend :

Orge maltée	2 kilogr.
Farine de froment.	4 kilogr.
Baies de genièvre	100 gr.
Cannelle	32 gr.
Pieds de veau.	2 pièces.

On chauffe doucement et pendant une heure à 50°-60°, puis on pousse le feu et on fait bouillir pendant deux heures au moins, dans la moitié de l'eau ; après la première heure d'ébullition, on ajoute 500 gr. de houblon. Quand le liquide est assez concentré, on passe au tamis de crin et on verse le liquide dans un tonneau qu'on remplit avec le reste de l'eau. On ajoute 500 gram. de levure et on laisse fermenter.

Bière économique à froid, de « M. et Mme Denis »

Pour 100 litres d'eau, on prend :

Mélasse.	3 kilogr.
Houblon	100 gr.
Racines contondues de gentiane . .	50 gr.
Levure de bière	50 gr.

On fait infuser la gentiane et le houblon dans 5 à 6 litres d'eau qu'on porte à l'ébullition pendant une demi-heure. On passe au tamis et on délaye la mélasse dans cette infusion. On verse ensuite ce mélange dans le tonneau qu'on remplit d'eau de rivière et on ajoute la levure délayée préalablement dans un peu d'eau tiède; huit jours après, on peut mettre en bouteilles.

La couleur et l'odeur de cette bière rappellent celles du petit cidre, elle est transparente et sa saveur est légèrement amère, sans arrière-goût. Elle est très légère et très cordiale à l'estomac; après cinq ou six jours de bouteille, elle devient mousseuse et pétillante comme le vin de Champagne. Cette boisson revient à un centime le litre, mais doit être bue, comme d'ailleurs toutes ces boissons infusées, sans trop tarder, car elles tournent.

De la conservation de la bière

Les bières ont, en général, besoin, pour conserver leur pureté, d'être conservées dans un lieu frais, dont l'air soit renouvelé assez souvent, et où l'on doit, si la température s'élève, rétablir au besoin la fraîcheur par des moyens artificiels, et si elle s'abaisse trop en hiver, la relever en bouchant les issues. Une température de 10° à 15° est la plus avantageuse à leur bonne conservation.

Il faut éviter, autant que possible, dans une cave où l'on place de la bière, une trop grande humidité, et le développement sur les murs et sur les parois des tonneaux, des moisissures, qui ne tardent pas à répandre dans l'air leurs germes microscopiques, lesquels, absorbés par la bière, tendent à la dénaturer et à y déterminer un commencement de décomposition. Donc, il faut tenir la cave bien propre et la débarrasser, aussitôt que possible, des corps sur lesquels pourraient se développer des parasites ou de mauvaises odeurs, tels que fûts vides, baquets ou seaux à soutirer la bière, entonnoirs, etc. Quelques limonadiers soigneux placent dans un coin de leur cave, de la braise de bois récemment extraite du four, de la chaux vive, etc., de façon à absorber les mauvaises odeurs.

Tous les ustensiles qui ont servi au soutirage de la bière doivent être soigneusement lavés avec une solution alcaline, puis rincés à l'eau pure, chaude ou froide, avant de s'en servir de nouveau.

On doit ventiler la cave afin qu'il n'y ait jamais accumulation d'acide carbonique, ni de gaz ammoniaque. Une cave ainsi entretenue conserve la bière sans aucune altération.

Manière de conserver la bière à la cave

La bière telle qu'elle arrive de la brasserie, bien limpide et claire, et quand le tonneau est bien plein, est placée sur le chantier la bonde en bas ; elle peut être mise en consommation au bout de quelques jours.

Si la bière a fait un long voyage, surtout en été, et

si le fût n'est pas bien plein, on la pose sur le chantier, la bonde en haut ; on la laisse reposer quelques jours, puis on remplit le tonneau avec de l'eau pure et remet sur chantier, la bonde en bas. La bière, au bout de quelques jours, est bonne à consommer.

Les fûts qui ne sont pas mis immédiatement en consommation, ont besoin qu'on mette en communication, de temps à autre, leur contenu avec l'air extérieur; à cet effet, on les ouvre en faisant un petit trou dans la partie la plus haute du fût, on laisse ainsi échapper l'acide carbonique qui s'est développé et logé dans cette partie, puis on referme avec soin ce petit trou en y plaçant un fausset.

Quand la bière arrive trouble de la brasserie, on procède, pour l'éclaircir rapidement, au collage à l'aide de la colle de poisson. Au bout de quelques jours on peut mettre le fût en vidange dans des bouteilles ou des cruchons; elle mousse cinq à huit jours après soutirage.

Soutirage des bières

Les bouteilles étant bien rincées et égouttées, on y fait couler la bière avec lenteur, on attend un moment que la mousse qui remonte à la surface soit tombée, on laisse un espace de 4 à 5 centimètres dans le goulot vide et enfin on bouche avec un bouchon bien sain, dense, uni et neuf, qui doit y entrer de force.

Si on bouche les bouteilles de suite après le remplissage de la bouteille, la bière est plus mousseuse; pour la conserver plus longtemps et plus efficacement, on dispose le goulot en bas, sur du sable et on recouvre les bouteilles jusqu'à une hauteur de 12 à

15 centimètres, de ce même sable, qu'on arrose avec de l'eau pure ou avec de l'eau dans laquelle on a fait dissoudre du sel marin.

Les bières en bouteilles éprouvent encore une lente fermentation qui achève de les parfaire et leur donne les propriétés qui les font rechercher.

Inconvénients d'un pareil mode de soutirage

La bière se trouve transvasée au contact de l'air, et peut recevoir des germes d'altération, et elle perd forcément une certaine quantité de gaz. Ce système est remplacé aujourd'hui par les soutireuses isobarométriques, dont la description nous mènerait trop loin; nous renvoyons le lecteur pour tous renseignements au *Manuel des Eaux et Boissons gazeuses*, qui fait partie de l'ENCYCLOPÉDIE-RORET.

Appareils pour faire monter la bière par la pression

Pompe à air comprimé

La figure 48 représente une petite pompe à main qui est employée pour comprimer l'air à la surface du liquide contenu dans le tonneau.

Cette pompe est à deux cylindres; celui de gauche, dans lequel se meut le piston, produit l'air comprimé et l'envoie au cylindre de droite, qui l'emmagasine. Entre les deux cylindres se trouve l'appareil plongeur, qui est employé chaque fois que l'on veut faire sortir par la pression le liquide contenu dans un tonneau.

Fonctionnement. — Le tonneau étant placé debout, on enfonce verticalement le boisseau du plongeur dans le trou de soutirage. A l'intérieur de ce boisseau passe un long tube que l'on peut enfoncer plus

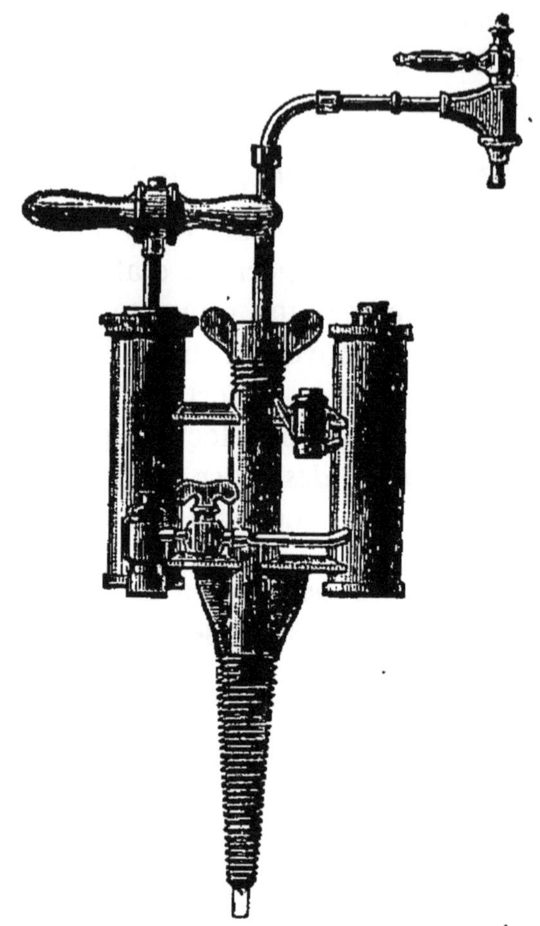

Fig. 48. — Pompe à main.

ou moins. Une fois que ce tube est mis en place, on l'assujettit en serrant l'écrou à oreilles placé sur le boisseau; c'est par cette tige creuse que s'élève le liquide; c'est par l'espace annulaire réservé entre le boisseau et le tube qu'arrive l'air comprimé.

Le tube plongeur est prolongé par un autre tube

qui, traversant la voûte de la cave, arrive au lieu de débit; c'est dans la salle de débit que se trouve placé le robinet représenté figure 48 et qui ouvre ou ferme le tuyau. Il est facile de comprendre que, si on vient de donner quelques coups de piston, on comprime ainsi une certaine quantité d'air sur la surface du liquide, et si on ouvre le robinet de débit, la bière remontera par le tube plongeur jusqu'à la salle de débit.

Appareil à débiter la bière par pression du gaz acide carbonique

La pompe à air comprimé présente l'inconvénient de prendre l'air saturé des miasmes de la cave et de les envoyer sur le liquide; en plus, elle exige la descente du cafetier à la cave pour la faire fonctionner. C'est pour ces raisons qu'aujourd'hui on emploie la pompe à acide carbonique. Dans cet appareil, l'acide carbonique peut être fourni par un cylindre, où le gaz est liquéfié ou comprimé, ou par un producteur de gaz carbonique.

La figure 49 représente cet appareil monté avec un producteur de gaz carbonique, placé sur le sol de la boutique et en dessous du comptoir.

Le cafetier reçoit la bière en petits fûts, appelés *quarts*, qui sont descendus à la cave. On soutire la bière à l'aide du gaz carbonique comprimé. Cet appareil rend les plus grands services aux débitants, car le fût peut rester entamé sans inconvénient. Au contact de l'acide carbonique, la bière reprend le gaz qui a pu s'échapper pendant le transport et acquiert une saveur plus délicate.

La figure 49 nous montre une installation permet-

Fig. 49. — Installation permettant de monter dans la salle du café deux qualités différentes de bière.

tant de faire monter dans la salle du café deux qualités différentes de bière.

L'acide carbonique est fourni par un appareil automatique qui, étant très poli et de forme gracieuse, peut être placé dans la salle même du café. Le gaz carbonique arrive dans les fûts sous pression et oblige la bière de monter par les tubes plongeurs qui traversent la voûte de la cave.

Ordinairement, pour faire rafraîchir la bière, on la fait passer dans un long serpentin qui baigne dans un rafraîchissoir plein de glace. Pour remplir un bock, on n'a qu'à tourner le robinet, et on sert ainsi aux consommateurs une bière bien fraîche, limpide et mousseuse.

II. CIDRES

Le cidre est une liqueur vineuse et gazeuse, plus ou moins douce, qu'on obtient par la fermentation du jus de pommes. Il constitue une boisson nourrissante et agréable, mais à condition que sa fermentation soit achevée, et de rester en fût ou en bouteilles pendant quelque temps.

Pour faire du bon cidre on choisit des pommes provenant de terrains élevés et d'espèces tardives; on mélange deux parties contre une de pommes amères et de pommes douces; on les tasse sous des hangars pendant quelque temps (deux semaines environ) pour qu'elles y achèvent leur maturation. On les écrase ensuite dans un moulin à bras dit *grugeoir*; on laisse macérer la pulpe dans des cuviers pendant vingt-quatre heures, puis on la dispose sur le plancher de la presse par couches superposées et séparées à l'aide de paille bien propre, ou de claies, ou de tissus en crins, et on pressure à plusieurs reprises, jusqu'à ce qu'il ne s'écoule plus de jus. Ce produit est le gros cidre, ou pur jus, qu'on emploie sans addition d'eau, pour fabriquer les cidres à longue conservation.

Pour le cidre ordinaire, on ajoute 6 à 8 litres d'eau par hectolitre de pommes pendant le pilage ; le cidre qui s'écoule par la rigole du pressoir passe sur un tamis qui arrête les pépins et la pulpe, et de là se rend dans des grands tonneaux placés dans un cellier dont la température est maintenue à 15° Les tonneaux sont ouverts et la bonde recouverte d'une toile mouillée. La fermentation se produit d'abord très tumultueuse, et on doit avoir soin de tenir les tonneaux bien pleins, pour que la mousse qui se forme soit rejetée dehors.

La fermentation tumultueuse s'apaise au bout d'un certain temps et, sur la surface, se forme une nappe qu'on doit laisser, car elle garantit le liquide du contact de l'air. Quand la fermentation tumultueuse a cessé, on soutire le cidre et au bout d'un mois la fermentation est terminée ; on bouche les foudres hermétiquement, on laisse reposer pendant un mois encore, puis on met en bouteilles. On peut alors boire le cidre.

Le cidre n'a pas besoin d'être collé, car il se clarifie de lui-même ; on doit le boire dans le courant de l'année, sinon, il aigrit.

Avec le marc, délayé dans l'eau, on obtient ce qu'on appelle la *piquette.*

Cidre doux

On appelle cidre doux le cidre qui n'a pas subi de fermentation ; il a un goût de miel, mais il ne faut pas en abuser, car il est très purgatif.

Pour préparer le cidre doux, on écrase les pommes

comme nous venons de le dire et on empêche la fermentation de se déclarer par une série de transvasements et soutirages continuels.

Avant la première ébullition, on décante le moût dans des tonneaux soufrés; douze heures après, on approche une bougie allumée et si la flamme s'éteint, on transvase encore et ainsi de suite jusqu'à ce que la flamme de la bougie ne s'éteigne plus. On laisse reposer quelque temps et on met en bouteilles bien ficelées, car au bout d'un certain temps, ce cidre pétille et mousse à l'égal du vin de Champagne.

Cidre mousseux

On obtient du cidre mousseux en laissant fermenter le moût pendant un mois seulement et, dès qu'il s'est éclairci, on le met en bouteilles.

On peut encore obtenir du cidre mousseux après la deuxième fermentation du moût en y ajoutant 6 à 7 grammes de sucre candi blanc ou cristallisé par litre. Si on le veut plus gazeux, on décante une seule fois le moût après la première apparition de fermentation et on le transvase dans un tonneau soufré ou dans lequel on a brûlé de l'alcool dans une soucoupe qu'on a promenée partout dans le tonneau; cette opération paralyse la fermentation, et le moût se clarifie avant que la fermentation ait eu le temps de se déclarer. Quand elle apparaît, on soutire dans des bouteilles en grès ou en verre très fort, on bouche soigneusement et on ficelle, puis on le conserve dans une cave bien fraîche.

Un mois après, on pourra le livrer à la consommation et il pétille comme du Champagne.

Quand on boit le cidre conservé en tonneau, on

verse 30 grammes d'huile d'olive par hectolitre, afin d'empêcher tout contact du cidre avec l'air, ce qui le rendrait aigre.

Si les pommes ne sont pas assez mûres, on a du cidre acide; on y remédie par l'addition de 100 gr. de tartrate de potasse par hectolitre.

Si le cidre devient filant et gras, c'est qu'il lui manque de l'alcool et du tannin; on procède alors à un soutirage, on le filtre sur de la paille et on y ajoute du trois-six ou du tannin sous forme de cachou.

Le cidre prend souvent une couleur verdâtre et noircit dans la bouteille; en y ajoutant 30 grammes d'acide tartrique par hectolitre, on empêche ce phénomène de se produire.

Cidre de pommes sèches

Pour 100 litres d'eau on emploie :

Pommes sèches.	4 kilogr.
Alcool	1 litre.
Baies de genièvre.	250 gr.
Cônes de houblon.	100 gr.

On peut remplacer l'alcool par deux litres d'eau-de-vie, ou mieux encore par 2 kilogrammes de sucre cristallisé.

On fait fermenter les pommes avec l'alcool et les baies de genièvre dans un tonneau contenant de l'eau et on y verse une infusion bouillante du houblon dans un peu d'eau; une fois la fermentation terminée, on soutire et on met en bouteilles.

Autre cidre de pommes sèches

On prend pour 100 litres d'eau :

Pommes sèches.	10 kilogr.
Cormes.	5 kilogr.
Sel marin calciné	100 gr.

On met fermenter, on soutire et on met en bouteilles (1).

III. HYDROMELS

Les hydromels sont de trois sortes : les *simples*, ou l'eau miellée; les *vineux*, ou eau miellée fermentée et les *composés*, qui sont vineux et unis à des fruits ou à des substances aromatiques.

Hydromels vineux

Miel blanc	5 kilogr.
Eau à 30°	25 litres.
Ferment de bière ramolli	150 gr.

On délaie dans un tonneau le ferment avec l'eau, et l'on y ajoute le miel ; on place le tonneau dans un lieu dont la température soit de 20 à 25°, afin que la fermentation s'établisse bien.

On reconnaît bientôt, à une quantité considérable d'écume qui s'en échappe, que la fermentation est établie; il faut avoir soin de reverser à mesure dans le tonneau du nouvel hydromel, ou si l'on en manque, un peu de bon vin blanc jeune ou un mélange d'eau et de miel; enfin, remplir le tonneau pour la

(1) Pour plus de détails sur les cidres, voir le *Manuel du Fabricant de cidre*, (Encyclopédie-Roret), 1 vol. 3 fr.

dernière fois et le boucher avec soin quand l'écume cesse de monter.

La fermentation continue néanmoins sourdement pendant deux ou trois mois; il faut retirer alors la liqueur de dessus sa lie, la coller, la soutirer une seconde fois et la garder le plus longtemps possible avant de la mettre en bouteilles, afin de lui faire perdre un goût de miel qu'elle conserve pendant longtemps; il faudrait opérer le soutirage plus tôt, si l'on était obligé de transporter le tonneau ailleurs.

Presque tous les auteurs prescrivent de faire bouillir et clarifier le miel ; mais il est reconnu que la fermentation qui, par le procédé ci-dessus, s'établit en quelques heures, demande plusieurs jours dans le second cas, parce que la coction paraît détruire le ferment tant dans le miel que dans toutes les substances végétales.

On peut rendre la liqueur plus agréable en ajoutant à la solution mielleuse un peu d'angélique fraîche, de genièvre, de coriandre, ou tel autre parfum. Le bon hydromel vineux, vieux, et bien fait, ressemble beaucoup aux meilleurs vins d'Espagne.

IV. VINS FACTICES

Les vins de table qui jouissent d'une grande réputation, diffèrent entre eux par leur bouquet, leur proportion d'alcool, de matière sucrée, d'acide carbonique, etc.; la diversité de ces principes, abstraction faite de la matière colorante, est en raison directe de la nature du sol, des espèces de vignes cultivées, de leur mode de culture, de leur exposition, du climat, de la maturité du raisin, de l'irrégularité des saisons, de la manière de diriger la fermentation, etc.

On donne le nom de *vins spiritueux* à ceux qui sont très riches en alcool, comme ceux d'Espagne, d'Italie, du Roussillon, de Narbonne, etc. Celui de *vins liquoreux* est réservé à ceux qui sont chargés de matières sucrées n'ayant point encore éprouvé la fermentation, comme les vins d'Alicante, de Malaga, etc. Enfin, les *vins gazeux* sont ceux qui sont plus ou moins saturés d'acide carbonique, comme les vins de Champagne, de Condrieux, les blanquettes de Limoux, de Bages, Nissan, etc. Ces diverses espèces de vins étant à des prix très élevés, l'industrie a cherché à les imiter, et nous sommes forcés de convenir qu'à Cette on les fabrique avec une telle perfection, que les gourmets y sont souvent trompés.

On donne le nom de *vins factices* à tous ces vins, mais le nom de *vins mélangés* serait plus convenable, car quel que soit le vin qu'on fabrique, il est toujours le produit d'un mélange de vins ou *coupage*, et c'est le *Calabre* qui fait la base d'un grand nombre de vins.

Calabre servant à la fabrication des vins

On distingue deux espèces de calabre, le calabre fait à froid et le calabre fait à chaud. Ce dernier est indispensable pour faire le *vin de Malaga* ; l'autre, plus franc de goût, sert à rendre les vins plus liquoreux.

Calabre à froid

On prend 160 litres de moût de raisin très doux et très mûr, sortant du fouloir et l'on y mêle de suite

18 litres d'alcool à 32°, on laisse reposer et l'on tire au clair.

Calabre fait à chaud

On fait bouillir du bon moût de raisin, dans une chaudière jusqu'à ce qu'il soit réduit aux trois quarts de son volume ; on enlève les écumes, et quand il est froid, on y ajoute un huitième d'alcool.

Vin du Vendredi-Saint

On conserve du raisin blanc en grappes jusqu'aux approches de Pâques et on l'écrase ; il contient moins d'eau que s'il était pressuré à l'époque ordinaire des vendanges, et par conséquent il est plus liquoreux.

Vin mousseux

On peut faire du vin mousseux de plusieurs façons différentes :

1° On prend le moût de raisin avant que la fermentation soit déclarée. on filtre et on met en bouteilles résistantes et solidement ficelées.

2° On met dans des bouteilles du vin doux et on le porte à un endroit où la température est de 20°, afin de provoquer une deuxième fermentation pendant vingt jours ; on range ensuite à la cave.

3° On prend du vin blanc ordinaire, on y verse une liqueur d'eau-de-vie et quelques grains de raisin sec ou mieux encore deux ou trois morceaux de sucre candi, environ 12 grammes par bouteille ; on bouche et on favorise la fermentation intérieure par une température modérée pendant huit jours, puis on porte à la cave.

4° On met dans chaque bouteille de vin 30 grammes de sucre candi, on bouche et on maintient le goulot en bas.

5° En versant 4 grammes d'acide tartrique, 4 grammes de bicarbonate et 4 grammes de sucre candi dans chaque bouteille.

6° En mettant 2 grains de raisin sec et 8 grammes de sucre candi en poudre.

7° Enfin en saturant d'acide carbonique sous pression dans la bouteille.

Imitation du Malaga

Vin de Bordeaux	10 litres.
Sucre cristallisé.	600 gr.
Eau-de-vie	1/2 litre.
Eau de goudron	1 verre à liqueur.

On mélange et on filtre.

Autre Malaga

Calabre fait à chaud.	180 litres.
Infusé alcoolique de noix vertes . .	2 litres.
Esprit de goudron.	92 gr.

Vin de Madère

On prend du vin de Piquepouil sec et l'on y ajoute, par barrique ordinaire, 125 grammes d'infusion alcoolique de coques d'amandes torréfiées, 60 grammes d'esprit de goudron et 2 litres d'infusé de noix.

Autre Madère

Vin de Bordeaux	15 litres.
Figues sèches coupées en deux. . .	1 kilogr.
Sucre cristallisé.	1 kilogr.
Fleurs sèches de sureau. . . .	50 à 80 gr.
Rhubarbe	4 gr.
Aloès succotrin.	2 décigr.

On fait bouillir le tout pendant 1 ou 2 minutes, on filtre et on met en bouteilles.

Vin de Frontignan

Vin rouge nouveau	10 litres.
Vin blanc nouveau, doux	10 litres.
Eau-de-vie à 70°	1 litre.

On met en bouteilles.

Vin de Bordeaux

On peut aromatiser du vin de Bourgogne de très bonne qualité avec du suc de framboises ; on filtre et on met en bouteilles.

Château-Margaux

Vin rouge	10 litres.
Vin blanc.	5 litres.
Framboises.	750 gr.
Alcool à 50°.	1 l. 1/2.
Teinture de vanille..	8 gr.

On fait bouillir le mélange des vins et des framboises, on retire du feu et on y ajoute l'alcool et la vanille ; on filtre et on met en bouteilles.

Vin Muscat

Vin blanc de Châblis	50 litres.
Raisin muscat sec.	12 k. 500 gr.
Fleurs de sureau	500 gr.

On fait macérer pendant trois mois, on presse et on filtre après collage ; on met ensuite en bouteilles.

Autre vin Muscat

On fait infuser dans du vin blanc les matières suivantes placées dans un nouet :

Vin blanc.	10 litres.
Açore vrai	10 gr.
Anis vert.	10 gr.
Bois de réglisse.	10 gr.
Noix muscades	10 gr.
Polypode.	10 gr.

On laisse infuser pendant huit jours, après quoi on filtre et on met en bouteilles.

Vin de Lunel

Petit vin blanc	10 litres.
Sucre cristallisé.	250 gr.
Raisin muscat sec.	2 kilogr.
Alcool à 50°	1/2 litre.

On fait bouillir le mélange et on mêle intimement; on filtre et on met en bouteilles. Ce vin est une imitation parfaite du vin de Lunel.

Lacryma-Christi

Vin rouge	10 litres.
Sucre cristallisé.	500 gr.
Coriandre écrasé	100 gr.
Safranum.	50 gr.
Fleurs de pavots	20 gr.
Cachou.	2 gr.

On fait bouillir pendant une minute et on retire du feu, en y ajoutant un demi-litre d'eau-de-vie ; on filtre et on met en bouteilles.

Château de Lunel

On fait bouillir un kilogramme de sucre cristallisé en fusion avec 5 kilogrammes d'abricots, dont on a enlevé les noyaux; dès que les fruits sont en marmelade, on les verse dans une dame-jeanne avec 10 litres de vin blanc et 2 litres d'eau-de-vie. On ajoute le tiers ou la moitié des coques brisées des noyaux sans leurs amandes ; on bouche et laisse reposer le tout un mois dans un local ayant une température modérée, on filtre à la manche et on met en bouteilles.

Vin de Porto

Le vrai vin de Porto est fort en couleur et très spiritueux. On peut l'obtenir avec d'autres raisins de la manière suivante :

On choisit les raisins rouges de la meilleure qualité, les plus mûrs et pas un blanc, on les foule dans un fouloir, en y ajoutant ensuite de la cassonade.

D'un autre côté on cueille du raisin *Louzac* et *Touriza* (un bon panier pour chaque pipe de liquide des premiers raisins), bien mûr ; on le foule d'abord légèrement, et on sépare la rafle, on jette le liquide et les pellicules dans de grands baquets où deux hommes foulent très bien avec les pieds, puis on ajoute 30 kilogrammes de cassonade pour 1,000 litres environ.

Lorsque le premier vin est fait, on le décuve, et on mélange les deux ensemble ; mais du dernier on jette dans les tonneaux les pellicules, qui s'élevant au-dessus du liquide dans les tonneaux, forment un chapeau qui le préserve de l'accès de l'air, s'oppose à la perte de l'esprit et favorise la solution de la matière colorante.

Au mois de décembre, on ajoute peu à peu de l'alcool à 75°, jusqu'à 25 litres par pipe, en différents jours et on soutire au mois de mai. Le vin ainsi obtenu est corsé, foncé, de bon goût, avec un agréable bouquet, il se conserve bien longtemps (1).

V. VINS DE FRUITS ET SUCS VÉGÉTAUX

Tous les fruits et matières végétales sucrées sont propres à la vinification ; il leur faut pour cela de l'eau, de l'air, de la chaleur et un levain de fermentation. Ceux qui abondent le plus en sucre, sont les plus propres à subir la fermentation vineuse.

On choisira donc toujours des fruits bien mûrs ou, s'ils ne le sont pas, il faut les exposer au soleil et à l'air libre pour compléter leur maturité.

Mêlés ensemble, en proportions convenables, écrasés et mis en tonneau avec de l'eau, et 4 à 5 kilogrammes de sucre cristallisé par hectolitre, les fruits donnent des vins très agréables et légèrement alcooliques que l'on peut boire quinze jours après la première fermentation, mais qu'il est essentiel de boire dans l'année, car ils ne se conservent pas très longtemps. Celà est dû à l'*acide malique* qui existe ; on y obvie en ajoutant 100 grammes d'acide tartrique ou 500 grammes de crème de tartre par hectolitre. On transforme ainsi le mucilage acide en matière sucrée.

On écrase les fruits et on les chauffe pendant une demi-heure à 85°, sans dépasser jamais cette température, dans des chaudrons en cuivre étamés ; puis on verse dans un tonneau avec de l'eau et du sucre en quantité suffisante comme nous allons l'indiquer pour chaque recette. Dans bien des cas, il y

(1) Pour d'autres recettes de ce genre, voir le *Manuel de l'amélioration des liquides* (Encyclopédie-Roret), 1 vol. 3 fr.

a avantage de remplacer un litre d'alcool par 1 k. 500 de sucre versé avant la fermentation ; cela produit le même résultat sans offrir les dangers des alcools mal rectifiés.

Règle générale pour faire du vin de fruits

Fruits	100	kilogr.
Miel ou sucre cristallisé	20	kilogr.
Sel marin	100	gr.
Crème de tartre	500	gr.
Aromates au goût du préparateur, 10 à	100	gr.

On écrase bien les fruits, on les met avec l'eau et le sucre qu'on fait fondre d'avance dans un litre d'eau tiède ; on laisse fermenter et on met en bouteilles.

Vin de ménage économique

Pour 100 litres d'eau on prend :

Fruits	50	kilogr.
Sucre	20	kilogr.
Baies de genièvre	800	gr.
Sureau (ou petite quantité d'écorces d'oranges amères)	400	gr.

On met le tout dans un tonneau placé dans une pièce dont la température est de 15° ; au bout de quatre jours, la fermentation est terminée ; on soutire pour porter à la cave. Ce vin devient mousseux si on le met en bouteilles de suite et il faut boucher solidement. Si on le laisse dans le tonneau, il faut le fermer imparfaitement dès que la fermentation s'établit, pour laisser dégager l'acide carbonique en excès.

Vin de groseilles

Les groseilles à maquereau donnent le meilleur vin. On récolte les fruits bien mûrs en choisissant le moment où le soleil est ardent, ou pendant un temps sec sans brouillard, et on les laisse exposés au soleil pendant quelques heures.

On prend pour 100 litres d'eau :

Groseilles.	50 kilogr.
Sucre	20 kilogr.
Framboises.	5 à 10 kilogr.

On ajoute les framboises pour le bouquet et la couleur; on obtient encore le bouquet en ajoutant de l'iris en poudre. On favorise la fermentation par l'addition de 125 grammes de levure de bière. La fermentation terminée, on bouche le tonneau et on laisse reposer pendant un mois, puis on colle et on soutire dans un nouveau fût ou on met en bouteilles.

Vin de cassis

Se prépare de la même manière, sauf que l'on y ajoute 100 grammes de sel marin. Ce vin est très bon à boire et très rafraîchissant.

Vins de mûres ou vin de Beauce

On prend le suc de 30 kilogr. de mûres, et on le met avec 40 litres de vin d'Espagne et 30 litres d'eau chaude. On forme un nouet de muscade, de cannelle et de macis, que l'on tient plongé dans la chaudière. Le mélange, laissé à lui-même pendant quelques semaines, donne un vin très aromatique.

Autre vin de mûres

Pour 100 litres d'eau on prend :

Mûres de ronces	3 kilogr.
Alcool	3 litres.
Tartre rouge	125 gr.

On écrase les fruits et on les met dans un tonneau avec 10 litres d'eau bouillante et on y verse le tartre dissous dans un litre d'eau ; on laisse reposer quatre à cinq jours; on verse le restant d'eau. On bouche et on soutire quand la boisson est claire.

Vin de cerises

Ce vin est excellent si les cerises sont bien mûres. On commence par enlever les queues et on écrase les cerises en concassant les noyaux.

S'il s'agit de cerises rouges, on ajoute quelques cerises noires (environ le cinquième du poids); ainsi, pour 100 litres, on prend :

Cerises.	30 kilogr.
Sucre	15 kilogr.
Crème de tartre.	100 gr.
Eau-de-vie	2 litres.
Sel marin.	50 gr.
Acide borique.	25 gr.
Iris en poudre	25 gr.

On fait fondre les différentes poudres dans une partie de l'eau bouillante, on les verse ensuite avec leur eau dans le surplus du liquide qu'on a ajouté aux fruits écrasés et on favorise la fermentation par l'addition de 125 grammes de levure de bière délayée dans un peu d'eau tiède. Quand la fermentation est terminée, on soutire la liqueur et on pressure les marcs. On passe au tamis de crin, on ajoute l'eau-de-vie et on laisse reposer. Au bout de quinze jours il ne se dégage plus d'acide carbonique; on met alors en bouteilles.

Pour les cerises acidulées, on supprime l'acide tartrique et l'acide borique.

Autre vin de cerises

On fait fermenter pendant huit jours environ le suc exprimé des cerises bien mûres; quand le jus s'est clarifié et qu'il est devenu vineux, on y ajoute par hectolitre :

Eau-de-vie	6 litres.
Sucre	5 kilogr.

ou, bien mieux, 11 kilogrammes de sucre cristallisé. On mélange bien et on tire au clair; on met le tout dans un tonneau bien bouché. Au bout de six mois, on met en bouteilles.

Vin de cerises liquoreux

On commence par presser les cerises et on mêle :

Jus de cerises.	10 litres.
Sucre	1 kilogr.
Cannelle en poudre	3 gr.
Eau-de-vie	2 litres.

On filtre et on met en bouteilles.

Vins de pêches et d'abricots

On essuie et on brosse bien les fruits pour leur enlever le duvet, puis on leur enlève les noyaux, on les écrase dans un baquet et on laisse fermenter. Au bout de huit jours, le liquide est clair sous le chapeau, qu'on enlève; on filtre le jus sur une étamine.

On emploie pour 100 litres :

Fruits	50 kilogr.
Sucre fondu	4 kilogr.
Eau-de-vie	4 litres.

On mélange et on met en fût ou en bouteilles. C'est un excellent vin au bout d'un an.

Autre vin de pêches et d'abricots

Pour 100 litres, on mélange :

Fruits	30 kilogr.
Sucre cristallisé.	20 kilogr.
Sel marin.	100 gr.
Crème de tartre.	250 gr.
Acide borique.	50 gr.
Aromates suivant le goût.	

On retire les noyaux et on met les fruits dans un chaudron placé sur le feu pour porter à l'ébullition avec le sucre et une quantité suffisante d'eau. On les verse ensuite dans un baquet pour les faire reposer. On retire le jus et on soumet à une pression la chair des fruits, de façon à la réduire en pulpe qu'on délaie ensuite avec un peu d'eau. On réunit, dans le tonneau où la fermentation doit s'accomplir, le jus sucré, la pulpe et l'eau restant. On y jette le sel marin et les autres matières après les avoir dissoutes dans deux ou trois litres d'eau bouillante.

La fermentation commence et dure plusieurs jours ;

on bouche le tonneau dès qu'elle est achevée ; quelques jours après, on soutire et on pressure les marcs. Ce vin se conserve en fût ou en bouteilles, et comme il est assez parfumé de lui-même, il ne faut pas l'aromatiser (10 grammes de macis pour les abricots et quelques clous de girofle suffisent).

Vin de prunes

Se prépare de la même manière, mais on aromatise avec 10 grammes de cannelle.

Vin de framboises

Le vin de framboises se prépare comme celui des groseilles, ou encore de la manière suivante :

On écrase les fruits en les étendant de sirop de sucre pesant 8°. La fermentation se déclare rapidement ; dès que le moût marque 0 au densimètre, on pressure et on met le jus en tonneau à la cave, en y ajoutant, par hectolitre :

Tannin.	10 gr.
Acide tartrique	100 gr.

Vin de tous fruits ou vin composé

On prend des fruits mûrissant ensemble, par exemple du cassis, des cerises, fraises, framboises, groseilles, en parties égales ou comme on veut ; on les écrase et on y ajoute un poids égal de sucre cristallisé. On verse ce mélange dans un tonneau avec de l'eau en quantité quadruple du poids total des fruits et du sucre. On y ajoute 100 grammes de sel marin et 5 litres d'eau-de-vie, et on laisse fermenter. On soutire, on presse les marcs ; on passe au tamis et on laisse reposer quelques mois. Ce vin a une couleur admirable et est très bon à boire.

Vin de fruits liquoreux

Après avoir retiré les noyaux, on chauffe les fruits pendant une demi-heure et plus, à une température de 80°, pour transformer le mucilage en matière sucrée et leur faire rendre le plus de jus possible. On porte à la cave, on laisse reposer pendant vingt-quatre heures et on concentre à 20° de densité au pèse-sirop, par addition de sucre fondu dans un peu d'eau. On filtre et on ajoute au moût environ le tiers de son volume de bonne eau-de-vie à 50°. On agite bien et l'on met en bouteilles. Au bout de six mois de bouteille, ce vin est délicieux.

Vin de fruits mousseux

Il suffit, pour obtenir du vin mousseux, de concentrer seulement à 10° au pèse-sirop et mettre immédiatement en bouteilles sans addition d'eau-de-vie.

Vin de coings

Pour 200 litres d'eau on prend :

Coings	350 à 400 pièces.
Sucre	20 kilogr.
Sel marin.	100 gr.

On commence par choisir des coings parfaitement mûrs, sans tache, et on les coupe en quatre ; après avoir enlevé les queues et les pépins, on jette les fruits dans de l'eau bouillante et on laisse infuser à côté du feu ; six heures après, on retire les coings, on les presse pour les réduire en pulpe, et on délaye dans de l'eau froide qu'on verse peu à peu sur les fruits écrasés ; on réunit dans un tonneau la pulpe délayée avec son eau et le restant d'eau dans laquelle on a fait fondre le sel marin et le sucre à très basse température. On ajoute 20 grammes de cannelle ou de girofle, ou encore quelques zestes de citron ou d'orange.

On peut faciliter la fermentation en y ajoutant 225 grammes de levure de bière délayée dans un peu d'eau tiède. On laisse reposer le vin et on peut le boire quinze jours plus tard, mais en le laissant en fût quelques mois, il est plus agréable.

Vin de prunes de Damas

On coupe les prunes en tranches et on les réduit en pulpe ; ensuite on les fait bouillir avec partie égale d'eau aromatisée avec des clous de girofle. La liqueur est mêlée avec une quantité de sucre suffisante pour l'adoucir. On passe, on laisse fermenter pendant trois ou quatre jours ; on clarifie et on met en bouteilles. Ce vin, après douze jours, a le goût et la saveur du *Porto* faible, et l'arome du vin des Canaries.

Vin de genièvre

Pour 50 litres d'eau, on prend :

Baies de genièvre.	5 kilogr.
Orge.	1 kilogr.

On les met dans un tonneau et on y verse de l'eau en quantité suffisante pour les couvrir ; on laisse fermenter pendant quelques jours. On ajoute ensuite le restant d'eau par fractions de deux en deux jours, jusqu'à épuisement complet des 30 litres. On laisse ce vin trois semaines en repos, et on peut ensuite le boire.

Vin d'oranges

Les oranges qu'on doit employer ne doivent pas être bien mûres (car dans ce cas elles contiennent beaucoup de sucre) de façon à contenir encore de l'acide nitrique et malique. On les dépouille de leurs zestes et on les écrase. On prend pour 100 litres :

Oranges	100 pièces.
Eau-de-vie	6 litres.
Sucre cristallisé.	8 kilogr.

On peut remplacer l'eau-de-vie par 5 kilogr. de sucre cristallisé.

On exprime le jus des oranges, puis on laisse fermenter dans un baquet à température modérée avec le cinquième des écorces. Au bout de huit jours, la fermentation est achevée ; quand le jus devient vineux et clair, on ajoute l'eau-de-vie et le sucre en faisant un mélange bien uniforme ; on tire au clair et on laisse en fût six à huit mois, après quoi on met en bouteilles. Ce vin est un peu acide.

Vin de citrons

On le prépare de la même manière, sauf qu'on ajoute 15 kilogrammes de sucre au lieu de 13.

Vin de baies de sureau

Ajouter, aux baies de sureau écrasées, le double en poids d'eau, le dixième de sucre cristallisé et autant de miel, une petite quantité de levure pour développer la fermentation. Celle-ci terminée, on bouche le tonneau, et après quinze jours de repos, on colle avec de la colle de poisson et on soutire pour mettre en bouteilles; on prend pour 100 litres :

Baies écrasées	50 kilogr.
Sucre	5 kilogr.
Miel	5 kilogr.
Sel marin	100 gr.

Vin à base de jujubes

Le fruit du jujubier, infusé dans de l'eau-de-vie ou dans tout autre liquide à chaud ou à froid, a le goût et l'arome qui font tant apprécier certains vins dits de liqueur, provenant d'Espagne et de Madère. Le jujube a de plus un principe qui ressemble à la caféine et ce principe se retrouve dans les vins avec lesquels on le mélange soit par teinture, soit par infusion. On met d'ordinaire infuser le fruit dans le vin (1).

VI. HYPOCRAS

Mettez dans une grande bouteille 4 grammes de cannelle, deux ou trois clous de girofle, une pincée de macis, le tout en poudre; ajoutez 30 ou 60 grammes d'alcool ; après deux jours de digestion, ajoutez un litre de bon vin, blanc ou rouge, deux ou trois gouttes d'essence d'ambre et 60 à 90 grammes de sucre cristallisé ; agitez et passez au filtre le lendemain.

(1) Pour plus de détails, voir *Manuel des vins de fruits et boissons économiques.* (ENCYCLOPÉDIE-RORET), 1 vol. 3 fr.

Autre méthode

Pilez séparément 2 grammes de cannelle, 2 grains de poivre blanc et un gramme de poivre long, une feuille de fleur de muscade, 20 grains de coriandre et 6 amandes douces. Faire infuser le tout pendant une ou deux heures dans un litre de vin additionné d'un demi-verre d'eau-de-vie et 500 grammes de sucre en poudre. On passe à la chausse en ajoutant un verre de lait et on repasse de nouveau jusqu'à ce que la liqueur soit bien claire. On met ensuite en bouteilles.

Hypocras à la vanille

Triturez 65 centigrammes de bonne vanille avec 125 grammes de sucre ; versez-y deux litres de vin et 125 grammes d'alcool à 55° ; après deux jours de macération, on filtre.

Hypocras à l'absinthe

Faire infuser à froid pendant deux jours, dans un litre de vin blanc, une poignée d'absinthe fraîche et une pincée de muscade en poudre, 80 grammes de sucre en morceaux qu'on frotte sur l'écorce d'un citron. Ajoutez cinq à six clous de girofle et 60 grammes d'alcool. On passe au tamis et on filtre.

Hypocras à la violette

On fait digérer, pendant un jour ou deux, 6 grammes d'iris de Florence et 65 centigrammes de girofle en poudre, avec un litre de vin rouge ou blanc ; ajoutez le sucre et l'esprit-de-vin, une goutte d'essence d'ambre et de musc, et filtrez.

Hypocras au cédrat

Versez sur les zestes d'un gros cédrat un litre de bon vin et 60 grammes d'alcool ; après quarante-huit heures d'infusion, ajoutez 90 grammes de sucre en poudre ; agitez de temps à autre et filtrez le lendemain.

Hypocras à l'angélique

Faites infuser à froid, pendant deux jours, dans un litre de vin rouge ou blanc, 8 grammes d'angélique fraîche, avec une pincée de muscade en poudre ou 15 grammes de la même plante confite ; ajoutez le sucre et l'alcool, et filtrez.

Hypocras au genièvre

Faites macérer à froid, pendant vingt-quatre heures, 30 grammes de baies de genièvre concassées, bien mûres et bien fraîches, dans un litre de vin et 30 à 50 grammes d'alcool ; ajoutez tant soit peu de vanille ou d'ambre, 60 à 80 grammes de sucre en poudre et filtrez.

Hypocras aux noyaux

Cassez douze noyaux d'abricots et six noyaux de pêches, sans endommager les amandes ; faites infuser celles-ci avec leur bois, pendant deux jours, dans un litre de vin blanc ou rouge ; ajoutez 35 grammes de vanille triturée avec 60 grammes de sucre en poudre, un peu d'alcool et filtrez.

Hypocras framboisé ou aux fraises

On fait passer le vin additionné d'eau-de-vie en quantité suffisante (un demi-verre par litre) sur ces fruits frais et entiers, placés dans une chausse. On répète l'opération plusieurs fois, on sucre et on filtre. On ne doit pas faire infuser, car ce vin ainsi fabriqué tournerait rapidement.

VII. VIN DE RAISINS SECS

Raisins secs . . . . 30 kil.
Sucre en quantité suffisante.

On laisse macérer pendant trois jours avec de l'eau tiède ; puis, lorsque le raisin a repris son volume normal, on broie pour obtenir une bouillie. On ajoute alors une quantité d'eau tiède égale en litres au poids de raisins secs employés, c'est-à-dire à 30 kilogrammes, et à cette eau on ajoute 500 grammes de crème de tartre par hectolitre, qu'on fait dissoudre dans 2 litres d'eau bouillante et le sucre nécessaire à la fermentation, qui se produit à une température de 25°. Il faut fouler de façon que le marc soit toujours dans le jus ; quand la fermentation a cessé, on presse et on soutire.

On met en fût et on soutire à nouveau dès que le vin s'éclaircit. On y ajoute alors 5 grammes de tannin et on colle quelques jours après.

CHAPITRE VIII

De l'Alcool

Sommaire. — I. Propriétés de l'alcool. — II. Coupages de l'alcool. — III. Moyens propres à reconnaître la quantité d'alcool dans le vin et les eaux-de-vie. — IV. Aréomètre ou pèse-esprits. — V. Fabrication de l'eau-de-vie. — VI. Imitation de certaines eaux-de-vie. — VII. Conservation des eaux-de-vie et préparation des futailles.

I. PROPRIÉTÉS DE L'ALCOOL

L'alcool n'existe pas dans la nature; il est le produit de la fermentation des substances sucrées, opérée par un ferment; aussi divers fruits sont employés à en préparer des espèces qui participent de quelques-uns de leurs principes. Il est même d'autres substances dans lesquelles on développe une matière sucrée, soit par germination, soit par les acides. C'est ainsi qu'on obtient le *kirschwasser*, l'eau-de-vie de grains, de pommes de terre, etc. Il est une règle générale, c'est qu'il ne se produit jamais d'alcool sans la présence du sucre, lequel, en se décomposant, fournit les éléments de cette liqueur.

Autrefois, par la distillation des vins, on ne préparait que deux espèces d'alcool faible : l'un marquant 19 à 20° Cartier, ou 50 à 53° centésimaux, et connu dans le commerce sous le nom de *preuve de Hollande*, et l'autre, de 22 à 23° Cartier ou 60 à 62° centésimaux, sous le nom de *preuve d'huile;* aujourd'hui avec les appareils distillatoires perfectionnés, on arrive à en obtenir qui marquent de 75 à 93° centésimaux.

L'alcool est incolore, transparent, d'une odeur particulière, d'une saveur brûlante, très volatil, d'un pouvoir réfringent égal à 2,22 et non congelable, même à — 68°; il est mauvais conducteur de l'électricité, et s'enflamme lorsqu'on lance à sa surface des étincelles électriques, et qu'il a le contact de l'air.

Sous la pression atmosphérique, il bout à 78° et se réduit en une vapeur dont la densité est de 1,613; à une chaleur rouge et dans un tube de porcelaine, il se décompose et produit du gaz hydrogène carboné, du gaz oxyde de carbone, de l'eau et des traces d'acide acétique.

Exposé à l'air, une partie s'évapore, et l'autre absorbe l'humidité atmosphérique, au point qu'il finit par ne marquer que quelques degrés.

L'eau et l'alcool s'unissent en toutes proportions, et l'on observe que si l'eau contient des sels minéraux insolubles dans l'alcool, ils sont précipités. Un fait remarquable, c'est que le volume d'un mélange d'eau et d'alcool est toujours au-dessous du volume respectif des deux liquides.

L'eau-de-vie obtenue par distillation directe du vin a une saveur agréable particulière, que l'on ne rencontre pas dans celle obtenue par la réduction de l'alcool, au degré qui constitue l'eau-de-vie, par l'addition d'eau. Cette dernière a un goût qu'on nomme *rude*; mais comme il est plus économique d'expédier de l'alcool rectifié que de l'eau-de-vie, à cause des frais de transport, des futailles, etc., à son arrivée en magasin, on coupe l'alcool avec de l'eau pour en former de l'eau-de-vie au degré voulu. Voici un tableau de classification des eaux-de-vie et de l'alcool, d'après leur degré aréométrique Cartier et le degré correspondant de l'alcoomètre Gay-Lussac :

	Aréomètre de Cartier	Alcoomètre de Gay-Lussac
	—	—
Eau-de-vie faible. . .	16° à 18°	37°9 à 46°5
— ordinaire.	16° à 20°	50°1 à 53°4
— forte. . .	21° à 23°	56°5 à 59°5
Alcool trois-cinq.	29°	. . . 78°
— trois-six	33°	. . . 85°1
— trois-sept.	35°	. . . 88°5
— rectifié	36°	. . . 90°2
— trois-huit.	37°	. . . 92°5

En outre, une classification des eaux-de-vie de vin suivant leur mérite, permettra au limonadier de se guider dans le choix de ses acquisitions, en le prévenant que le degré alcoométrique et le goût doivent principalement influer sur les prix et sur ses choix :

1° Cognac, fine Champagne;
2° — Champagne;
3° — petite Champagne;
4° — premier bois;
5° — deuxième bois;
6° — Saintonge;
7° — Saint-Jean-d'Angély;
8° — Bas-Armagnac;
9° Eau-de-vie Ténarèze (Armagnac);

10° Cognac Sargères;
11° Eau-de-vie Haut-Armagnac;
12° Rochelles-Aigrefeuille;
13° Rochelles;
14° Marmandes;
15° Pays;
16° trois-six Languedoc.

II. COUPAGES

On appelle ainsi la réduction de l'alcool et même des eaux-de-vie à 58°, au degré voulu par le commerce et par les consommateurs. On peut faire cette réduction de plusieurs manières.

Coupage de l'alcool par l'eau

Il suffit de multiplier le nombre des litres par le degré donné et diviser le produit par le degré à obtenir.

Exemple. — Soit à réduire 100 litres d'alcool à 85° en une eau-de-vie à 58°, on a :

$$\frac{100 \times 85^{\circ}}{58^{\circ}} = \frac{8500}{58} = 146 \text{ lit. } 55.$$

Donc il faut ajouter 146 lit. 55 — 100 = 46 lit. 55 d'eau, pour obtenir une eau-de-vie à 58°.

Si on veut remplir une pièce contenant 100 litres avec de l'eau-de-vie à 58°, on fait :

$$\frac{100 \times 58^{\circ}}{85^{\circ}} = \frac{5800}{85^{\circ}} = 68 \text{ lit. } 24$$

c'est-à-dire qu'il faut mettre 68 lit. 24 d'alcool et le remplir ensuite d'eau.

Coupage d'un alcool par une eau-de-vie d'un degré plus faible

On multiplie la contenance du fût par la différence entre le degré inférieur et le degré à obtenir, puis on divise le produit obtenu par la différence entre le degré inférieur et celui existant.

Exemple. — On a 360 litres à 50° et on veut réduire à 45° au moyen d'eau-de-vie à 35°, on fait :

$$\frac{360\ (45 - 35)}{50 - 35} = 240 \text{ litres}$$

donc il faut prendre 240 litres à 50° et 360 — 240 ou 120 litres à 35°, et leur mélange donnera 360 litres à 45°.

Après coupage, on doit vérifier la force réelle pour corriger la différence, qui peut s'élever quelquefois jusqu'à 2 0/0, à cause du phénomène de contraction déjà mentionné.

Voici un tableau indiquant la quantité d'eau à ajouter par hectolitre pour la réduction à un degré voulu :

(Voir le Tableau page 188).

Tableau de coupage par eau pour la réduction d'un litre d'alcool de degré élevé aux différents degrés des eaux-de-vie.

Degrés à réduire	Degrés à obtenir	Quantité d'eau à ajouter
94	50	88
	49	92
	48	95,84
	47	100
	46	104,35
	45	108,90
	44	113,64
93	50	86
	49	89
	48	94
	47	97,88
	46	102,18
	45	106,70
	44	111,38
92	50	84
	49	87,76
	48	91,68
	47	95,75
	46	100,98
	45	104,75
	44	109,10
91	50	82
	49	85,73
	48	89,60
	47	93,62
	46	98
	45	102,24
	44	107
90	50	80
	49	83,80
	48	87,50
	47	91,50
	46	95,66
	45	100
	44	104,55

III. MOYENS PROPRES A RECONNAITRE LA QUANTITÉ D'ALCOOL QUI EST DANS LE VIN ET LES EAUX-DE-VIE.

Pour déterminer la spirituosité des vins, la distillation est le meilleur moyen; car tout instrument est défectueux, attendu que le vin doit sa plus grande légèreté non seulement à l'alcool qu'il contient, mais encore à l'acide carbonique. Ainsi dans un vin très chargé de ce gaz, un pèse-vin s'enfoncera davantage et marquera ainsi une richesse alcoolique qui, non seulement n'existera pas, mais le vin même pourra être très pauvre en alcool. Pour ces raisons, il est préférable d'employer le petit alambic de Descroizilles, qui est très commode et si connu que nous nous dispensons de donner sa description. Les instruments dont on fait usage pour reconnaître la force de l'alcool sont les suivants :

IV. ARÉOMÈTRES OU PÈSE-ESPRITS

Ces instruments sont basés sur ce principe, que plus l'alcool est concentré ou rectifié, plus il est léger, et moins il est propre à supporter cet instrument, qui doit s'y enfoncer d'autant plus que la liqueur est plus riche en alcool. On doit tenir compte de la température de l'alcool, car on sait que les corps dilatés occupent un plus grand volume et diminuent ainsi de poids spécifique.

On a dressé des tables de correction en tenant compte du degré alcoolométrique et du degré thermométrique.

Les aréomètres les plus employés sont ceux de

Baumé, de Bories et de Cartier, mais le seul légal est l'alcoomètre centésimal de Gay-Lussac, qui se divise en 100 parties et dont on trouve la description dans le *Manuel du Distillateur-Liquoriste*, de l'ENCYCLOPÉDIE-RORET.

V. FABRICATION DE L'EAU-DE-VIE

On prépare l'eau-de-vie de Cognac, qui est très estimée des gourmets, par la distillation des vins blancs à une douce chaleur, afin d'éviter la perte de l'huile essentielle contenue dans la peau du raisin ; nous ajouterons cependant que l'on ne prépare pas à Cognac la millième partie de l'eau-de-vie qui est vendue sous ce nom.

En général, comme nous l'avons déjà dit, on fabrique de l'alcool rectifié et par coupage on obtient telle eau-de-vie que l'on voudra.

VI. IMITATIONS DE CERTAINES EAUX-DE-VIE

Eau-de-vie ordinaire

Sur 100 litres de réduction d'alcool on ajoute l'infusion de 60 grammes de thé, 60 grammes de feuilles sèches de tilleul ou de capillaire, 500 grammes de mélasse de canne, deux à trois litres de rhum, un à deux centilitres d'alcali volatil et on colore avec du caramel.

Eau-de-vie d'Armagnac

On ajoute à 100 litres de bonne eau-de-vie, 1 litre d'infusion de brou de noix vieille et 2 litres d'infusion de coques d'amandes amères, 40 à 50 litres de bonne eau-de-vie d'Armagnac, 2 grammes de crème de tartre et 1 gramme d'acide boracique. On dissout préalablement la crème de tartre et l'acide dans un litre d'eau bouillante.

Eau-de-vie de Saintonge

A 100 litres de bonne eau-de-vie, ajoutez 2 à 3 litres d'infusion vieille de brou de noix, 1 litre d'eau-de-vie de marc, 40 à 50 litres d'eau-de-vie de Saintonge et un flacon d'élixir Dubief.

Eau-de-vie de Cognac

A 100 litres d'eau-de-vie ordinaire, ajoutez 1 litre de vieux rhum, 1 à 2 litres d'infusion de brou de noix, 2 litres d'infusion de coques d'amandes amères, 40 à 50 litres de fine Champagne et de la teinture de cachou en quantité limitée pour ne pas brunir l'eau-de-vie.

Un moyen pour obtenir des eaux-de-vie délicieuses, c'est de soumettre à la presse les raisins, de faire fermenter le moût dans des cuves couvertes, et de distiller ensuite le vin qui en est le produit. Les eaux-de-vie, en vieillissant, perdent un peu de leur spirituosité; mais, en compensation, elles acquièrent une pointe de douceur ainsi qu'une saveur et un bouquet agréables.

Quant à leur couleur, à peine subit-elle des changements; elle est légèrement ambrée.

La vétusté est tellement prisée dans les eaux-de-vie de bouche, qu'il n'est sorte de fraude que l'on n'emploie pour leur donner l'apparence de cette qualité.

La vétusté et le degré de force ne constituent pas uniquement la qualité des eaux-de-vie; le terroir, la nature des vins qui les ont fournies, et le soin avec lequel elles ont été distillées, y influent beaucoup plus. Les vins blancs donnent une eau-de-vie plus suave que les rouges.

L'eau-de-vie destinée à la fabrication des liqueurs fines doit donc être d'une blancheur parfaite, exempte de goût d'empyreume, de terroir, ou de toute saveur étrangère; quand on la promène dans la bouche, elle doit imprimer à la langue une sensation chaude, mais agréable à la fois et moelleuse; son odeur doit être suave, éthérée, exempte de tout mélange étranger; il faut prendre garde de s'en laisser imposer par le bouquet de certaines eaux-de-vie qui laissent après elles une saveur âpre, une sorte d'arrière-goût inhérent au canton d'où elles proviennent.

Les eaux-de-vie caramélisées ou chargées de suc de réglisse; celles qui, au lieu de chatouiller agréablement le palais et la gorge, semblent le déchirer, ne sont bonnes tout au plus que pour les buveurs de profession, dont une longue habitude a émoussé le sens du goût.

L'eau-de-vie, à quelque titre qu'on la prenne, n'étant autre chose qu'un mélange d'alcool et d'eau combinés en diverses proportions avec un peu d'huile douce de vin, il est infiniment commode de n'employer dans la fabrication des liqueurs que du trois-six réduit au titre voulu par le coupage. On y trouverait, outre l'économie, l'avantage d'avoir toujours des eaux-de-vie parfaitement blanches, au degré que l'on désire, et de faire soi-même la manipulation que font tous les marchands d'eaux-de-vie, qui vendent pour du cognac de l'eau-de-vie factice préparée de cette manière.

D'un autre côté, l'alcool paraît conserver, quelle que soit la quantité d'eau dans laquelle on l'étende, une saveur âcre qui perce quelquefois dans les liqueurs, à travers les sirops et les aromates dont on peut les charger. Il y a plus, l'eau-de-vie obtenue au titre de preuve de Hollande, par une seule distillation, sera toujours plus douce, plus suave que celle que l'on aura été obligé de rectifier pour la renforcer, ou de couper avec de l'eau pour la ramener au degré voulu, parce que l'eau-de-vie qui a passé plusieurs fois à l'alambic est plus fortement imprégnée du *goût de feu*; elle perd d'ailleurs à chaque distillation une partie de son arome.

La pratique nous montre que, pour la fabrication des liqueurs, il faut des alcools absolument incolores et dépourvus de toute saveur et odeur étrangères, parce que celles-ci pourraient être préjudiciables à celles qu'on voudrait donner aux liqueurs qu'on désire fabriquer.

VII. CONSERVATION DES EAUX-DE-VIE ET PRÉPARATION DES FUTAILLES

Le choix du bois pour les barriques et sa préparation ne sont pas indifférents. On emploie le plus ordinairement celui de chêne ou de châtaignier. Celui qui vient de Naples est le plus estimé; ce bois contient, suivant les localités, l'exposition et l'âge de l'arbre, une plus ou moins grande quantité d'une substance extracto-résineuse qui communique au vin et à l'eau-de-vie un goût particulier qu'on nomme *goût de fût* ou de futailles. On s'en préserve en partie en n'employant que du bois bien sec, et en exposant à la chaleur, pendant un peu plus de temps, les parties intérieures des douves, afin de leur faire subir un commencement de carbonisation.

Les alcools ou eaux-de-vie, placés dans des barriques dont le bois contient de ce principe résineux, acquièrent une légère couleur ambrée, et au bout de quelque temps, déposent au fond de la barrique une matière blanchâtre de nature résineuse.

Pour corriger ce vice de futaille, on prend 3 kilog. d'acide sulfurique qu'on étend d'un seau d'eau et on le verse dans la barrique; on bouche la bonde, et on la place droite sur un de ses fonds : après une heure, on la tourne sur l'autre fond, et quand celui-ci a été bien imbu de l'eau acidulée, on couche la barrique et on la roule sur elle-même, à plusieurs reprises dans la journée. Le lendemain, on verse la liqueur acidulée et on rince à l'eau pure. Par ce moyen, l'eau-de-vie ou les vins qu'on y met ensuite ne contractent plus ni couleur, ni odeur, ni saveur étrangères.

Les eaux-de-vie que l'on veut conserver ou laisser vieillir ne doivent pas être mises dans des vases en bois, parce que, malgré la bonne qualité de celui-ci et les préparations qu'on lui a fait subir, elles acquièrent un goût étranger; il vaut donc mieux les mettre en bouteilles bien bouchées et bien goudronnées, et les tenir couchées dans un local frais, afin d'éviter la distillation que la chaleur pourrait faire acquérir à l'eau-de-vie, et produire par suite le départ du bouchon ou la rupture du vase.

Ce serait ici le lieu de donner la préparation des liqueurs que débite journellement le limonadier et qui ont l'alcool pour base, mais une description, même abrégée des procédés employés, nous entraînerait beaucoup trop loin. Nous allons seulement donner la manière de fabriquer soi-même toutes les liqueurs par infusion ou par extraits, ce qui ne nécessite pas d'appareils spéciaux (1).

(1) Pour plus de détails voir le *Manuel de l'Alcoométrie*, 1 fr 75 ; et le *Manuel du Négociant en eaux-de-vie*, 1 franc (ENCYCLOPÉDIE-RORET).

CHAPITRE IX

Des Liqueurs

Sommaire. — I. Règle générale pour la fabrication des liqueurs. — II. Liqueurs par essences. — III. Liqueurs étrangères. — IV. Liqueurs par infusion. — V. Liqueurs par extraits. — VI. Ratafias. — VII. Boissons aqueuses acidulées.

I. RÈGLE GÉNÉRALE POUR LA FABRICATION DES LIQUEURS

On fabrique les liqueurs de trois manières différentes : par distillation, par infusion, ou par essences. Depuis un certain nombre d'années, on a appliqué aussi le procédé par extraits, qui présente sur le procédé par essences l'avantage d'avoir un arome inaltérable par le temps.

Règle générale pour préparer les liqueurs

Quelle que soit la liqueur que l'on veuille préparer, on commence par fondre le sucre dans la totalité de l'eau indiquée, soit froide, soit chaude, au mélange refroidi on ajoute le tiers et même la moitié de la quantité d'alcool nécessaire.

On verse, d'autre part, les essences ou parfums dans le restant de l'alcool ; on remue pour bien opérer la dissolution, et on verse sur cette dissolution le sucre fondu alcoolisé ; on mélange le tout et on colore toutes les fois qu'il y a lieu. On colle à la colle de poisson ou au blanc d'œuf et on filtre.

Pour faire de bonnes liqueurs, on doit employer des matières de première qualité. L'alcool à 90° est de qualité convenable quand, étant étendu de 3 à 4 parties d'eau, il ne se trouble pas et ne laisse aucune odeur désagréable. L'eau employée doit être filtrée et pas calcaire ; l'eau de rivière est préférable, mais on doit s'assurer si elle dissout bien le savon sans grumeaux.

Voici les quantités d'alcool, de sucre et d'eau qu'il faut employer pour 100 litres de liqueur, et suivant la qualité qu'on veut obtenir :

	Liqueurs ordinaires		Demi-fines	Fines	Surfines
	—		—	—	—
Alcool . .	25	litres	28	32	36
Sucre. . .	12,5	kilogr.	25	37,5	50
Eau . . .	67	litres	57	46	34

II. LIQUEURS PAR ESSENCES

Anisette fine

On prend :

Essence d'anis	5 gr.
Essence de badiane	15 gr.
Cannelle de Ceylan	2 gr.

On procède comme cela a été indiqué dans le commencement de ce chapitre (p. 196) et on emploie le sucre, l'alcool et l'eau dans les proportions déjà données. C'est d'ailleurs la même méthode et les mêmes quantités de sucre qu'on emploiera pour toutes celles qui vont suivre, sauf indication contraire et spéciale.

Liqueur de Cent-sept ans

On mélange avec de l'alcool comme à l'ordinaire :

Essence de citron distillé.	45 gr.
Essence de rose.	10 —

Colorer en rouge avec de l'orseille.

Liqueur de Curaçao fine

Essence de curaçao distillée	60 gr.
Essence de Portugal	35 —
Cannelle de Ceylan	5 —

Colorer en rouge brun avec du caramel ou de l'hématine. Opérer suivant la règle générale.

Crème de Menthe

Essence de menthe de Paris. . . .	35 gr.

Opérer comme ci-dessus.

Liqueur de la Grande-Chartreuse (verte)

Essence de mélisse	2 gr.
— de citron.	2 —
— d'hysope.	2 —
— de muscade	2 —
— de girofle.	2 —
— de menthe anglaise	10 —
— d'angélique.	10 —
Cannelle de Chine.	2 —
Alcool à 85°	40 lit.
Sucre	56 kil.
Eau	27 lit.

On fait fondre le sucre à chaud avec l'eau sans l'amener à ébullition, on laisse refroidir sans y ajouter tout l'alcool; d'autre part, on dissout les essences dans deux décilitres d'alcool, et aussi l'aloès s'il s'agit de la chartreuse jaune; on ajoute cette dissolution peu à peu dans le mélange d'alcool, de sucre et d'eau, jusqu'à ce qu'on juge la liqueur assez parfumée; puis on attend quarante-huit heures, on goûte de nouveau pour faire la correction et on colore en vert avec la teinture de safran et la teinture bleue.

On doit employer des essences en dissolution préalable dans 6 à 10 fois de leur poids d'alcool, car cela procure aux liqueurs la saveur et le parfum, à volonté, selon le lieu de consommation; de cette façon on n'a jamais de liqueurs troubles.

Liqueur de la Grande-Chartreuse (jaune)

Cannelle de Chine	2	gr.
Essence de mélisse	2	
— de citron	2	
— d'hysope	2	
— de muscade	2	
— de girofle	2	
— d'angélique	10	
— de menthe anglaise	10	
Aloès succotrin en poudre	4	
Alcool à 85°	36	lit.
Sucre	52	kil.
Eau	31	lit.

Colorer en jaune avec du safran.

Liqueur de la Grande-Chartreuse (blanche)

Mêmes ingrédients que pour la Chartreuse verte, avec en plus :

Essence de coriandre	5 gr.
Essence d'angélique.	2 —

et on opère comme on l'a dit pour la Chartreuse verte et jaune.

III. LIQUEURS ÉTRANGÈRES

Anisette de Hollande

Essence de badiane	45 gr.
— d'anis	40 —
— d'amandes amères	6 —
— de fenouil doux.	2 —
— de roses	2 —
— d'angélique.	2 —
— de coriandre	1 —

On opère comme pour la liqueur de la Grande-Chartreuse.

Aqua Bianca di Torino

On se sert des essences suivantes :

Essence de cédrat.	6 gr.
— de bergamote.	6 —
— de citron.	6 —
— d'ambre	6 —
— de menthe poivrée	6 —
Eau de fleurs d'oranger	5 lit.
Eau de roses	5 —
Alcool	36 —
Sucre	40 kil.
Eau	30 lit.

On fond le sucre dans l'eau ; après refroidissement, on ajoute l'alcool et les eaux de roses et de fleurs d'oranger, puis peu à peu les essences dissoutes préalablement dans deux décilitres d'alcool. On mélange le tout intimement et, après quelques jours de repos, on filtre. On ajoute dans chaque bouteille quelques feuilles d'argent brisées.

Crème de Genièvre de Hollande

Essence de genièvre nouvelle . . .	100	gr.
Alcool à 85°.	56	lit.
Eau	44	—

Opérer comme pour la Chartreuse.

Alkermès de Florence

Cannelle de Ceylan	1	gr.
Essence de calamus.	2	—
— de girofle.	5	—
— de roses	3	—
— de muscades	4	—
— de teinture d'iris	25	—

Opérer comme pour la Grande-Chartreuse et colorer en rose avec de la cochenille.

Crème de noyaux de Phalsbourg

Essence de noyaux	10	gr.
— d'amandes amères.	10	—
— d'orange	10	—
— de citron	10	—
Cannelle	4	—
Essence de macis	4	—
— de carvi	2	—
— de néroli de Paris	2	—

Opérer comme ci-dessus.

Maraschino di Zara

Alcool à 85°	36 lit.
Sucre	56 kil.
Eau	30 lit.
Essence de noyau	30 gr.
Essence de néroli	5 —
Extrait de jasmin	15 —
Extrait de vanille	15 —

Opérer comme ci-dessus.

Rossolio di Torino

Essence de noyau	25 gr.
— de roses	18 —
— de néroli de Paris	5 —
— d'amandes amères	10 —

Opérer comme ci-dessus et colorer avec de la cochenille.

Kummel de Dantzig

Pour 25 litres prendre :

Essence de cummin	30 gr.
— de coriandre	1 —
— d'orange	1 —
Alcool à 85°	8 lit.
Sucre	12 k. 5
Eau	14 lit.

On mêle les essences dans 1/5 de litre d'alcool et, après dissolution, on aromatise convenablement le mélange de sucre, d'alcool et d'eau.

IV. LIQUEURS PAR INFUSION

Liqueur hygiénique de Raspail

Sommités sèches d'angélique . . .	810 gr.
Racines d'angélique	810 —
Calamus aromatique	216 —
Myrrha	108 —
Cannelle	108 —
Aloès	54 —
Girofle	54 —
Noix muscade	14 —
Safran	3 —
Alcool à 85°	54 lit.
Sucre	27 kil.
Eau	27 lit.

Faire macérer le tout dans l'alcool à une chaleur douce pendant quinze jours, en agitant de temps en temps, passer, exprimer, ajouter le sucre fondu dans l'eau indiquée; coller et filtrer après quelques jours de repos.

Liqueur d'oranges douces

On se sert de l'écorce fraîche et fine ; on n'enlève que la partie jaune et on la fait macérer dans de l'alcool à 85° dans la proportion de 250 grammes par quatre litres. On laisse la macération se faire pendant un mois, on soutire ensuite après avoir ajouté 3 kil. de sucre fondu dans trois litres d'eau et on filtre.

Curaçao ou liqueur d'oranges amères

On passe pendant cinq à dix minutes dans de l'eau bouillante 125 gram. de zestes d'oranges amères, on laisse égoutter et on met macérer pendant six à huit heures dans deux litres d'alcool, avec 2 gram. de cannelle et 1 gram. de safran. On décante et on y ajoute 1 kil. 500 de sucre fondu dans deux litres d'eau, on mêle et on filtre. Pour que ce curaçao ait la couleur rose quand on l'additionne d'eau, on se sert d'un colorant, qui est l'hématine, et on colle.

Amer d'Angleterre

Alcool à 50°	10	lit.
Cannelle de Chine	3	gr.
Calamus aromatique	12	—
Cummin	3	—
Gingembre	6	—
Girofle	2	—
Graine d'angélique	50	—
Muscade	1	gr. 5
Zestes frais de 2 citrons	2	pièces
Zestes frais de 3 oranges	3	—

On fait infuser à froid pendant un mois et on tire au clair sans filtrer. Si on est pressé, on fait l'infusion à chaud et, dans cette condition, vingt-quatre heures suffisent ; après refroidissement, on clarifie et on filtre.

Amer de Hollande

Eau-de-vie à 50°	10	lit.
Ecorces de curaçao de Hollande	120	gr.
Zestes frais de citrons frais	3	pièces
Zestes frais d'oranges	3	—

On procède comme ci-dessus.

Bitter de Hollande

Alcool à 85°	60	lit.
Eau	40	—
Aloès succotrin	32	gr.
Calamus aromatique	250	—
Ecorces de curaçao de Hollande	1	kil.

On fait infuser pendant huit jours le calamus et les écorces dans 20 litres d'alcool, en agitant de temps en temps; on broye l'aloès et on le dissout à froid dans plusieurs litres d'alcool, puis on réunit l'eau au restant de l'alcool; on passe l'infusion sur un tamis de crin et on mélange le tout; on colore avec l'hématine et on ajoute très peu d'acide tartrique.

V. LIQUEURS PAR EXTRAITS

On trouve dans le commerce des extraits concentrés liquides à l'aide desquels on peut faire des liqueurs soi-même et rapidement. Nous allons donner la méthode générale pour préparer les liqueurs avec ces extraits.

Pour avoir une bonne liqueur il suffit, en effet, de savoir mélanger du sucre, de l'eau et de l'alcool, à un extrait distillé de plantes, dans des proportions convenables. Rien de bien difficile à cela, et les meilleures d'entre elles, les grandes liqueurs de marque, sont faites par ce procédé et ne renferment pas d'autres éléments. La seule difficulté réside dans la fabrication de l'extrait distillé que chacun ne peut pas faire; mais cette difficulté a été surmontée par plusieurs distillateurs, entre autres M. Noirot, qui a pu concentrer, sous un petit volume, non seulement les sucs aromatiques, mais aussi la coloration. Il suffit donc d'un simple mélange pour obtenir instantanément une liqueur semblable aux premières marques et à un prix très modique. La supériorité de ce procédé consiste dans la suppression de tout filtrage ou macération préalable; la liqueur est claire et limpide sur-le-champ et prête à la dégustation.

Fabrication d'un litre de liqueur

On fait fondre 350 gram. de sucre dans 350 gram. d'eau et, après dissolution, mélanger avec un demi-litre d'alcool à 80°, puis ajouter le contenu du flacon d'extrait; il faut donner la préférence à l'eau de pluie, car les eaux chargées de sels calcaires donnent des liqueurs troubles. A défaut de trois-six de vin, employer l'alcool extra-fin, qu'on trouve chez tous les épiciers, et qui est vendu généralement à 90°; pour le réduire à 80°, il faut ajouter de l'eau dans la proportion de 10 centilitres par litre.

On peut aussi employer l'eau-de-vie à 50°, et on doit procéder comme suit :

On fait fondre 450 gram. de sucre dans 25 centilitres d'eau et on complète le litre avec de l'eau-de-vie à 50 degrés.

De cette manière, on peut fabriquer les liqueurs les plus recherchées, telles que Chartreuse, Raspail, cassis, guignolet, grog américain, etc.

Du Punch

Le punch est aujourd'hui adopté dans toutes les classes de la société; c'est une liqueur qui ne doit être composée qu'avec des liqueurs spiritueuses, du sucre, du thé; d'autres prétendent qu'il n'est bon que quand il est préparé avec de l'eau-de-vie ordinaire seulement; d'autres le prennent avec du rhum ou du kirschwasser; enfin, on le trouve dans le commerce tout préparé et de différentes manières. Quoi qu'il en soit, nous allons donner la manière de le préparer, telle que nous la croyons bonne à suivre dans toute circonstance.

Préparation

Après avoir frotté la surface de plusieurs citrons avec un morceau de sucre pour en extraire l'huile essentielle aromatique, on le fait fondre dans une infusion de thé vert et un peu chaude ; on y ajoute tout le sucre nécessaire pour rendre la liqueur agréable au goût des consommateurs ; après avoir exprimé le suc des citrons et mêlé exactement la quantité de liqueur alcoolique (eau-de-vie, rhum, etc.) jugée convenable, le punch est fini. On a généralement l'habitude d'y mettre le feu, et de le laisser brûler ensuite plus ou moins longtemps ; mais c'est là une opération inutile et même nuisible, car elle rend le punch âcre et lui fait perdre tout ce qu'il peut contenir de spiritueux ; il vaut mieux mettre moins de liqueur alcoolique que de la faire évaporer et brûler.

Punch au rhum

On ajoute trois parties de bon rhum sur une partie de suc de citron, dans lequel on a mis infuser d'avance quelques zestes ; après avoir versé sur le tout neuf parties d'une excellente infusion de thé, on édulcore avec la quantité de sucre nécessaire ou à la volonté du consommateur.

On peut aussi remplacer le rhum par le rack, ou par le vin rouge, ou enfin par du vin de Champagne, ou toute autre liqueur aromatique, vineuse ou alcoolique, pour obtenir du punch d'un goût différent.

Punch à la glace

Le punch étant préparé comme nous venons de le dire, on le place dans une sorbetière pour le glacer (Voyez l'article *Glaces*).

Punch froid ou bischoff

On emploie pour préparer le bischoff :

Vin blanc de Châblis ou de Champagne	1 lit.
Sucre en poudre	375 gr.
Kirschwasser	1 verre
Un citron coupé en tranches.	

On mêle le tout ensemble et on sert.

On peut remplacer le kirschwasser par de l'eau-de-vie de Cognac et le vin blanc par celui de Bordeaux.

Essence de Punch

Faites infuser dans un demi-litre d'esprit-de-vin de très bonne qualité, réduit à 24° :

Cannelle en poudre	30 gr.
Muscade en poudre	2 —
Girofle	2 clous
Zestes de citrons	2
Zestes d'oranges	1/2 orange

Après quarante-huit heures d'infusion, tirez au clair, filtrez et mettez en bouteilles pour vous en servir en temps voulu.

Vin chaud

Sucrez à volonté du vin, soit avec du sirop, ou du sucre arrosé d'eau ; faites chauffer, versez dans le bol et mettez un petit verre de liqueur de curaçao. On doit mettre toujours un peu d'eau pour couper l'âpreté du vin. Suivant le goût du consommateur, on ajoute quelques tranches de citrons ou d'oranges, et si on n'a pas de liqueurs, on peut mettre un morceau de cannelle et un clou de girofle.

VI. RATAFIAS

Les ratafias sont des liqueurs de pur agrément, qui ne sont obtenues que par infusion. On peut les préparer soit avec le suc exprimé des fruits, soit en projetant et laissant infuser pendant un temps plus ou moins long, dans l'eau-de-vie, des fruits, des fleurs odorantes, des amandes auxquelles on ajoute encore diverses substances aromatiques ou autres susceptibles de se fixer, ou de se conserver dans la liqueur alcoolique dans laquelle on les a fait macérer, et qui doit leur servir de véhicule.

Comme la plus grande partie des fruits sont extrêmement aqueux, il faut toujours employer, pour les conserver, l'eau-de-vie et quelquefois même rectifiée.

Pour que le ratafia soit assez spiritueux, les baies doivent être cassées, les semences écrasées, les fleurs seulement flétries et macérées; si l'on ajoute de l'eau, c'est seulement pour fondre le sucre avec lequel on les édulcore.

L'infusion doit toujours être proportionnelle à la nature de l'arome que l'on veut obtenir; si elle était trop abrégée, on n'obtiendrait que des résultats médiocres; si, au contraire, on la prolonge trop longtemps, on risque de n'avoir que de l'amertume et de l'âcreté, ce qui serait désagréable. Une fois la solution des substances formant le ratafia complètement terminée, on filtre à la chausse et on met en bouteilles. Si on n'attend pas que la dissolution soit complète, un dépôt se forme dans les bouteilles et, en outre, la liqueur est louche et épaisse.

Ratafia d'angélique

Semences d'angélique	30 gr.
Tiges d'angélique récentes	125 —
Muscade.	4 —
Cannelle de Ceylan.	2 —
Coriandre	4 —
Alcool à 70°	4 lit.
Sirop de sucre (2 kil. de sucre dans 1 litre 1/2 d'eau de fontaine).	

On contuse les semences dans un mortier, et on fait macérer pendant huit jours dans l'alcool ; ensuite on passe au tamis et on ajoute le sirop de sucre.

Ratafia de cassis

Cassis bien mûrs	3 kil.
Feuilles de cassis	125 gr.
Girofle	2 —
Cannelle de Ceylan	2 —
Coriandre	2 —

On écrase les baies de cassis, et on les fait macérer pendant un mois avec les autres substances, dans 12 litres d'alcool à 60°. On soumet à la presse et on y ajoute un sirop fait avec 3 kil. 500 de sucre et 2 litres d'eau.

Ratafia de coings

Suc de coings	4 lit.
Cannelle de Ceylan.	2 gr.
Girofle	2 —
Coriandre	4 —
Alcool à 85°	4 lit.

On prend des coings bien mûrs, sains, on les essuie et on les râpe; on les laisse à la cave pendant quarante-huit heures et on les exprime; on mélange alors dans la proportion ci-dessus et on filtre.

Ratafia de poires de Rousselet

On prend des poires bien mûres, saines; on les essuie et on les écrase; on les laisse pendant quarante-huit heures à la cave, puis on mélange trois litres de suc exprimé avec trois litres d'alcool et 1 gram. de vanille découpée. On laisse reposer pendant un mois, on ajoute 2 kil. 500 de sucre fondu dans un demi-litre d'eau, et après mélange on filtre.

Ratafia de framboises

On fait macérer pendant quinze jours :

Framboises.	4 lit.
Alcool à 85°	10 —

On soumet ensuite à la presse, on ajoute à la liqueur 3 kil. 500 de sucre fondu dans trois litres d'eau et on filtre.

Ratafia de grenades

On fait macérer pendant quinze jours :

Grenades mûres et coupées	15 pièces.
Alcool à 60°	5 lit.

et on soumet à la presse. On y ajoute un sirop fait avec 1 kil. 500 de sucre et on filtre.

Soubac

Safran gâtinais	30 gr.
Macis	2 —
Zestes de	4 oranges
Zestes de	2 citrons
Alcool à 60°	10 lit.
Sucre	4 k. 500
Eau	2 lit.

On contuse les semences; on laisse macérer pendant un mois et on passe au tamis. On y ajoute le sirop et on filtre.

Vespetro

Semences d'anis vert	30 gr.
— de fenouil	60 —
— de coriandre	30 —
— de céleri	15 —
— de carvi	30 —
Zestes de	4 oranges
Zestes de	3 citrons
Alcool à 60°	12 lit.

On fait macérer dans l'alcool, pendant huit jours, les cinq premières substances; on distille au bain-marie. Ensuite on fait un sirop avec 3 kil. 500 de sucre et trois litres d'eau et on filtre.

Guignolet d'Angers

Cerises aigres, genre Montmorency	10 kil.
Cerises noires (guignes)	10 —
Framboises	1 —
Alcool à 85°	8 lit. 5

On verse l'alcool sur les fruits écrasés, qui sont placés dans des cuves, on remue le contenu de ces cuves trois ou quatre fois par jour pendant quinze jours, puis on laisse en repos pendant quinze autres jours; on soutire le liquide deux ou trois fois pour le reverser sur les fruits. Au bout de deux mois de macération, on emploie l'infusion pour faire la liqueur :

Infusion première pure	5 lit.
Alcool à 90°	1 —
Sucre	5 kil.
Eau	1 lit. 5
Sirop de glucose à 35°	2 décil.

On peut y ajouter deux décilitres de kirschwasser, qui achève de lui donner le bouquet si recherché.

Crème de thé

On fait infuser 250 grammes de thé vert de bonne qualité dans un litre d'eau bouillante et on ajoute à l'infusion quatre litres de bonne eau-de-vie.

On laisse macérer un jour, on y jette ensuite 1 kil. de sucre fondu dans deux litres d'eau; on filtre et on met en bouteilles.

Ratafia blanc pour liqueurs

Alcool à 86° (trois-six).	5 lit.
Eau	3 —
Sucre	4 kil.

On y ajoutant un parfum délayé dans une petite quantité d'alcool, on obtient des liqueurs correspondantes, mais d'une qualité médiocre.

VII. BOISSONS AQUEUSES ACIDULÉES

Ce sont des boissons confectionnées avec le suc exprimé de quelques fruits acidulés et agréables et qu'on emploie de suite, principalement en été, au moment des grandes chaleurs.

Eau de Cerises

On la prépare avec 1 kilogramme de cerises acidulées, dites de Montmorency, rouges, bien mûres, dont on a d'abord ôté les queues, ensuite les noyaux pour les conserver à part; on écrase la pulpe du fruit, en y ajoutant un peu d'eau, dans un vase de faïence, après y avoir exprimé le suc d'un citron que l'on mêle exactement en agitant, puis on laisse infuser pendant deux heures à la chaleur atmosphérique.

Après avoir lavé et nettoyé les noyaux, on les pile, on les écrase avec 250 grammes de sucre, et l'on ajoute le suc exprimé de cerises; on passe et l'on tire au clair; on met le marc sous presse et on agite la liqueur obtenue; on laisse reposer ensuite pendant une demi-heure, on passe à la chausse et on met en bouteilles pour l'usage.

Eau de Fraises

Choisir des fraises bien mûres et les plus grosses; après les avoir mondées de leurs queues et des petites feuilles qui les accompagnent, on les écrase, on les broie en versant un peu d'eau par-dessus; après deux heures d'infusion, on passe le tout à la chausse ou au tamis de crin; on met le suc exprimé dans une bouteille non bouchée, que l'on expose ensuite pendant quelques minutes à la chaleur du soleil, ou mieux dans une étuve; on en prend un double décilitre qu'on met dans un vase de faïence et sur lequel on verse un litre d'eau et 200 grammes de sucre; on mélange bien intimement et on met en bouteilles pour l'usage.

Eau de Framboises

Exprimez, par le moyen d'un linge peu serré et assez fort, une certaine quantité de framboises bien mûres : après avoir laissé reposer, tirez au clair, et sur un double décilitre, versez un litre d'eau et 150 grammes de sucre; lorsque le mélange est bien fait, on passe à la chausse et on met en bouteilles pour s'en servir au moment voulu.

Eau de Groseilles

Après avoir choisi 750 grammes de groseilles bien mûres et bien fraîches, on les égrène et on les broie dans un mortier en roulant le pilon pour ne pas écraser les pépins; on y ajoute 125 grammes de framboises aussi écrasées et on rassemble le tout dans un vase qu'on chauffe à l'étuve et on mêle à dose convenable. D'ordinaire on prend un double décilitre de groseilles par litre d'eau, dans lequel on a fait fondre 185 grammes de sucre; après mélange on fait rafraîchir pour passer au tamis ou à la chausse, on presse le marc et l'on conserve en bouteilles.

Eau d'Epine-vinette

De la même manière on prépare l'eau d'*épine-vinette*, mais on n'y ajoute point de framboises.

Pour plus de détails, voir le *Manuel du distillateur liquoriste*, 1 vol., 3 fr. 50 (ENCYCLOPÉDIE-RORET).

CHAPITRE X

Limonades

SOMMAIRE. — I. Limonades diverses. — II. Grogs gazeux. — III. Punch gazeux. — IV. Orangeade. — V. Bavaroise.

Les limonades sont des boissons aqueuses acidulées rafraîchissantes qui tirent leur nom de ce qu'on les faisait autrefois avec le suc exprimé des limons, fruits assez communs dans le Midi, beaucoup plus gros et plus jaunâtres que le citron ordinaire. Sous le nom de limonades on comprend aujourd'hui de nombreuses variétés de boissons ; on distingue les limonades minérales, les limonades végétales, les limonades gazeuses ou non gazeuses.

I. LIMONADES DIVERSES

Limonade à froid

Après avoir choisi des citrons bien mûrs, on frotte le sucre sur leur surface, afin d'en extraire l'huile essentielle aromatique qui s'en détache facilement par les frottements réitérés, pour les jeter ensuite dans la quantité d'eau nécessaire, froide et préparée d'avance. Quelques-uns coupent le citron en deux par son milieu pour exprimer le suc qu'il contient ; d'autres le dépouillent de son zeste et le découpent en petites tranches minces.

Pour un litre d'eau, on emploie deux à trois citrons; on peut y ajouter le suc d'une orange mûre et douce et une certaine quantité de sucre ou de sirop simple. Une limonade bien faite est une boisson très rafraîchissante et agréable.

Limonade à chaud

On la prépare de la même manière que la limonade à froid, excepté qu'on fait bouillir l'eau; après l'avoir retirée du feu et laissée refroidir, on y ajoute tous les ingrédients comme dans la précédente. Verser dessus l'eau au moment de l'ébullition, ou encore exprimer le jus des citrons et des oranges dans une théière et jeter dessus l'eau bouillante.

Limonade vineuse

Sur 500 grammes de sucre frotté sur l'écorce de deux citrons et mis au fond d'un vase en porcelaine, on verse une quantité suffisante d'eau chaude pour le faire fondre; on ajoute deux litres de bon vin rouge ou blanc, on passe à la chausse pour tirer au clair, on laisse refroidir et on met en bouteilles.

Limonade sèche tartrique

On mélange 1 gramme d'acide tartrique avec 30 grammes de sucre aromatisé avec de l'essence de citron. Une cuillerée de ce mélange dans un verre d'eau donne à l'instant une boisson acidulée et très agréable.

Limonade citrique

On mélange :

Acide citrique en poudre	4 gr.
Sucre en poudre.	125 —
Eau pure	1 lit.
Essence de citron	4 gr.

Cette poudre se conserve dans des boîtes en fer blanc pour l'usage.

Limonade sèche des Anglais, ou « Soda Water »

La limonade des Anglais est un mélange de 15 grammes de sucre en poudre, de 1 gramme de bicarbonate de soude et de 3 grammes d'acide citrique qu'on fait dissoudre dans 500 grammes d'eau froide.

Soda

On le prépare d'ordinaire avec un sirop composé de deux parties de sucre et d'une partie de sirop de groseille framboisé. Le consommateur lui-même met ce mélange en quantité suffisante dans un grand verre, sur lequel il verse de l'eau gazeuse contenue dans un siphon.

Limonade en tablettes ou en pastilles

On prend :

Sucre.	8 gr.
Acide citrique	8 décig.
Bicarbonate de soude.	16 centig.

On pulvérise et on mélange intimement ces substances en y ajoutant une petite quantité d'essence de citron, qui donne le goût de la limonade, puis on les agglomère en les soumettant à une pression énergique dans un moule qui donne à la pastille ou à la tablette la forme voulue.

En jetant une de ces pastilles dans un verre d'eau, sa fusion s'effectue rapidement et, par la réaction de l'acide citrique sur le bicarbonate de soude, il se dégage un peu d'acide carbonique qui rend la boisson mousseuse et très agréable à boire.

Limonade en poudre

On prend 30 grammes d'acide tartrique que l'on pulvérise finement, on mêle à 1 kilogramme de sucre en poudre fine et tamisée, auquel on ajoute 8 grammes de gomme arabique en poudre très fine et aromatisée avec de l'essence de citron. On trouve cette poudre dans le commerce en boîtes de 30 à 60 grammes; pour s'en servir, on commence par délayer dans un peu d'eau la quantité nécessaire et, quand elle est fondue, on en ajoute la quantité convenable. Cette poudre est très commode pour les habitants des campagnes qui peuvent manquer de citrons; la gomme arabique sert à modérer la vivacité de l'acide tartrique.

Limonade gazeuse (Reess et Wichmann)

Les poudres, pastilles et bonbons actuellement en usage, pour la préparation des limonades gazeuses, ne donnent jamais qu'un dégagement gazeux de courte durée; quand on plonge ces substances dans l'eau, on obtient un breuvage instantané fort mousseux; mais on doit l'absorber de suite complètement, parce que dès que cette dissolution rapide est terminée, le liquide cesse de mousser et son effet rafraîchissant a pris fin.

Si on le laisse reposer, il prend un goût fade et désagréable. Avec les nouvelles dragées de M. Reess, on obtient une boisson dont le goût agréable et rafraîchissant se conserve plus longtemps et qui continue à mousser en prolongeant ainsi l'agrément qu'elle procure.

On prépare pour cela un mélange de petits grains ou dragées dont la moitié environ renferment un acide (citrique, tartrique, etc.), et l'autre moitié un bicarbonate, par exemple le bicarbonate de soude. Chacune de ces dragées est recouverte à sa surface d'une faible couche de sucre, qui empêche une dissolution trop rapide des agents chimiques.

Dès que l'on jette dans l'eau ce mélange de dragées, auxquelles on ajoute souvent du sucre aromatisé, l'enveloppe sucrée se dissout lentement, les agents chimiques qui y sont renfermés deviennent libres peu à peu et il se produit un dégagement énergique et prolongé d'acide carbonique, lequelle donne entièrement au vin, par exemple, le goût et l'aspect du Champagne; la grosseur des dragées règle la durée de l'action.

Limonade gazeuse de Soubeiran

On introduit dans chaque bouteille 60 grammes de sirop de limons, et l'on finit de la remplir avec de l'eau gazeuse à 5 volumes de gaz.

Observations

Quand les limonades gazeuses doivent être gardées longtemps, elles ont besoin d'être mutées pour se conserver. Pour cela, on introduit dans chaque bouteille, avant de la remplir d'eau, une dissolution contenant 5 centigrammes de sulfite de soude. Elles peuvent alors être gardées indéfiniment ; le goût du sulfite de soude disparaît entièrement.

II. GROGS GAZEUX

A l'eau-de-vie. — On le prépare, comme la limonade gazeuse, avec 10 centilitres de sirop usuel de limons, auquel on ajoute 5 centilitres d'eau-de-vie.

Au rhum. — On y met du rhum au lieu d'eau-de-vie.

III. PUNCH GAZEUX

On fait d'abord un sirop de punch ainsi composé :

Sirop de sucre blanc	20 kil.
Eau-de-vie, rhum ou kirsch	5 lit.
Essence de citron.	2 centil.
Acide citrique	12 gr.

On mêle ensemble à chaud dans un vase à large ouverture, en verre ou en porcelaine, le sirop et le spiritueux (eau-de-vie, rhum, kirsch), puis on ajoute au mélange spiritueux l'essence de citron, ensuite l'acide citrique fondu séparément dans un peu d'eau. On remue vivement le mélange qu'on laisse refroidir en couvrant hermétiquement le vase qui le contient ; on mélange encore le sirop de punch après son entier refroidissement, et on le conserve dans des bouteilles bien bouchées.

Le punch mousseux se prépare ensuite comme le soda ou les limonades gazeuses.

IV. ORANGEADE

Après avoir choisi une belle orange bien mûre, et enlevé la peau qui la recouvre, on la coupe par tranches longues et minces, pour la mettre dans un vase avec 125 grammes de sucre et un litre d'eau; on exprime ensuite le suc de deux autres oranges, dans lequel on mêle celui d'un citron pour les battre ensemble pendant quelque temps; en transvasant d'un pot à un autre, après avoir passé le tout et tiré au clair, on fait rafraîchir pour l'usage; c'est une boisson désaltérante assez agréable, et qui devrait même être employée beaucoup plus souvent qu'elle ne l'est d'ordinaire.

V. BAVAROISE

On désigne sous ce nom une boisson froide ou chaude qu'on peut servir à toute heure; celle qui est préparée avec suffisante quantité d'une infusion théiforme, édulcorée avec plus ou moins de sirop de capillaire, est désignée sous le nom de *bavaroise à l'eau.*

Bavaroise au lait

Lorsqu'on mêle avec la même infusion théiforme parties égales de lait bouilli d'avance, toujours édulcoré avec le même sirop, on la nomme *bavaroise au lait.*

Bavaroise d'orgeat

On introduit dans une petite carafe environ 45 gr. de sirop d'orgeat frais, et l'on y ajoute de 280 à

310 grammes d'eau pure. Quelquefois on la prépare aussi avec de l'eau bouillante.

Bavaroise d'orgeat au lait

A la quantité de sirop d'orgeat ci-dessus indiquée, on ajoute les mêmes proportions de lait.

Bavaroise au chocolat

La bavaroise au chocolat est un chocolat léger à la crème. 15 grammes de chocolat par bavaroise : au lieu de crème, on se sert de lait.

Pour plus de détails, voir le *Manuel des Eaux et Boissons gazeuses*, 1 vol., 4 fr. (Encyclopédie-Roret).

CHAPITRE XI

Boissons gazeuses étrangères

Un grand nombre de lecteurs ayant témoigné le désir d'avoir quelques renseignements sur les boissons étrangères, anglaises et américaines, nous allons donner quelques recettes pour préparer ces cocktails et drincks si usuels en Angleterre.

Brandy-cocktail

On verse dans un shaker (verre en métal ou en argent) un verre moyen de bitter, un demi-verre de curaçao, un petit verre de brandy ou de cognac, la moitié d'un zeste de citron, deux cuillerées à bouche de glace pilée. On remplit le shaker avec du siphon et on remue.

Whiskey-cocktail

Même préparation que pour le brandy-cocktail, en remplaçant le brandy par le whiskey.

Old-man-cocktail

On met dans un shaker une grande cuillerée à bouche de glace pilée, 6 gouttes d'*Augustura bitters*, un demi-verre à liqueur de curaçao, un verre à liqueur de *rhy-whiskey*, deux verres à liqueur de vermouth de Turin, un zeste de citron; remuer avec une cuillère et on sert dans un verre à bordeaux.

Martinez-cocktail

On place dans un shaker 12 à 14 gouttes d'*Augustura bitters*, un petit verre de marasquin, un petit verre de old-tom-gin, deux petits verres de vermouth. On mélange à l'aide d'une cuillère et on verse.

Cider-cocktail

On met dans un verre un quart de petit verre de bitter, une cuillerée à bouche de sucre pilé, et on complète le verre avec du cidre frappé à la glace. Bien mélanger et mettre un zeste de citron au-dessus du verre.

Gin-crusta

Presser un citron dans un shaker, ajouter un petit verre de gin, un petit verre de sirop de gomme, douze gouttes de curaçao et de bitter et une cuillère de glace pilée. On remue bien et on verse dans un verre rouge ou vert et dont on humecte les parois avec du citron trempé dans du sucre pilé. On taille en tranches bien minces une écorce de citron et on l'enroule dans l'intérieur du verre.

Gin-sour

On presse un citron dans un shaker, une cuillerée à bouche de sucre en poudre, deux cuillerées de glace pilée, un petit verre de gin; agiter vivement, verser dans un verre moyen avec une tranche d'orange parée à vif et on finit de remplir le verre avec du siphon; on sert avec un chalumeau de paille.

Gin-cock

Mélanger dans un shaker une cuillerée à café de Rogart's-bitter, un demi petit verre à liqueur d'orgeat, une cuillerée à café de curaçao, un quart de zeste de citron, deux petits verres de gin, une cuillère à bouche de glace pilée. On remue et on sert dans un verre ordinaire.

Japanesse-cock

Placez dans un verre 10 grammes de Rogart's-bitter, un petit verre à sirop d'orgeat, un petit verre de cognac ou de brandy, un zeste de citron, une cuillère de glace pilée et on remplit avec du siphon.

Champagne-cock

Mélanger 10 grammes d'*Augustura bitters*, une cuillère à café de sucre, une grande cuillère de glace pilée, un zeste de citron; on finit de remplir le verre avec du Champagne, on remue dans un shaker et on verse dans le verre.

Brandy-sour

Même préparation que pour le Gin-sour, dans lequel on remplace le gin par du brandy.

Gin-Toddy

Versez un petit verre de gin, une cuillère de sucre en poudre, une cuillère de glace et on finit de remplir avec de l'eau.

Fix-Whiskey

On met dans un verre une cuillère à bouche de sucre, un petit verre à liqueur de whiskey, une cuillère de glace, une tranche de citron, on remplit avec de l'eau et l'on y ajoute quelques fraises de bois ou framboises, etc.

Sherry and bitters

Emplissez un verre à madère de sherry (xérès) avec une cuillerée à café d'*Augustura bitters.*

Apple-Toddy

Placez dans un verre en métal un petit verre d'eau-de-vie de cidre, une cuillerée de sucre, une pointe de noix de muscade râpée, une tranche de pomme reinette fondante. Verser de l'eau bouillante sur ce mélange et remplir le verre en servant chaud.

Knickerbocker

Mélanger dans un shaker le jus d'un demi citron, un demi zeste de citron, trois cuillerées à café de sirop de framboise, une cuillère de glace, deux petits verres de rhum Jamaïque, quelques gouttes de curaçao. Enlever ensuite le zeste et verser dans un verre, avec quelques fruits de saison, fraises, framboises, etc.

Mulled-claret

Dans une casserole en émail, verser une bouteille de vin de Bourgogne rouge, parer un citron à vif, le couper en lames minces, un morceau de zeste de citron, 120 grammes de sucre, un verre de Marsala, un morceau de cannelle, un clou de girofle et une pointe de muscade râpée; on chauffe sans bouillir et on sert dans des verres à madère.

Bischoff anglais

On fait griller le zeste d'un citron et on le coupe en lames minces dans une demi-bouteille de port-wine avec un peu de noix muscade, deux clous de girofle, 250 grammes de sucre. On laisse infuser pendant quarante-huit heures en ayant soin de boucher hermétiquement. Au moment de l'employer, on verse cette infusion dans un récipient en porcelaine et on y ajoute une bouteille de port-wine; on chauffe au bain-marie et on sert bien chaud dans des verres à punch.

Bishop américain

Prenez 20 litres de vin rouge, auxquels vous ajoutez 150 grammes de sirop d'acide citrique et 3 kilogr. de sirop de sucre, ainsi que 15 centilitres d'essence de citron concentrée.

Faites griller ensuite une orange amère sur le feu, et prenez-la pour en faire sortir le jus; après vingt-quatre heures d'infusion, filtrez et mettez le tout dans l'appareil pour charger à 6 atmosphères; tirez, bouchez et ficelez.

Sherry-cobbler

Dans un shaker rempli à moitié avec de la glace on verse un demi petit verre de curaçao, une cuillerée de sucre en poudre, un verre à madère de sherry. Agiter quelques instants et verser dans un grand verre qu'on appelle *cobbler*. On ajoute dessus deux tranches d'oranges parées à vif et quelques gouttes de port-wine; on sert avec un chalumeau de paille.

On le prépare aussi avec du whiskey.

American-limonade

Dans un grand verre on verse quelques cuillerées de glace pilée, une grande cuillerée de sucre en poudre et le jus d'un citron et on remplit le verre avec du soda-water; on sert avec un chalumeau de paille.

Champagne Cobbler

Dans un shaker on place de la glace à moitié, une cuillerée de sucre en poudre, un demi petit verre de curaçao, un verre de Champagne sec et un petit verre de fine Champagne; puis on garnit avec des fraises sur lesquelles on a versé le curaçao; on sert avec chalumeau de paille.

Soda Cocktail

Dans un grand verre on place quelques cuillerées de glace pilée, une grande cuillerée de sucre, douze à quatorze gouttes de bitter et on remplit le verre avec du soda-water.

Claret Cobbler

Placez dans un cobbler de la glace à moitié, une cuillerée de sucre, un verre moyen de bon Bourgogne; bien mélanger et ajouter une tranche d'orange et quelques fraises ou un autre fruit suivant la saison; servir avec chalumeau.

On peut remplacer le Bourgogne par du Chablis et quelques morceaux d'ananas frais ; on obtient alors le *Chablis Cobbler*.

Egg nogg

Délayez avec deux cuillerées d'eau un jaune d'œuf, ajouter une cuillerée de sucre, un petit verre de fine Champagne, le quart d'un petit verre de rhum ; enfin, remplir le shaker avec quelques cuillerées de glace pilée, du lait froid et une pointe de muscade râpée ; on sert dans un grand verre.

Egg nogg servi chaud

Même préparation que pour le précédent, mais on remplace la glace par de l'eau bouillante.

Egg nogg français

Battre deux jaunes d'œufs avec une cuillerée de sucre en poudre ; mélanger : un petit verre de fine Champagne, une infusion de vanille, une petite quantité de marasquin et d'eau de fleurs d'oranger ; délayer avec de l'eau bouillante et remplir le verre.

Milk-punch

Placez quelques cuillerées de glace pilée, une grande cuillerée de sucre en poudre, un verre de fine Champagne, un quart de petit verre de rhum Jamaïque dans un shaker ; compléter avec du lait froid et un peu de crème ; on agite et sert dans un cobbler.

Hot-Milk-punch

Même préparation que pour le Milk-punch où l'on remplace le lait froid par du lait chaud et où on supprime la glace.

Curaçao-punch

Mélangez un verre de cognac, un petit verre de curaçao, une cuillerée de sucre, un demi verre de rhum et le jus de la moitié d'un citron, de la glace à moitié le verre et remplir le shaker avec le mélange ci-dessus ; bien remuer, puis verser dans un grand verre, sur lequel on place une tranche d'orange saupoudrée de sucre et humectée de curaçao.

Champagne-punch

Une bouteille de Champagne sec, le jus d'un citron et d'une orange, quatre cuillerées de glace pilée, une de sucre, un petit verre de sirop de groseilles ou de framboises et fraises On sert dans des coupes à Champagne avec une tranche d'orange, fraises, etc.

Raspberry-shrab

Faites infuser 1 kilogr. de framboises écrasées dans un litre de vinaigre pendant quarante-huit heures environ, tirer au clair en passant par la chausse ; ajoutez 2 kilogr. de sucre en morceaux.

Chauffer et bien écumer ; retirer quand le sirop marque 31 degrés. Mettre en bouteilles et laisser refroidir avant de boucher. On prend deux cuillerées à bouche de ce sirop que l'on verse dans un cobbler, avec un petit verre de cognac, une cuillerée de glace, on remplit le verre avec du siphon et on sert avec un chalumeau.

Brandy and Soda

Ce drink est très en usage à Londres ; il se compose d'un petit verre de cognac, de brandy, de glace pilée en été et d'une bouteille de soda ; on sert dans un grand verre.

Arf and arf

Très usité dans les bars anglais. Mélanger à moitié de bière brune, dite *stout*, et de blonde, dite *bitter*.

Mint julep

Piler de la menthe anglaise avec une cuillerée de sucre, délayer avec trois cuillerés d'eau et passer dans un cobbler rempli à moitié de glace. Ajouter un petit verre de rhum ; dresser deux ou trois petits bouquets de menthe au-dessus du cobbler et placer une tranche d'orange et une de citron avec quelques fraises ou framboises entre elles. On asperge ce bouquet avec de l'eau parfumée à l'alcool de menthe ; saupoudrer de sucre et servir avec chalumeau.

Egg flip

Délayer six jaunes et deux blancs d'œufs avec une bouteille de pâle-ale, deux cuillerées de sucre et une pointe de muscade râpée. On place sur le feu et on agite de façon que le mélange devienne mousseux et lié, mais il ne faut pas qu'on arrive à l'ébullition ; on le vanne quelques instants en soulevant le contenu du vase avec une cuillère et en le laissant retomber de hauteur, de manière à produire une belle écume. On sert dans un cobbler.

CHAPITRE XII

Des Sparklets

On appelle ainsi des appareils permettant de gazéifier instantanément, à l'aide du gaz acide carbonique liquide ou comprimé, toute boisson placée dans l'appareil.

Le procédé consiste à fixer sur des bouteilles, cruches ou siphons remplis d'un liquide quelconque, des douilles ou capsules à fermeture contenant du gaz acide carbonique, formant saillie ou placées en dedans desdites bouteilles, cruches ou siphons ; ces douilles sont ensuite ouvertes, à l'aide d'un percuteur ou autre système, le gaz qu'elles renferment passe dans la bouteille et sature le liquide ou boisson qui y est contenu.

Sparklet construit par la Cie de Fives-Lille

La figure 50 représente une bouteille munie d'un appareil pour capsules métalliques construit par la Cie de Fives-Lille.

Sur le bord du goulot de la bouteille, de forme quelconque, se trouve placée une bague A filetée à sa partie supérieure ; sur cette bague se visse une douille B ; le rebord du goulot se trouve ainsi pris

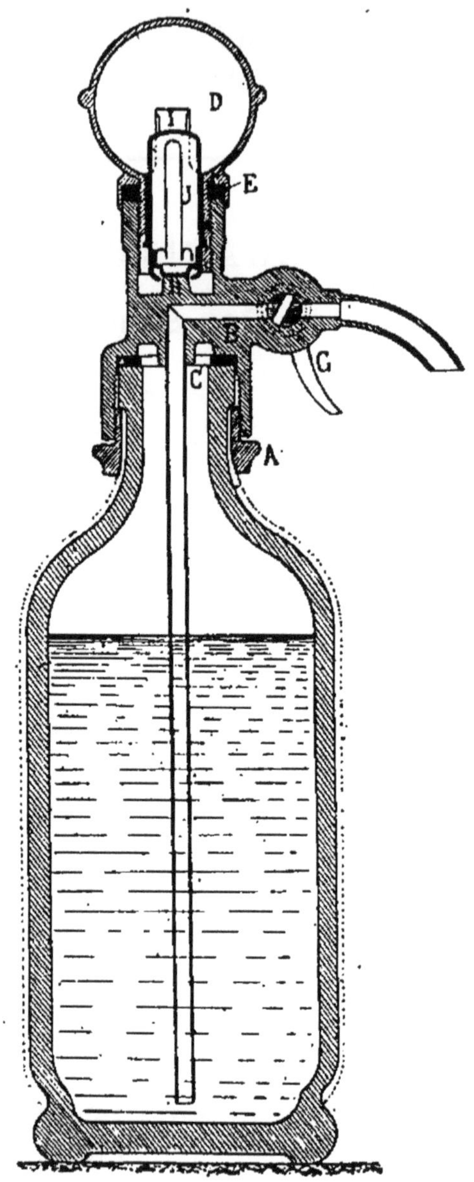

Fig. 50. — Sparklet de la Cie de Fives-Lille.

entre la bague A et une rondelle en caoutchouc C, maintenue par la douille B, qui se termine à sa partie supérieure par une partie taraudée dans laquelle vient se visser l'extrémité filetée d'un récipient sphérique D, dit *détendeur* du gaz comprimé. Entre ces deux organes se trouvent une bague E et une rondelle de caoutchouc. La douille B en son milieu présente une partie pleine et deux canaux latéraux ; dans la partie pleine est percé un conduit permettant au liquide de s'échapper à l'extérieur par suite de la manœuvre du robinet G. La partie pleine de la douille B présente un renflement H sur lequel viennent s'appuyer les parties mobiles des capsules. Ces dernières se trouvent prises entre ce renflement H, et un pont I, qui se trouve à l'intérieur du détendeur.

Pour charger l'appareil, il suffit de mettre la capsule J dans le récipient D et de visser ce dernier sur la douille B ; par suite du mouvement de descente du récipient D, le renflement H restant fixe, la partie mobile de la capsule pénètre à l'intérieur de la partie fixe, comme on le voit sur le dessin. Le gaz sortant de la capsule passe dans les deux canaux latéraux de la douille B et vient se dissoudre dans l'eau de la bouteille. En ouvrant G on extrait le liquide saturé de gaz.

Appareil gazéificateur avec tube amortisseur

Cet appareil est destiné à empêcher la rupture du vase. Ce tube, fermé hermétiquement à sa partie supérieure et plongé dans le liquide, constitue un réservoir d'air, qui fait office de ressort en recevant, par l'intermédiaire du liquide, le choc brutal exercé dans la bouteille par la détente du gaz comprimé ou liquéfié, que contenait la capsule saturante ; une partie du liquide pénètre dans le tube amortisseur, en comprime l'air, et tout danger de rupture est ainsi écarté.

L'appareil se compose (fig. 51) d'un tube amortisseur A et d'un bouchon simple B dans l'intérieur duquel, et retenue à celui-ci par un écrou C, se trouve une pièce centrale D, qui peut tourner librement dans la partie supérieure du bouchon.

Cette disposition a pour but, en vissant le bouchon B sur le goulot E, d'assurer le joint par l'écrasement de la rondelle F; on évite ainsi tout frottement direct sur le caoutchouc et, par suite, toute détérioration et tout entraînement de celui-ci.

L'autre extrémité de la pièce D est taillée en trois parties et forme une griffe élastique G, d'une profondeur suffisante pour recevoir et maintenir les capsules ou les réservoirs contenant la matière saturante ; l'embase H de cette même pièce porte encastré le joint F en caoutchouc.

En vissant le bouchon muni de sa capsule sur le goulot E de la bouteille, l'embase avec son caoutchouc vient s'appliquer sur l'extrémité du goulot et fait joint, mais en même temps le chapeau de la capsule se trouve buté contre le têton I de la pièce H. ou sur le pont L si l'on introduit la capsule retournée. En continuant le serrage, l'extrémité du goulot pénètre davantage dans le caoutchouc et le chapeau de la capsule, obligé de céder, laisse échapper dans la bouteille le gaz liquéfié ou comprimé, qui exerce de suite une forte et brusque pression sur le liquide dont la bouteille est remplie. C'est à ce moment que l'amortisseur intervient en évitant la casse.

Les avantages que présente cet appareil sont :

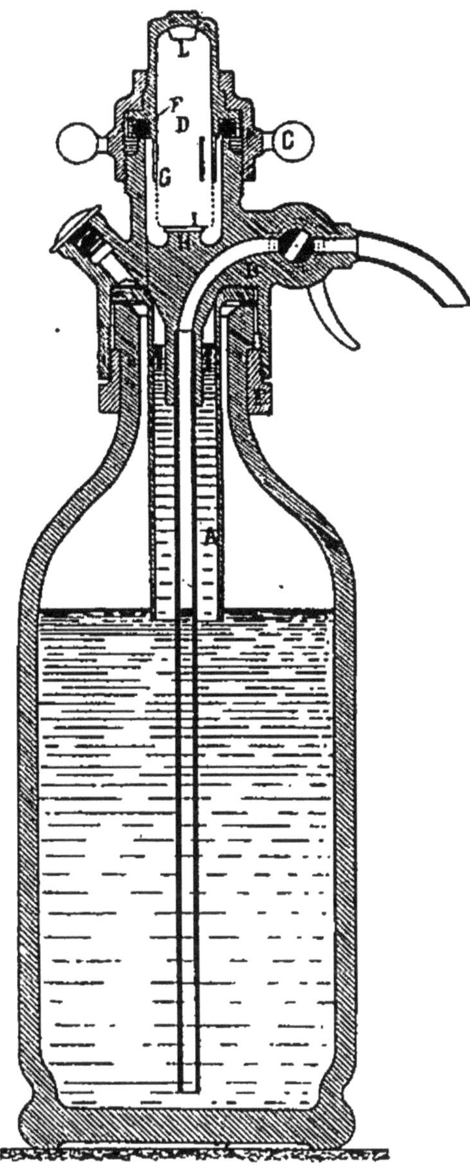

Fig. 51. — Sparklet avec tube amortisseur.

1° Il permet de remplir la bouteille complètement par du liquide et de faire dégager l'acide carbonique au sein du liquide lui-même.

2° Il permet de supprimer le vase détendeur, qui servait dans l'appareil précédent à enlever l'excès de pression.

Ces bouteilles, pour pouvoir être lavables, sont munies d'un mode de vidange, par où l'on fait sortir les eaux de lavage.

De la même manière sont construits d'autres appareils, tels que le *Selsodon* et le sparklet de la *The Sparklet Cie Limited*, mais dans ceux-ci l'ouverture des capsules s'opère à l'aide d'un percuteur qui n'est autre chose qu'une aiguille.

Enveloppe avec chargeur combiné permettant de gazéifier sans danger avec les Sparklets de gaz acide carbonique, un liquide quelconque placé dans une bouteille ordinaire quelconque.

L'appareil chargeur comprend (fig. 52) un réservoir *détendeur du gaz*, le perforateur du sparklet et le tube d'introduction du gaz dans la bouteille. Quand on veut charger un liquide quelconque, vin, thé, lait, etc., avec des sparklets, on est obligé d'avoir un nombre considérable de bouteilles semblables, préalablement remplies et prêtes à être chargées ; avec le dispositif d'enveloppe avec chargeur on peut gazéifier avec le même appareil toutes espèces de liquides renfermées dans des bouteilles ordinaires pouvant être fermées au moyen d'un système de bouchage quelconque.

Cette enveloppe est en deux parties s'assemblant par un mouvement à baïonnette ou autre ; dans l'une des parties on place la bouteille remplie du liquide à gazéifier, la deuxième partie constitue le chapeau avec lequel on recouvre la bouteille, dans la tubulure de laquelle peut pénétrer un ajutage formant joint étanche avec le goulot et faisant corps avec le récipient détendeur du gaz, qui est lui-même relié au chapeau formant un des éléments constitutifs de l'enveloppe.

Les deux parties A et B sont assemblées par un mouvement à baïonnette E F. La partie supérieure B, formant le chapeau, porte à son sommet un ajutage G qui, au moyen de rondelles en caoutchouc, forme un joint étanche avec le goulot de la bouteille C, dans lequel il pénètre. Cet ajutage peut être réglé de hauteur à volonté, suivant la forme de la bouteille et ses dimensions, au moyen d'un filetage servant à effectuer son assemblage avec le corps de B. L'ajutage G fait, d'autre part, corps avec le réservoir H dans lequel s'effectue la détente du gaz provenant du sparklet placé sous le chapeau I, servant à en produire la perforation.

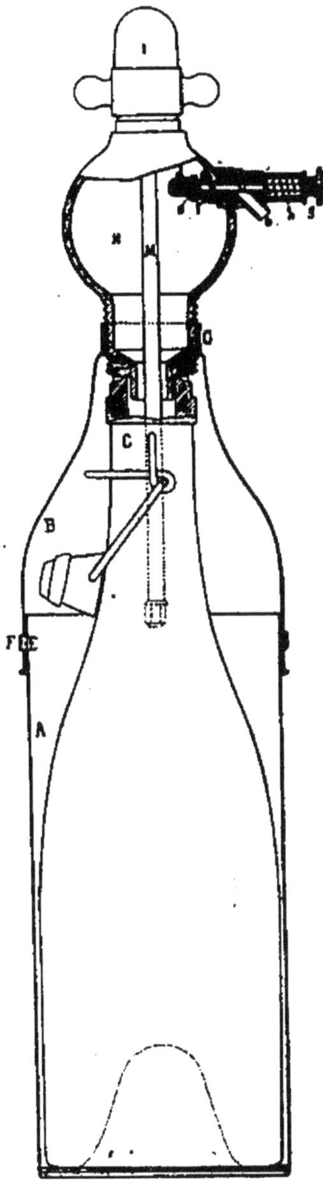

Fig. 52.
Enveloppe avec chargeur.

Le réservoir H porte en outre le tube M, à écrou régulateur inférieur, servant à faire pénétrer le gaz dans la masse du liquide à gazéifier placé dans la bouteille. On bouche ensuite la bouteille avec un système de bouchage quelconque, par exemple le bouchage ordinaire des cannettes à bière.

Quand on débouche l'enveloppe pour retirer la bouteille, il y a toujours crachement d'eau, à cause de l'excès de gaz et de pression ; pour éviter cet inconvénient, on ajoute une soupape-à échappement extérieur, manœuvrable à la main, qui permet de faire échapper hors de l'appareil l'excès de gaz non dissous ou qui reste en dissolution par l'excès de pression qui s'exerce sur le liquide.

Cette soupape se compose d'un ajutage *a* faisant communiquer l'intérieur du réservoir H avec l'air extérieur, au moyen d'un petit branchement *b* d'ajutage ; *a* est traversé par une tige *c*, portant vissée sur elle, à une de ses extrémités, un chapeau *d* muni intérieurement d'une rondelle en caoutchouc *e*, servant à former joint en s'appliquant sur le siège *f*. La tige *c* porte à son autre extrémité un bouton renflé *g*, contre lequel vient buter un ressort *h* ayant pour but de maintenir constamment le chapeau *d* sur son siège. En agissant sur le bouton *g*, on comprime le ressort *h* et, par suite, on dégage le chapeau *d* de son siège, ce qui permet au gaz en excès qui se trouve libre dans le réservoir H, ou en dissolution dans le liquide, de s'échapper à l'extérieur. On peut alors démonter l'appareil sans inconvénient et en sortir la bouteille.

TROISIÈME PARTIE

GLACIER

Dans un art dont la glace est le principal agent, nous ne pouvons mieux faire que de commencer par parler de l'eau qui nous fournit la glace.

CHAPITRE XIII

De l'Eau

SOMMAIRE. — I. Composition de l'eau. — II. Propriétés physiques. — III. Propriétés chimiques. — IV. Filtrage des eaux. — V. Filtres économiques.

De tous les produits naturels, l'eau est l'un des plus propres à fixer l'attention de l'homme, tant à cause des services qu'elle nous rend que parce qu'elle est indispensable à notre existence.

L'eau est incolore, inodore, transparente et insipide, sans doute parce que, dès notre enfance, nos organes sont familiarisés avec son goût ; elle est élastique, réfracte fortement la lumière et est susceptible de transmettre le son ; elle est mauvaise conductrice de la chaleur et de l'électricité ; elle se comprime, et lorsqu'on lui fait éprouver un choc violent et subit, il y a dégagement de lumière. Elle bout à 100° sous une pression de 76 centimètres de mercure ; elle se congèle en se solidifiant à 4° au-dessous de zéro et de 4° à zéro elle augmente de volume.

I. COMPOSITION DE L'EAU

En 1783, Lavoisier prouva par synthèse et par analyse, que l'eau se compose de deux gaz : l'hydrogène et l'oxygène.

En 1800, Carliste et Nicholson décomposèrent l'eau par la pile et reconnurent, comme Lavoisier, que le volume de l'hydrogène est à peu près double de celui de l'oxygène. En 1805, Gay-Lussac et de Humboldt, à la suite de nombreuses expériences eudiométriques, établirent exactement que l'eau résulte de la combinaison de 2 volumes d'hydrogène avec 1 volume d'oxygène. En 1843, Dumas fit exactement la synthèse de l'eau en poids et reconnut que dans 100 grammes d'eau il y a 11 gr. 111 d'hydrogène combiné avec 88 gr. 889 d'oxygène.

II. PROPRIÉTÉS PHYSIQUES

L'eau se trouve dans la nature à l'état solide, liquide et gazeux.

De l'eau à l'état solide

A l'état solide, l'eau se montre sous forme de neige ou de glace. La température de fusion de la glace a été prise comme zéro de notre échelle thermométrique. La densité de la glace est 0,916, ce qui veut dire que si l'on mesure exactement un litre d'eau et un litre de glace, le litre d'eau pèsera 1 kilogr., tandis que le litre de glace pèsera 916 grammes. Cela nous explique pourquoi la glace surnage dans l'eau ; c'est une condition nécessaire pour la conservation des poissons, car lorsqu'une couche de glace s'est formée sur une rivière, elle préserve la partie inférieure liquide du contact du froid. Si la glace était plus lourde que l'eau, elle irait au fond et les rivières seraient vite prises en masse.

La diminution de densité de la glace est due à l'augmentation de volume que subit l'eau en passant à l'état solide. Cette augmentation est de 1/11 du volume de l'eau. La puissance de cette expansion est énorme, et un canon de fusil rempli d'eau, puis bouché hermétiquement, s'est fendu quand on l'a exposé au froid ; nous attirons l'attention de nos lecteurs sur les précautions à prendre pour protéger la canalisation contre les effets de la congélation.

De l'eau à l'état liquide

A l'état liquide, l'eau pure n'a ni couleur, ni odeur, ni saveur. Pendant longtemps, on a cru l'eau incompressible ; il est démontré maintenant qu'elle peut être comprimée de 0,00045 de son volume.

La densité de l'eau, comme celle de tous les corps, varie avec la température, et toujours cette densité augmente en raison du refroidissement ; mais l'eau, dans les basses températures, fait une exception remarquable à cette règle générale ; sa plus grande densité n'est pas précisément à zéro, mais à quelques degrés au-dessus. La détermination de ce point de plus grande densité de l'eau a d'autant plus attiré l'attention des physiciens, qu'il devait servir à établir l'unité de poids dans le nouveau système métrique, Les savants français ont admis qu'il était à 4 degrés centigrades, et c'est à ce degré de température qu'ils ont déterminé le poids du centimètre cube d'eau distillée. Ce poids est le gramme.

De l'eau à l'état de vapeur

La chaleur, lorsqu'elle n'est pas très élevée, dilate l'eau sans désagréger ses parties ; puis il arrive un moment où l'action du calorique fait disparaître le liquide, qui passe à l'état de vapeur. Sous la pression atmosphérique de 760 millimètres, l'eau bout à une température qui a été choisie pour le centième degré de notre thermomètre centigrade.

Tant que l'eau s'échauffe entre 0° et 100°, le thermomètre monte régulièrement ; au moment où l'eau passe de l'état liquide à celui de fluide élastique ou vapeur, elle absorbe, pour prendre ce nouvel état, une très grande quantité de chaleur que le thermomètre n'indique pas : c'est la *chaleur latente de vaporisation*, égale à 531 calories. Cela veut dire que pour faire passer 1 kilogr. d'eau à 100° à l'état de vapeur également à 100°, il faut lui fournir 531 calories. En revenant à l'état liquide, la vapeur restitue en totalité la chaleur qui lui a été fournie ; c'est donc un agent très commode pour transporter du calorique, et l'industrie emploie beaucoup d'appareils chauffés à la vapeur.

III. PROPRIÉTÉS CHIMIQUES

L'eau peut se décomposer en hydrogène et en oxygène, sous l'action de la chaleur ou de l'électricité ; certains corps avides d'oxygène décomposent l'eau en mettant l'hydrogène en liberté. L'eau se combine aux acides forts en dégageant une grande quantité de chaleur. Un mélange d'acide sulfurique et d'eau doit être fait avec précaution ; il faut avoir soin d'ajouter peu d'eau à la fois, sous peine de produire une chaleur telle que l'eau est réduite en vapeur et projette l'acide sulfurique.

L'eau dissout un très grand nombre de corps solides, liquides ou gazeux. En général, l'action dissolvante augmente avec la température, mais les gaz font exception à cette règle et l'eau froide en dissout une plus grande quantité que l'eau chaude ; l'eau ne se rencontre jamais à l'état de pureté parfaite dans la nature. L'eau de pluie dissout en tombant les gaz de l'atmosphère ; les eaux de source contiennent des substances empruntées au sol.

Qualités des eaux

On divise les eaux en deux catégories :

1° Les eaux douces ou potables ;

2° Les eaux dures ou non potables.

L'eau potable est fraîche, incolore, limpide, inodore, dépourvue de saveur fade ou salée ; elle cuit les légumes et dissout le savon en formant une mousse abondante. Elle conserve sa transparence pendant qu'on la fait bouillir et ne laisse, après l'évaporation, qu'un très faible résidu, qu'on remarque sur les parois du vase.

Une eau dure possède les propriétés contraires de celles que nous venons d'énumérer ; elle ne cuit pas les légumes et laisse le savon en grumeaux.

Diversité des eaux

Examinons les différentes espèces d'eaux que la nature nous offre. Les eaux de citernes, de puits, de sources et de rivières, ont une même origine : la pluie, qui tombe des parties supérieures de l'atmosphère.

Eau de pluie. — L'eau de pluie est habituellement la meilleure, du moins celle qui a été recueillie en rase campagne, dans de larges vases bien propres, après que la première ondée a lavé l'atmosphère et entraîné avec elle ce grand nombre de corpuscules visibles ou non qui y sont répandus dans les temps ordinaires.

L'eau de pluie, qui a coulé sur les toits des maisons, le long des murs construits à la chaux ou revêtus de plâtre, contient ordinairement, outre l'air, une quantité plus ou moins grande de carbonate ou de sulfate de chaux qu'elle a enlevé aux bâtisses. Néanmoins, la proportion de ces sels en dissolution n'est pas d'ordinaire assez considérable pour altérer sensiblement la qualité de l'eau et lui faire perdre le goût et la qualité de dissoudre le savon et de cuire les légumes.

Eau de puits. — Les eaux de puits sont très variables, en raison des différents terrains et matériaux au milieu desquels elles circulent et séjournent. Les eaux de puits ressemblent sous ce rapport aux eaux de sources et de rivières; mais elles sont inférieures à ces dernières, parce qu'elles sont moins aérées et plus susceptibles de s'altérer par le repos. On a remarqué que l'eau de puits est quelquefois fade et insalubre, lorsqu'on la boit nouvellement puisée. C'est à cause de ce défaut, dû à un certain manque d'air, que l'instinct des animaux les porte à boire de préférence de l'eau courante, à moins que l'eau de puits n'ait été vivement agitée ou exposée à l'air pendant un certain temps.

Eau de source. — Les eaux de sources ou de fontaines sont ordinairement fraîches, claires et limpides ; néanmoins elles sont loin d'être toutes également pures et hygiéniques. Leur composition dépend de la nature des terrains qu'elles ont traversés ; toutes sont bien aérées et par conséquent potables. Les meilleures sont celles qui filtrent à travers les sols quartzeux. Hors de là, elles partagent les propriétés des sols qu'elles traversent.

Les eaux des puits artésiens sont les plus pures, après celles de pluie, et ont une température toujours supérieure à celle de toutes les eaux potables.

Eau de rivière. — Les eaux de rivières sont toujours moins fraîches, habituellement moins limpides que les eaux de sources, et moins pures que les eaux de puits.

Eaux diverses. – Les eaux des marais et des mares et surtout celles des puisards, sont moins pures ; elles sont chargées de matières étrangères et plus disposées à la corruption ; elles sont par conséquent moins convenables comme boisson et pour les usages domestiques.

Les eaux de neige et de glace sont aussi bonnes que celles de pluie, lorsqu'on leur a rendu l'air ou l'oxygène qu'elles ont perdu en se congelant. Pour cela, il faut les agiter et les transvaser, en les filtrant, ou les exposer à l'air pendant plusieurs jours.

L'eau distillée n'est pas potable : c'est à proprement parler de l'eau pure, privée d'air ou d'oxygène, et de toutes espèces de matières organiques et inorganiques. L'eau chaude, qui est aussi de l'eau dépouillée d'air par ébullition, mais tenant en suspension des matières étrangères, est d'une difficile digestion ; on ne peut la boire qu'en infusions médicinales ou de thé et de café.

L'eau vaporisée, ou proprement la vapeur, qui s'échappe au-dessus des vases, lorsqu'on les chauffe fortement, redevient eau distillée et pure, en se condensant dans des vases appropriés.

Quelle que soit l'eau qu'on veut employer comme boisson, on doit la filtrer pour lui enlever tous les parasites et microbes qui sont souvent cause des maladies contagieuses, comme la fièvre typhoïde, etc. Avant donc de parler de la glace, nous allons consacrer un paragraphe spécial aux filtres.

IV. FILTRAGE DES EAUX

Pour filtrer une eau, on la fait passer à travers des vases poreux et garnis de charbon de bois ou de charbon d'os et de gravier, qui retiennent les impuretés et rendent l'eau saine.

Filtre-fontaine

Le filtre dit « fontaine à filtre » se compose d'un réservoir en grès fin de Nice, divisé en trois compartiments A, B, C (fig. 53) par deux cloisons poreuses en grès ; le compartiment A est celui dans lequel on

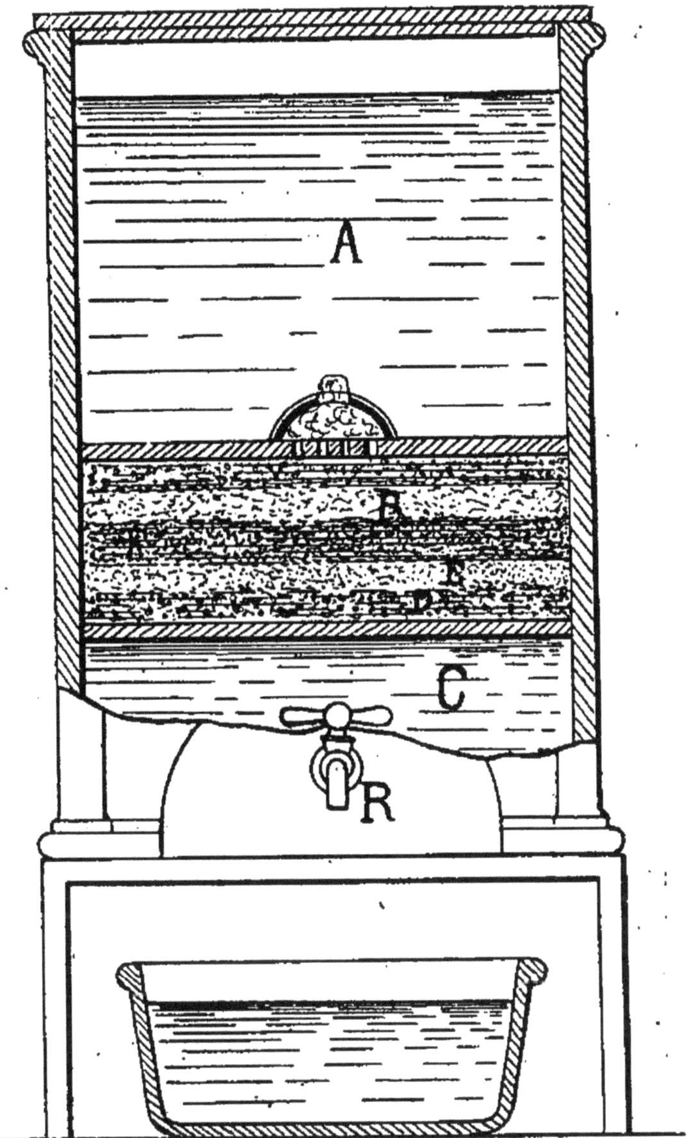

Fig. 53. — Filtre-fontaine.

place l'eau à filtrer, le compartiment C est celui qui reçoit l'eau filtrée, et le compartiment B compose le filtre, qui est constitué par des couches horizontales de gravier ou grès pulvérisé et du charbon de bois concassé, comme on le voit sur la figure ; on place d'abord une couche de gravier D, ensuite une couche de charbon de bois concassé E et, par-dessus, une autre couche de gravier F ; enfin immédiatement au-dessus, la pierre poreuse naturelle qui porte à son centre une série de petits trous qu'on recouvre avec un bouchon en grès creux et hémisphérique rempli d'une éponge. On tire l'eau filtrée par un robinet R, qui se trouve au bas du compartiment C. Ces fontaines sont placées sur des socles en bois, de façon à laisser assez d'espace libre pour placer une carafe ou un vase quelconque sous le robinet.

Filtre portatif à siphon

Ce filtre se compose d'un vase de petites dimensions, en pierre poreuse, rempli de charbon, à l'extrémité supérieure duquel s'adapte un bouchon métallique portant au centre un petit tube auquel on ajuste le tube en caoutchouc, qui porte à son autre extrémité un tube d'aspiration en verre.

Pour faire fonctionner ce petit filtre, on le place dans un vase contenant l'eau à filtrer et on leur fait faire siphon, ou encore on le plonge dans une rivière, mare, etc., et on aspire par le bout du tube ; l'eau arrive filtrée dans la bouche, ce qui permet de se désaltérer sans danger. Pour le nettoyage de ces filtres, il suffit de les brosser, et souffler par le trou du tube afin de chasser l'eau en sens inverse, ce qui entraînera les impuretés qui ne seraient pas parties avec la brosse.

Filtre Chamberland, système Pasteur

Ce filtre (fig. 54) a la forme d'un tube allongé de 25 m/m de diamètre et de 200 m/m de hauteur, et comme ces dimensions se rapprochent beaucoup de celles d'une bougie, on lui donne le nom de *bougie filtrante.*

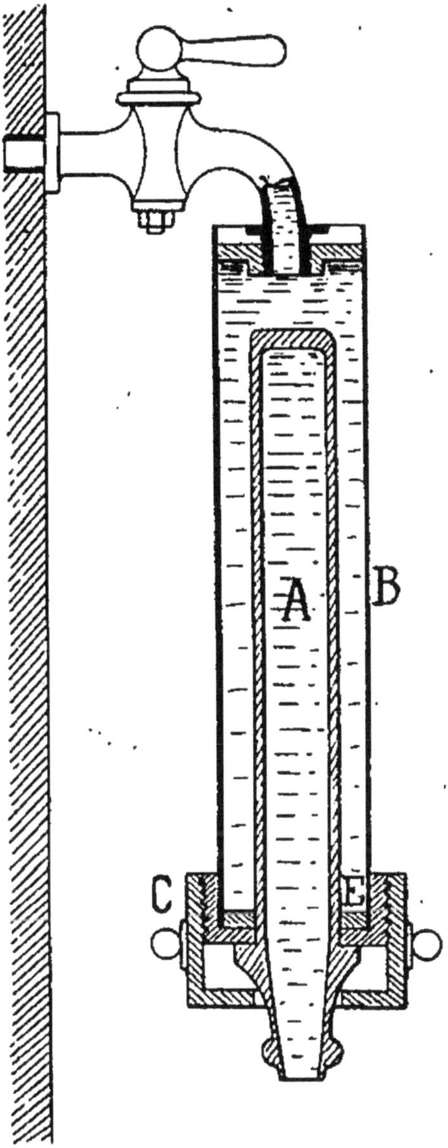

Il se compose d'un tube de biscuit A, que l'eau traverse de l'extérieur vers l'intérieur ; ce tube est enveloppé d'une chemise métallique B cylindrique. L'eau arrive sous pression dans l'intervalle des deux cylindres A et B et passe au travers de la terre poreuse en laissant sur sa surface les impuretés insolubles qu'elle contenait. Le débit de ce filtre est de 30 litres par vingt-quatre heures sous une pression de deux atmosphères.

Fig. 54. Filtre Chamberland, système Pasteur.

Pour le nettoyer, on démonte l'écrou C, qui serre la rondelle de caoutchouc faisant joint sur la bague émaillée E de la bougie, on retire celle-ci et on la brosse ; on détruit les microbes en plongeant la bougie dans de l'eau bouillante et on la dégorge, quand elle est encrassée, par le feu ou l'acide chlorhydrique.

Filtre Maignen

Le filtre Maignen (fig. 55) se compose : d'un cône mobile A en terre cuite, recouvert d'un sac également

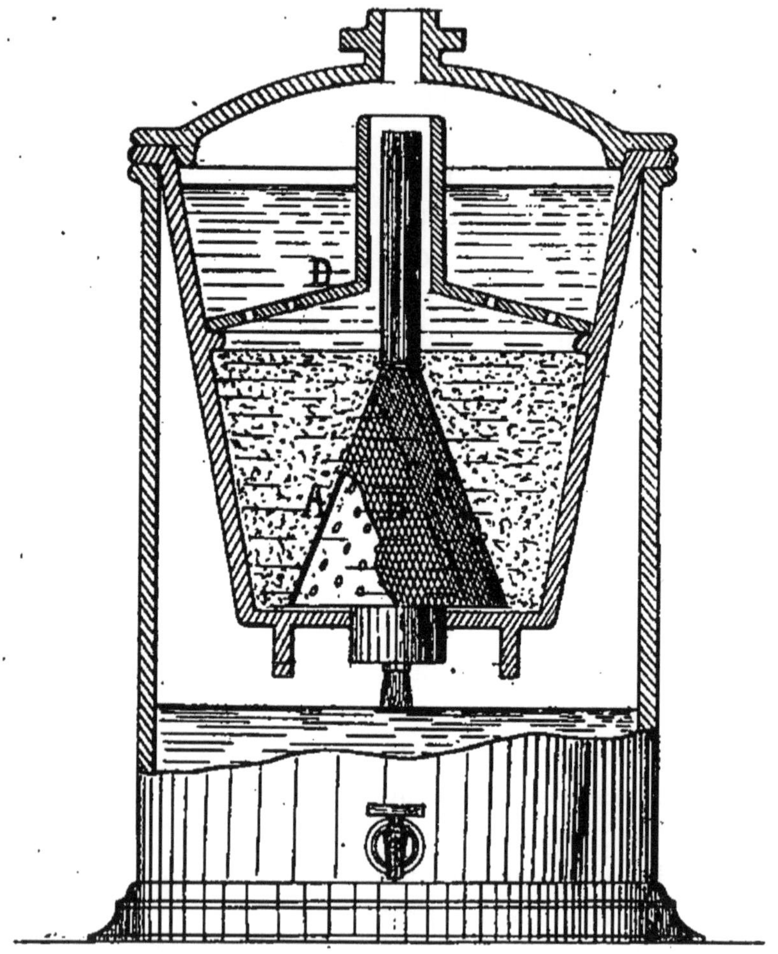

Fig. 55. — Filtre Maignen.

ment conique B en amiante, sur lequel on applique une couche de noir animal fin C. Le tout est recouvert de noir animal en grains, maintenu par un bouchon en terre cuite D. Avant d'employer le noir animal, on lui fait subir des lavages à l'eau, acidulée, neutre, et alcaline, qui le purifient et augmentent son pouvoir absorbant.

Ce filtre, très employé aujourd'hui, clarifie bien l'eau, la dépouille de tout ou partie des sels métalliques, tels que les sels de plomb, de zinc, etc., lui enlève une partie de chaux, de magnésie, du fer, de l'ammoniac, et la presque totalité des matières organiques. On renouvelle la matière filtrante assez souvent, ou encore on régénère celle existante par une cuisson à haute température.

V. FILTRES ÉCONOMIQUES

Bien souvent dans les campagnes on veut filtrer l'eau employée pour les usages domestiques, mais on manque d'appareil filtrant. Nous donnons la manière de faire économiquement et soi-même un appareil filtrant.

Seau filtrant

On prend un seau à eau ordinaire A (fig. 56) auquel on soude un robinet B à 8 centimètres environ du fond. Un peu au-dessus, on rapporte un fond perforé C en zinc, qui s'appuie sur des pattes en zinc D; à quelques centimètres plus haut on place un deuxième fond en zinc E portant un rebord en plomb qui s'adapte très exactement à la paroi du seau. Le fond E est percé vers son centre d'un trou de 8 à 10 centimètres de diamètre, auquel on soude une boîte cylindrique F en zinc que l'on remplit avec une éponge fine G. On remplit l'intervalle compris entre les deux fonds par du charbon de bois concassé de la grosseur d'une noix.

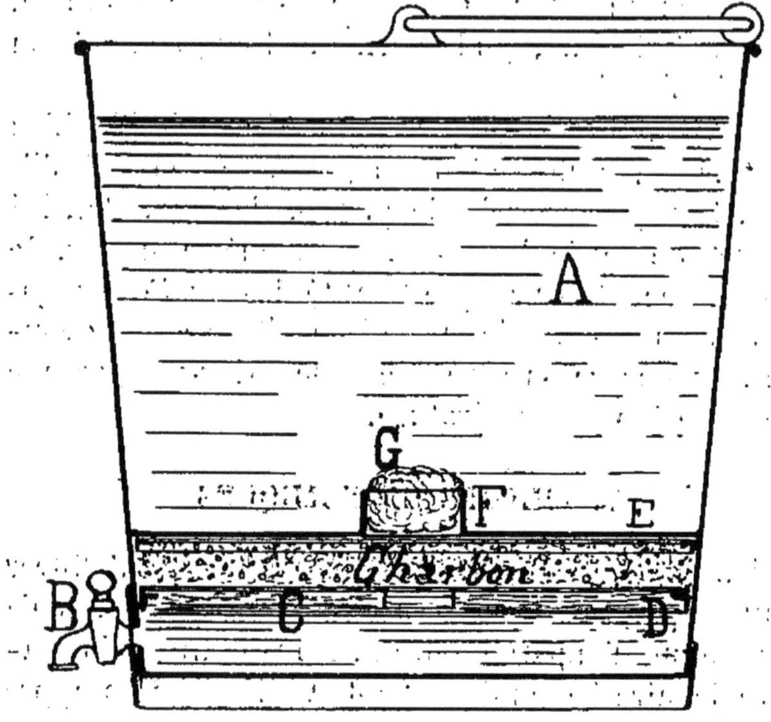

Fig. 56. — Seau filtrant.

Pour le nettoyer, il suffit de renouveller le charbon de temps à autre et laver l'éponge assez souvent pour en ôter les impuretés.

Tonneau-filtre

Le seau filtant ne suffit que pour une consommation très faible et, quand celle-ci devient plus forte, on peut faire un filtre avec un tonneau de la manière suivante :

On divise le tonneau (fig. 57) en trois compartiments par deux cloisons, dont l'une l'inférieure A

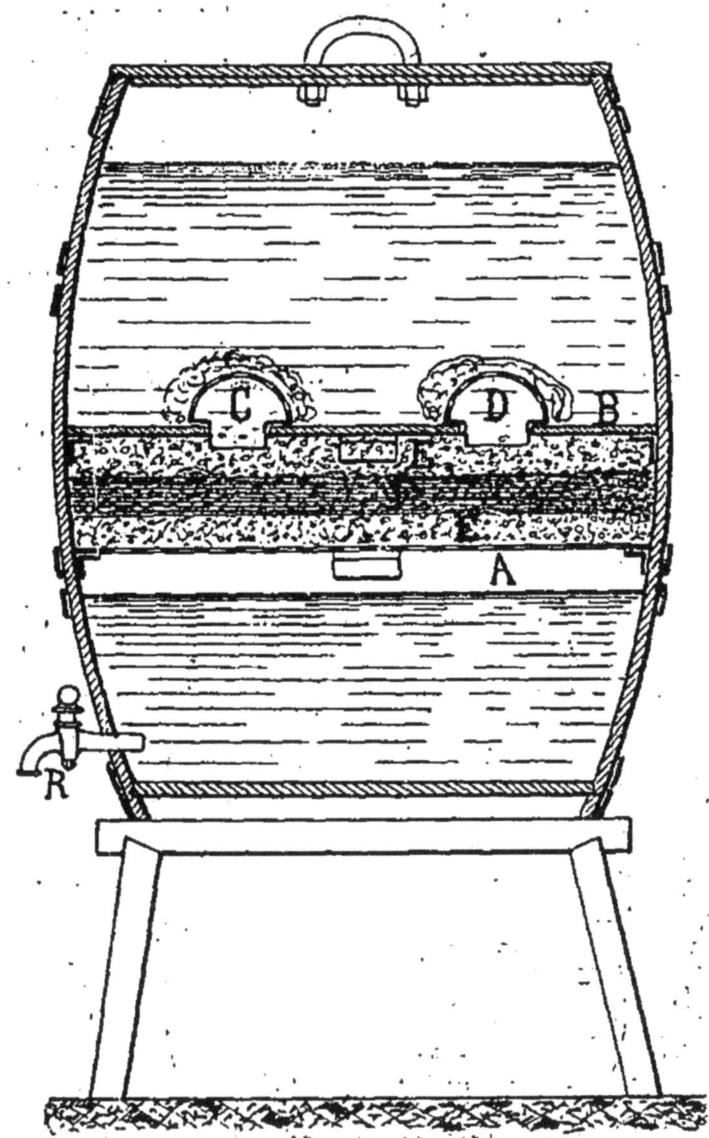

Fig. 57. — Tonneau-filtre.

est perforée et sert à soutenir la matière filtrante dont nous donnerons la composition. La cloison supérieure B est pleine et porte vers son centre deux trous recouverts par des bouchons hémisphériques C et D, perforés à leur pourtour et recouverts d'éponges.

Quant à la matière filtrante, elle est formée par une couche de charbon de bois concassé F de la grosseur d'une noix, placée entre deux couches de gravier fin E. On place l'eau à filtrer dans le compartiment supérieur et on tire l'eau filtrée par le robinet R.

Tonneau filtrant pour mares ou étangs

Lorsqu'on possède une mare ou un étang ou même un ruisseau, on peut disposer un appareil qui filtre

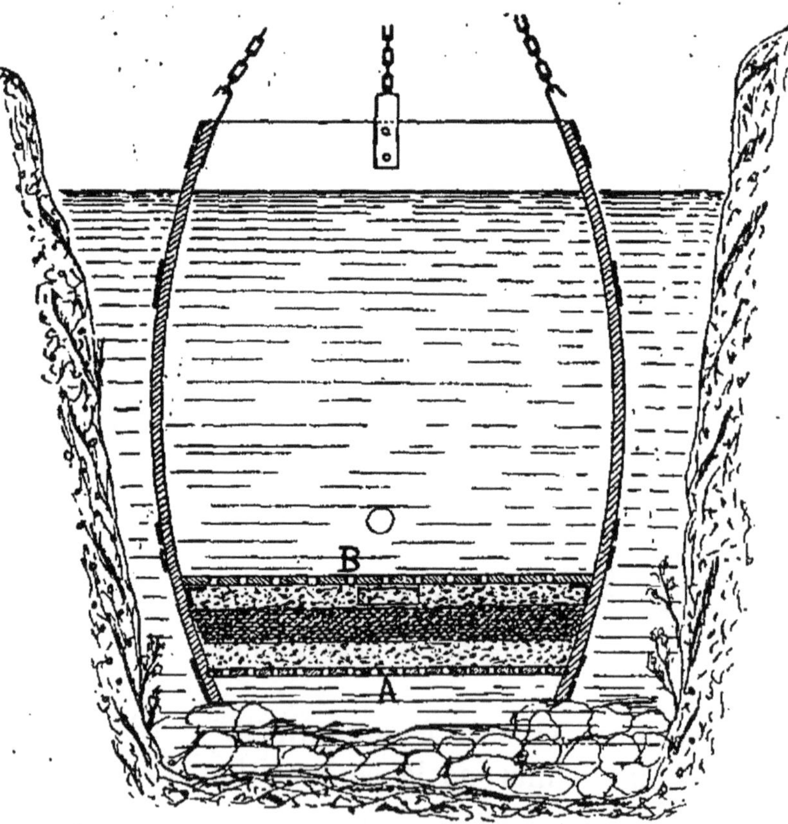

Fig. 58. — Tonneau pour mares ou étangs.

du dehors vers l'intérieur; en retirant ensuite cet appareil de l'eau, on peut y puiser de l'eau filtrée.

On construit cet appareil avec un tonneau ordinaire dont le fond A est perforé (fig. 58); à quelques centimètres plus haut on vient rapporter un deuxième fond B également perforé et on place la matière filtrante, dont la composition est la même que dans le précédent appareil, entre ces deux cloisons. On suspend ce tonneau par un moyen quelconque à un levier formant balancier, de façon à pouvoir à volonté le placer au fond de la mare ou le déposer sur le bord de la dite mare.

CHAPITRE XIV

De la Glace

SOMMAIRE. — I. Glace artificielle. — II. Tableaux des mélanges frigorifiques. — III. Appareils congélateurs. — IV. Procédés physiques et mécaniques pour obtenir de la glace. — V. Conservation de la glace.

L'eau en se congelant, cristallise en aiguilles qui se croisent sous des angles de 60 à 120° et augmente de volume, comme nous l'avons déjà dit. C'est ce qu'on observe lors des hivers rigoureux, où l'on voit les vases se casser et les pierres se fendre sous la pression expansive de l'eau; on peut, en exposant de la glace à 20° au-dessous de zéro, la rendre si dure, qu'elle est susceptible d'être taillée et d'être réduite en poudre; elle peut être refroidie jusqu'à 50° au-dessous de zéro sans changer d'aspect, mais en acquérant une plus grande densité.

La glace étant plus légère que l'eau, nage à la surface des lacs, des fleuves, etc., comme on le voit lors des débâcles. Nous venons de dire que plus la glace est refroidie, plus elle acquérait de dureté : c'est d'après la connaissance de cette propriété que, durant l'hiver très rigoureux de 1740, on construisit à Pétersbourg, avec de la glace provenant de la Néwa, ayant de 65 centimètres à 1 mètre d'épaisseur, un très beau palais de glace d'une longueur de 16m90, d'une largeur de 5m20, et d'une hauteur de 6m50. L'on plaça devant ce palais six canons de glace, épais de 108 millimètres, avec leur affût également en glace, ainsi que deux mortiers d'un calibre égal à ceux de bronze; on chargea les canons comme ceux de métal, avec cette différence, qu'au lieu de 1 kil. 500 de poudre, on n'en mit que 375 grammes; l'explosion n'en fut pas moins forte et le boulet d'un de ces canons perça une planche épaisse de 54 millimètres, que l'on avait placée à une distance d'environ 60 pas; aucun de ces canons ne creva.

Un phénomène remarquable se produit par la liquéfaction de la glace; elle absorbe 75° de chaleur aux corps qui l'entourent. Ainsi, si l'on mêle 1 kilogr. de glace à 0° et 1 kilogr. d'eau chauffée à 75°, on obtient 2 kilogr. d'eau à 0°.

I. GLACE ARTIFICIELLE

Il est des circonstances où, se trouvant dépourvu de glace, on désire en obtenir à tout prix, tant pour les tables somptueuses que pour son emploi médical. Nous croyons devoir consigner ici les procédés mis en usage pour en obtenir, en laissant de côté ceux qu'on ne met en pratique dans les laboratoires que comme objet d'expérience.

Procédé de MM. Boutigny et Dumeilet

L'appareil se compose d'une boite en bois de chêne de 36 centimètres de longueur, de 81 millimètres de largeur, et de 162 millimètres de hauteur, toutes ces mesures prises de dedans en dedans, et de deux boîtes en fer-blanc, construites dans la même forme, mais ayant chacune 33 centimètres de longueur, 16 millimètres de largeur et 176 de hauteur.

La boîte en bois est destinée à recevoir le mélange frigorifique ; les deux boîtes en fer-blanc devront contenir l'eau qu'on se propose de convertir en glace.

Le mélange frigorifique se compose de 1 kil. 500 d'acide sulfurique affaibli par une addition d'eau, telle qu'il ne marque plus que 41° à l'aréomètre ou pèse-acide. Dans le cas où on n'aurait pas cet instrument à sa disposition, on arriverait à ce résultat en mêlant ensemble sept parties en poids d'acide sulfurique du commerce, qui indique en général 66° à l'aréomètre, avec cinq parties d'eau également en poids. On verse l'acide dans la boîte de bois, et on y ajoute, à l'instant même, 2 kilogr. de sulfate de soude bien pulvérisé. On agite un instant ce mélange à l'aide d'un bâton, et on y plonge les deux boîtes en fer-blanc préalablement remplies d'eau pure et filtrée.

Ces deux boîtes doivent être placées de manière à laisser entre elles et les parois intérieures de la boîte en bois, un léger intervalle, afin que le mélange d'acide et de sel puisse circuler librement autour des boîtes de fer-blanc. L'effet de ce mélange est tel qu'un thermomètre qui y serait plongé indiquerait presqu'à l'instant un abaissement de 13° et au delà ; au bout de dix minutes, l'eau contenue dans les boîtes de fer-blanc commence à se troubler, et bientôt des glaçons se forment contre les parois intérieures ; quinze minutes après, l'eau des boîtes et le mélange frigorifique seront à une température commune et dès lors ce dernier devient inutile pour la continuation de l'opération ; il faut alors préparer un nouveau mélange qu'on substitue au premier, et dans lequel on plonge de nouveau les boîtes en fer-blanc. Les glaçons augmentent de volume, ils adhèrent aux parois intérieures des boîtes et il faut absolument les en détacher soigneusement ; cette opération se fait facilement, en pressant entre les doigts, pour les rapprocher l'une de l'autre, les feuilles de fer-blanc qui composent les grands côtés des boîtes ; par ce moyen l'eau qui n'était point encore convertie en glace, se mettra directement en contact avec les parois de fer-blanc, et elle recevra immédiatement l'effet du mélange frigorifique. Cette petite opération est de la plus grande importance et le succès dépend presque entièrement de son exécution.

En général, il faut quarante minutes pour convertir en glace toute l'eau contenue dans les boîtes ; si l'on n'était arrivé qu'imparfaitement à ce résultat, il faudrait recourir à un troisième mélange, en procédant comme pour les deux premiers.

Chacune des deux boîtes contiendra une tablette de glace très pure et très solide, du poids de 750 grammes.

Lorsqu'on opère pendant l'été, il sera très utile de préparer ces mélanges dans une cave dont la température constante soit à peu près de 10° ; on emploiera de l'eau sortant du puits, et on mettra à la cave, avant d'en faire usage, l'acide et le sulfate de soude.

Les diverses manipulations qui viennent d'être indiquées exigent quelques précautions, afin de ne pas faire rejaillir sur ses vêtements et surtout à la figure, quelques portions du mélange frigorifique, dont une seule goutte, qui s'introduirait dans les yeux, produirait un effet funeste, et les vêtements atteints seraient brûlés. Enfin on doit choisir le sulfate de soude et éviter d'employer celui qui serait effleuri.

Si on ne veut pas faire immédiatement usage de la glace, on l'enveloppera avec un morceau d'étoffe en laine, ou avec de la paille, et on la placera dans le lieu le plus frais dont on dispose.

Procédé pour faire en grand de la glace en toute saison

On prend 2 kilog. 500 de sulfate de soude, et 2 kilogr. d'acide sulfurique à 36° ; on les mêle ensemble dans un baril et on y plonge ensuite un vase en verre ou en métal, rempli d'eau ; on prépare deux autres mélanges semblables et on y réitère deux autres fois l'immersion du même vase ; dès lors, l'eau est congelée.

Si l'on opérait avec une grande dose de mélange, la congélation aurait lieu à l'instant même, tandis qu'avec les quantités prescrites, le baril et le vase lui cèdent une partie de leur calorique.

Le froid produit est dû au calorique qu'absorbe le sulfate de soude, en s'unissant à l'acide sulfurique et passant à l'état liquide. On peut tirer parti de ces mélanges en saturant l'acide sulfurique par la soude, et faisant évaporer cette solution jusqu'à une très légère pellicule ; le produit sera du sulfate de soude, qui pourra être employé pour de nouvelles expériences.

Procédé de M. Leslie, pour la congélation artificielle

On met de l'eau dans un vase poreux, placé au-dessus d'un grand vase qui contient de l'acide sulfurique concentré, on place le tout sur le plateau de la machine pneumatique, et on fait le vide ; si l'on soulève ensuite le couvercle du petit vase, la congélation de l'eau a lieu tout à coup, parce qu'une portion de ce liquide, vaporisée dans le vide et ensuite absorbée par l'acide, enlève le calorique ambiant.

Souvent on a besoin d'opérer des degrés de froid extraordinaires, sans le secours de la glace : afin de pouvoir obvier au défaut de la glace, nous allons faire connaître les formules des mélanges frigorifiques. Nous reviendrons plus loin sur la glace artificielle et sa fabrication industrielle.

Mélanges frigorifiques

On produit des degrés de froid considérables par le simple mélange de la glace ou de la neige avec les sels déliquescents, ainsi qu'avec quelques acides, tels que l'acide nitrique, l'acide sulfurique, etc. ; c'est sur cette propriété qu'est fondé l'art du glacier. Voici les mélanges les plus efficaces :

1° Une partie d'acide sulfurique avec quatre de glace produisent un froid de 20° au-dessous de zéro.

2° Sept parties de neige et quatre d'acide nitrique produisent un abaissement de température de — 43° et un mélange de six parties de sulfate de soude, quatre d'hydrochlorate d'ammoniaque, deux d'hydrochlorate de potasse et quatre d'acide nitrique, porte la température à — 42°.

3° Parties égales de sel de cuisine et de neige, ou de glace, abaissent la température à 18°. Ce sont ces proportions que les limonadiers emploient pour la préparation des glaces.

4° Si l'on expose séparément, dans le mélange n° 2, deux parties de neige et trois d'hydrochlorate de chaux, et que, après avoir attendu qu'elles aient été portées à la température de ce mélange, on les mêle, le froid qu'elles produisent est de 27°.

5° En exposant dans ce dernier mélange frigorifique, et séparément, une partie de neige et deux de ce sel, on obtient un froid de 54°.

6° Si l'on fait les mêmes expériences avec huit parties de neige et dix d'acide sulfurique affaibli, l'abaissement de la température est porté à son maximum qui est de — 68°.

Cette production de froid est facile à expliquer : les corps solides ne peuvent passer à l'état liquide qu'en absorbant du calorique qu'ils prennent aux corps avec lesquels ils sont en contact. Or ici les sels, en se fondant, en enlèvent à la neige ou à la glace, et en abaissent la température, à tel point qu'on peut porter celle de la glace jusqu'à — 50° ; elle devient si dure, que, réduite seulement à — 20°, on peut la tailler et la réduire en poudre. Nous allons joindre ici les tableaux des mélanges frigorifiques de M. Walker.

Sel réfrigérant

M. Vauquelin a analysé un sel réfrigérant anglais qu'il a trouvé composé de la manière suivante :

Hydrochlorate de potasse.		57
—	d'ammoniaque . . .	33
—	de soude	10

Ce sel, agité promptement dans quatre parties d'eau, fait descendre le thermomètre de Réaumur de 20° au-dessus de zéro à 5° au-dessous. Un mélange salin fait avec les mêmes proportions a produit le même effet.

Expérience de Wollaston

Wollaston a inventé un petit instrument fort ingénieux qu'il a appelé le *Cryophore*, pour faire geler l'eau avec facilité, dans les vaisseaux fermés, par son évaporation. Il se compose d'un tube de verre (fig. 59)

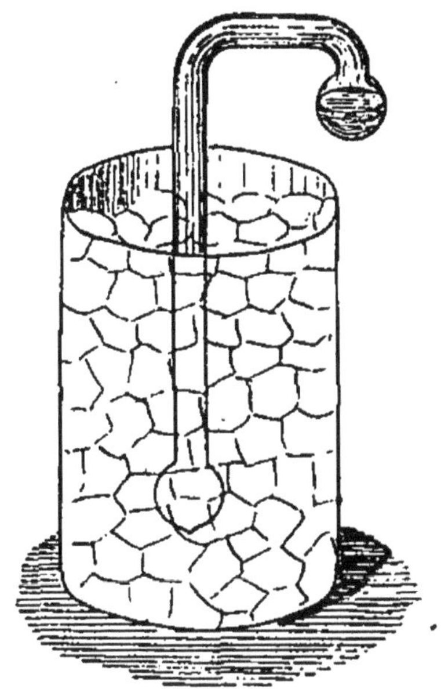

Fig. 59. — Cryophore Wollaston.

dont le diamètre intérieur est d'environ 80 millimètres et recourbé à angle droit à 14 millimètres environ de chaque boule. On met de l'eau dans l'une de ces boules, environ aux deux tiers ; on fait bouillir pour faire sortir l'air ; on bouche ensuite hermétiquement le tube capillaire qui est au bout de l'autre boule ; on plonge alors la boule vide dans un mélange de neige et de sel, la vapeur s'y condense si promptement que l'eau de l'autre boule se gèle.

II. TABLEAUX DES MÉLANGES FRIGORIFIQUES

TABLEAU I

Des mélanges frigorifiques propres à rafraîchir les boissons sans le secours de la glace

Mélanges	Parties	Abaissement du thermomètre	Degrés de froid produits
Hydrochlorate d'ammoniaque Nitrate de potasse Eau	5 5 16	de +10° à −12°	22°
Hydrochlorate d'ammoniaque Nitrate de potasse Sulfate de soude Eau	5 5 8 16	de +10° à −16°	26°
Nitrate d'ammoniaque Eau	1 1	de +10° à −16°	26°
Nitrate d'ammoniaque Carbonate de soude Eau	1 1 1	de +10° à −13°88	23°88
Sulfate de soude Acide azotique étendu	3 2	de +10° à −16°11	26°11
Sulfate de soude Hydrochlorate d'ammoniaque Nitrate de potasse Acide nitrique étendu	6 4 2 4	de +10° à −12°22	22°22
Sulfate de soude Nitrate d'ammoniaque Acide nitrique étendu	6 5 4	de +10° à −10°	20°
Phosphate de soude Acide nitrique étendu	9 4	de +10° à −10°11	21°11
Phosphate de soude Nitrate d'ammoniaque Acide nitrique étendu	9 6 4	de +10° à − 6°11	16°11
Sulfate de soude Acide chlorhydrique	8 5	de +10° à −17°77	27°77
Sulfate de soude Acide sulfurique étendu	5 4	de +10° à −16°11	26°11

Nota — Si ces substances sont mélangées à une température plus élevée que celle qui est mentionnée dans le tableau, l'effet sera proportionnellement plus grand, si l'on fait usage de celui des mélanges qui est le plus puissant.

TABLEAU II.

Des mélanges frigorifiques composés de glace, de neige, de sels et d'acides

Mélanges	Parties	Abaissement du thermomètre	Degrés de froid produits
Neige ou glace pulvérisée . . . . Chlorhydrate de soude	2 1	Pour toute température à — 20°	»
Neige ou glace pulvérisée . . . . Chlorhydrate de soude. . . . . Chlorhydrate d'ammoniaque . .	5 1 1	Pour toute température à — 24°	»
Neige ou glace pulvérisée . . . . Chlorhydrate de soude . . . . . Chlorhydrate d'ammoniaque . . Azotate de potasse.	24 10 5 5	Pour toute température à — 28°	»
Neige ou glace pulvérisée . . . . Chlorhydrate de soude. . . . . Azotate d'ammoniaque	12 5 5	Pour toute température à — 31°	»
Neige. . . . . Acide azotique étendu	7 4	de 0° à — 34°	34°
Neige. . . . . Acide sulfurique étendu	3 2	de 0° à — 30°	30°
Neige. . . . . Acide chlorhydrique étendu . .	8 5	de 0° à — 33°	33°
Neige. . . . . Chlorhydrate de chaux.	4 5	de 0° à — 40°	40°
Neige. . . . . Chlorhydrate de chaux cristallisé.	2 3	de 0° à — 45°	45°
Neige. . . . . Potasse.	3 4	de 0° à — 46°	46°

NOTA. — La raison des omissions que l'on remarque dans la dernière colonne, est que le thermomètre descend, au moyen de ces mélanges, aux degrés indiqués dans la colonne précédente, et qu'il ne descend pas plus bas, quel que soit le degré de température auquel ces substances sont mélangées.

TABLEAU III

Des mélanges frigorifiques pris dans les tableaux précédents et combinés de manière à produire le degré de froid le plus intense.

Mélanges	Parties	Abaissement du thermomètre	Degrés de froid produits
Phosphate de soude	5	de —32° à —36°	4°
Nitrate d'ammoniaque	3		
Acide nitrique étendu	4		
Phosphate de soude	3	de —36° à —46°	10°
Nitrate d'ammoniaque	2		
Acides mêlés et étendus	4		
Neige	3	de —32° à —43°	11°
Acide sulfurique étendu	2		
Neige	8	de —23° à —46°	23°
Acide sulfurique étendu	3		
Acide azotique étendu	5		
Neige	1	de —27° à —47°	20°
Acide azotique étendu	1		
Neige	3	de — 7° à —44°	37°
Chlorhydrate de chaux	4		
Neige	2	de — 9° à —55°	46°
Chlorhydrate de chaux	3		
Neige	1	de —34° à —56°	22°
Chlorhydrate de chaux cristallisé	2		
Neige	8	de —54° à —64°	10°
Acide sulfurique étendu	10		

Nota. — Les substances désignées dans la première colonne doivent être refroidies, avant leur mélange, à la température requise, au moyen de l'une des compositions frigorifiques désignées dans les tableaux précédents.

III. APPAREILS CONGÉLATEURS

C'est surtout en France qu'on a fait des tentatives pour opérer des mélanges propres à transformer l'eau en glace et inventé des appareils ingénieux pour cet objet. M. Boutigny s'est servi, comme nous l'avons déjà dit (page 259), du sel de Glauber et de l'acide sulfurique ; M. Filhol, du sel de Glauber et de l'acide chlorhydrique ; M. Goubaud, du sel ammoniac et de l'eau.

Appareil de M. Filhol

M. Filhol a établi un cylindre en étain, portant un pivot à sa base, sur lequel il tourne dans une crapaudine pratiquée dans le seau au mélange frigorifique et qu'on fait circuler avec vitesse au moyen d'une manivelle. Des volants servent en même temps à battre le mélange qui produit la congélation.

Appareil de M. Goubaud

M. Goubaud a perfectioné l'appareil de M. Filhol. Cet appareil se compose (fig. 60) d'une série de petits cylindres disposés verticalement, assemblés tous par le haut dans un plateau tournant sur un pivot, et plongés tous dans le mélange frigorifique. Une manivelle permet d'imprimer un mouvement de rotation au plateau mobile, ce qui facilite la formation de la glace.

Le liquide réfrigérant est obtenu en dissolvant dans l'eau un mélange d'azotate et de chlorhydrate d'ammoniaque. Des hélices soudées extérieurement aux tubes servent à agiter constamment le mélange frigorifique.

Glacière Tasseli

Elle est constituée par un ensemble de cinq tubes doubles dans lesquels on met l'eau à refroidir ; chacun de ces moules peut donc donner un tube de glace, et les dimensions sont telles que les cylindres

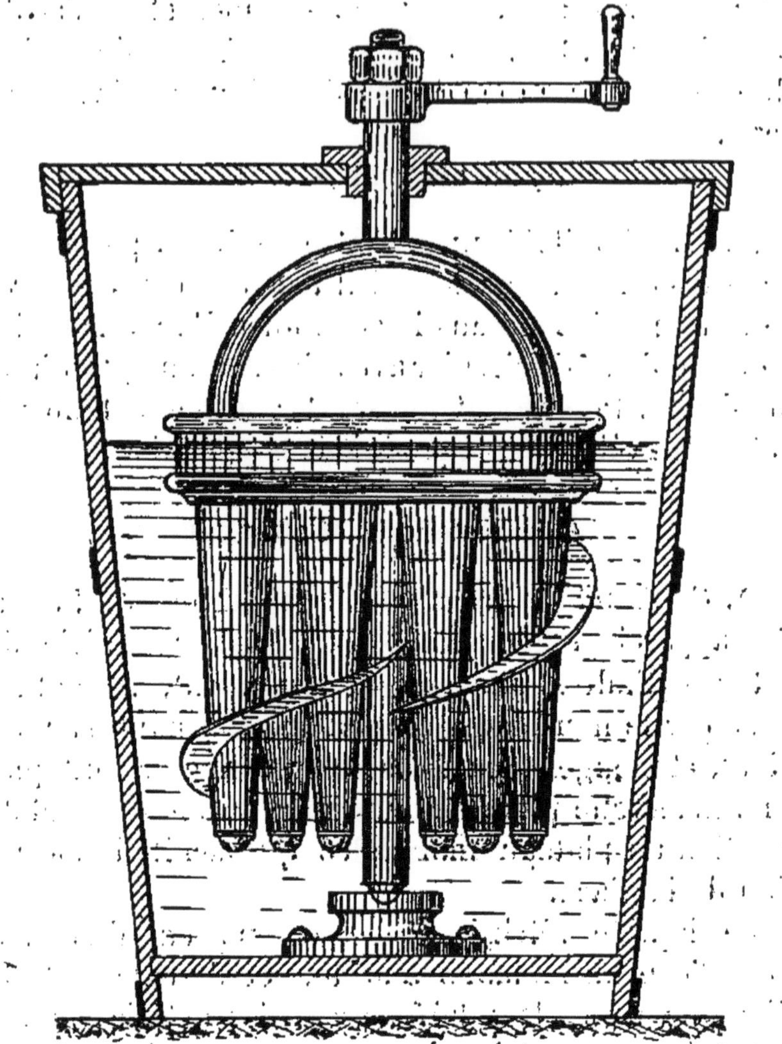

Fig. 60. — Appareil Goubaud.

de glace obtenus peuvent s'emboîter les uns dans les autres pour former un morceau de glace unique. Le liquide réfrigérant dans lequel tous ces tubes sont placés est un mélange d'azotate d'ammoniaque et d'acide chlorhydrique.

Glacière Penaut

Cette glacière très connue emploie un mélange frigorifique composé de sulfate de soude et d'acide chlorhydrique. On obtient un refroidissement de 27° en mélangeant :

Sulfate de soude	8 parties
Acide chlorhydrique	5 —

Glacière des familles ou appareil à frapper les bouteilles

Elle se compose de plusieurs vases concentriques en métal très mince (fig. 61). Ces vases contiennent alternativement de l'eau et un mélange frigorifique. Si, par exemple, on place le mélange frigorifique dans A et B et l'eau dans le vase C, qui se trouve ainsi entouré de toutes parts par le mélange frigorifique, on obtient un cylindre creux de glace qu'un léger choc débarrasse aisément. On peut encore refroidir fortement l'eau contenue dans le vase C et, à l'aide d'un petit levier D, faire mouvoir à volonté une soupape, puis laisser l'eau froide tomber dans le vase contenant les bouteilles de vin ou de Champagne, qui se trouvent ainsi frappées.

Le mélange frigorifique employé est :

Eau	1 partie
Azotate d'ammoniaque	1 —

produisant un froid de 10 à 15°.

Le mélange :

Eau	16 parties
Chlorhydrate d'ammoniaque	5 —
Azotate de soude	7 —

produit un froid de 10 à 16°.

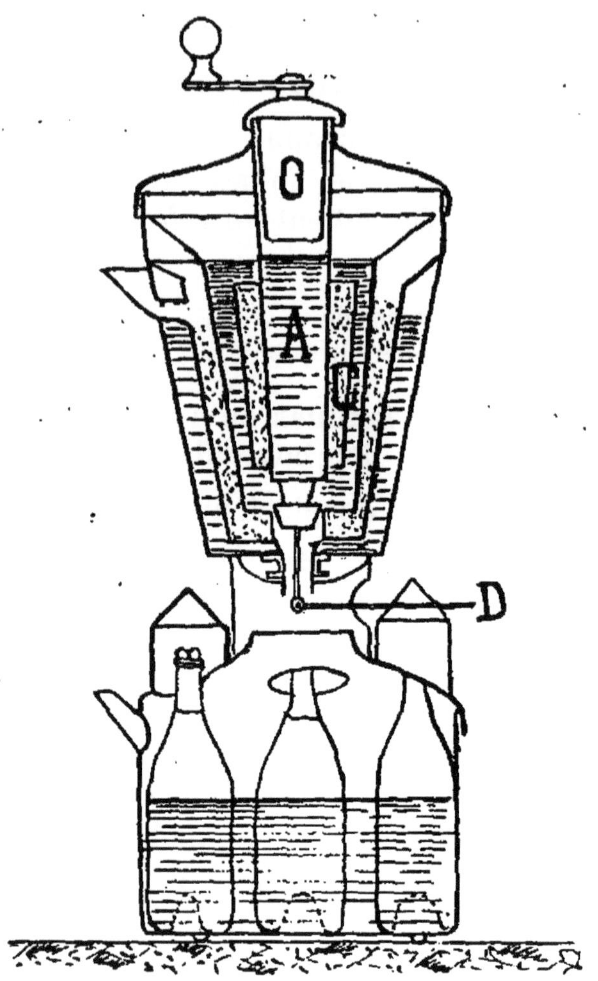

Fig. 61. Appareil à frapper les bouteilles ou Glacière des familles.

On peut encore employer le mélange suivant :

Glace	1	partie
Chlorure de sodium	1	—

produisant un froid de 20°.

Appareil à frapper le Champagne

Nous donnons ici un petit appareil que tout le monde peut faire et avec lequel on peut frapper les bouteilles contenant les boissons.

Pour rendre les boissons agréables au goût, surtout les boissons gazeuses et le Champagne, on a l'habitude de les frapper, c'est-à-dire de remuer la bouteille à l'aide des deux mains, dans un seau plein de glace, jusqu'à ce que le contenu de la bouteille se compose à moitié de flocons neigeux et à moitié de liquide. Ce procédé est pénible et écorche même les mains.

A l'aide de l'appareil suivant, ce travail se fait mécaniquement. Il se compose (fig. 62) d'un support

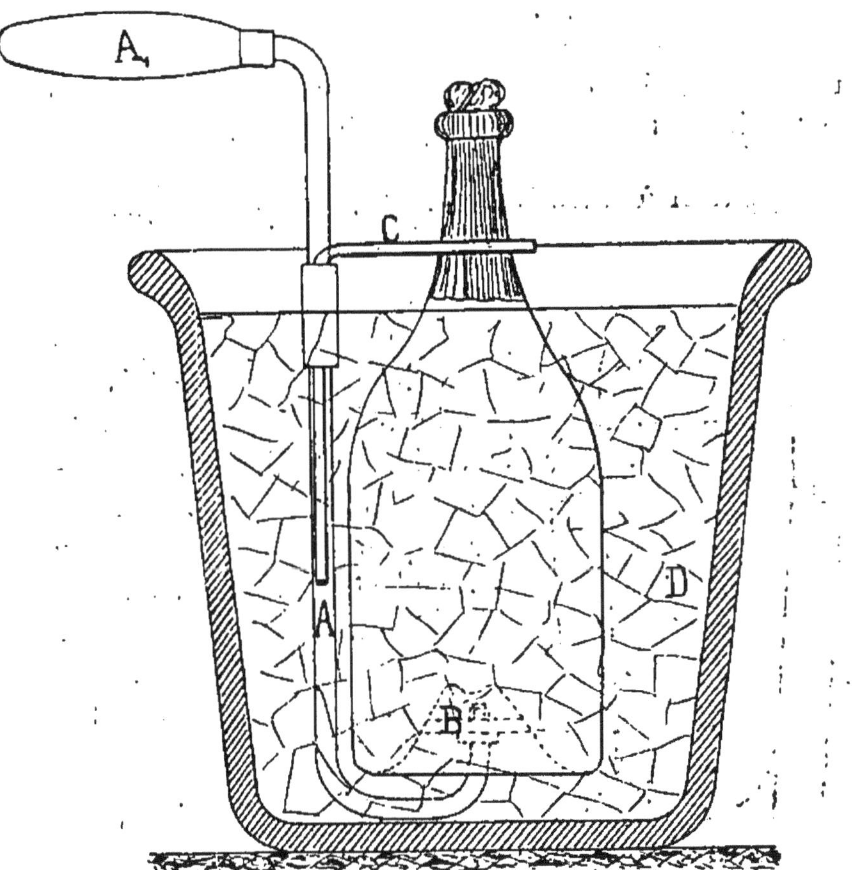

Fig. 62. — Appareil économique à frapper les bouteilles.

A avec poignée A₁ ; à son extrémité inférieure ce support porte un pivot muni d'un disque B, tournant sur un arrêt du pivot ; sur ce disque vient se poser le creux du fond de la bouteille. Sur la partie verticale du support se trouve une embrasse mobile C, dont la position se règle de façon à laisser autour du goulot un petit jeu.

On commence par placer la bouteille sur le pivot et on glisse autour du goulot l'embrasse, puis on place le tout dans un seau D qu'on remplit de glace ; on passe la lanière d'un archet autour du goulot et on imprime un mouvement de va-et-vient à l'aide de la poignée de l'archet, ce qui provoque la rotation de la bouteille. Le Champagne se trouve ainsi frappé sans peine au bout de quelques instants.

Appareil à faire les glaces comestibles, dit « Sorbetière »

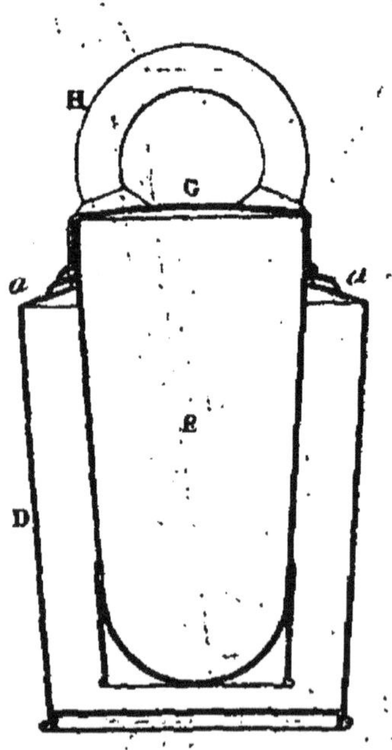

Fig. 63. — Sorbetière.

Cet appareil (fig. 63) se compose de deux pièces principales, le seau D, qui est évasé par le haut et couvert, et la sorbetière E, légèrement conique, qui plonge dans le seau sur lequel elle s'appuie par son rebord *a* ; elle est fermée à sa base sous forme de culot et ouverte à sa partie supérieure pour y introduire les crèmes à glacer. La sorbetière est fermée par un couvercle G, muni d'un anneau H et d'un tenon qui s'engage dans un trou du rebord *a*.

Cet appareil fonctionne de la manière suivante : on verse dans le seau D le mélange réfrigérant, composé de sulfate de soude pulvérisé et d'acide chlorhydrique; on verse également, dans la sorbetière, les crèmes à glacer; on assujettit le couvercle au moyen du tenon, et on introduit la sorbetière dans le seau, où elle plonge dans le liquide réfrigérant; puis, ayant saisi l'anneau H, on lui imprime un mouvement de rotation alternatif pendant trois quarts d'heure environ, au bout desquels la crème est suffisamment prise. On ouvre de temps en temps le couvercle, et après avoir plongé dans la crème la spatule ou la houlette, on la remue et on la brasse fortement. On doit remplacer le mélange réfrigérant toutes les quinze minutes; on a une mesure qui sert à doser le mélange préparé, qui doit se composer d'une mesure de sulfate pour une demi-mesure d'acide.

Le seau est muni d'une anse et enveloppé d'une étoffe de laine très épaisse, pour garantir ses parois du contact de l'air extérieur.

Sorbetière perfectionnée

Aujourd'hui on construit des sorbetières dans lesquelles on a remplacé la rotation manuelle par une rotation mécanique, et le seau métallique enveloppé de laine ou de feutre par un seau plus économique en bois; car on remplace le mélange frigorifique précédent par un mélange de glace et de sel de cuisine.

Appareil à faire les glaces, sorbets, etc., de M. Gehrig

Il se compose d'un récipient A (fig. 64) contenant la matière à congeler, avec doubles parois et double fond ; il porte à sa partie supérieure une enveloppe fixe D, qui est fixée par des crampons E, et a pour

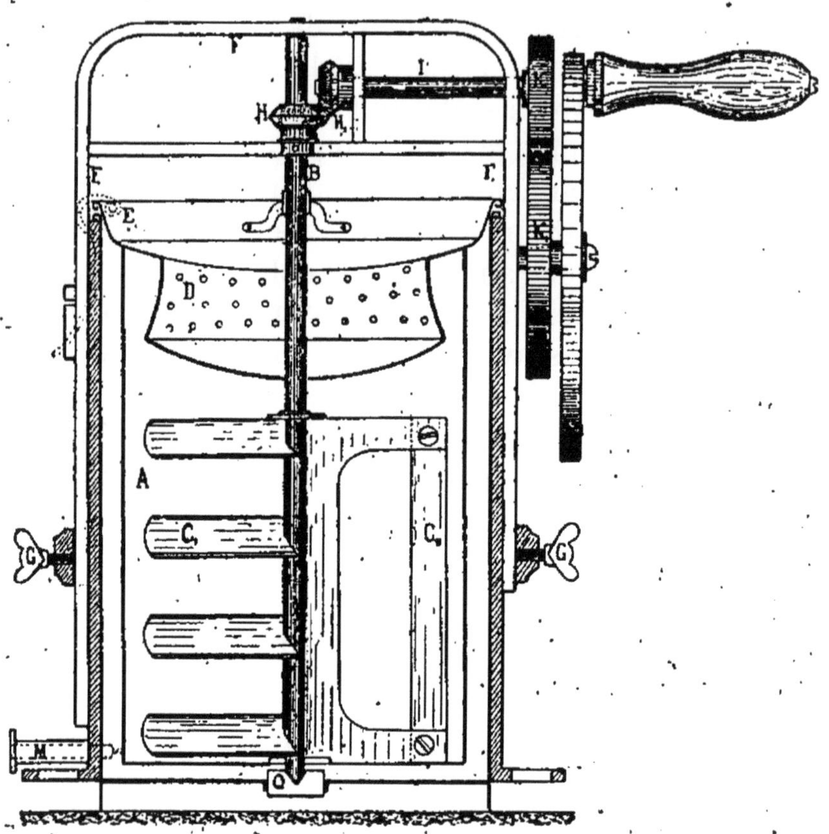

Fig. 64. — Appareil à faire les glaces, sorbets, etc., de Gehrig.

but d'empêcher la matière à congeler de jaillir au dehors par l'effet de la pression de l'acide carbonique, en permettant à ce dernier de s'échapper par les trous pratiqués dans l'enveloppe D.

L'arbre B passe au centre de l'enveloppe D et tourne à la partie supérieure dans un étrier F, dont les bras latéraux F sont fixés à l'aide des vis G, et à sa partie inférieure dans la crapaudine Q.

Sur cet arbre sont fixés obliquement, au-dessous de l'enveloppe D et dans des sens opposés, les ailettes fouettantes ou palettes C_1 et C_2. Sur l'arbre B est calé le pignon H, tandis que le pignon d'angle H_1 est calé sur l'arbre I, à l'autre extrémité duquel se trouve un engrenage K, qui engrène avec une roue dentée K_1 montée sur l'arbre de la manivelle et de son plateau, de sorte que, quand on tourne la manivelle à la main ou à l'aide d'une courroie passant sur son plateau, on fait tourner l'arbre B.

L'introduction de l'acide carbonique liquide à 50 atmosphères se fait par la tubulure M, qu'on met en communication avec une bouteille d'acide carbonique, placée horizontalement au-dessus de A. L'acide carbonique rencontre la matière dans le vase A et est répandu à l'état gazeux dans tout l'ensemble de la matière liquide, au moyen des ailettes C_1 et C_2 et amène la congélation de la matière, qui prend une consistance pâteuse et onctueuse sans avoir aucune partie granuleuse; il suffit de une à deux minutes pour obtenir la glace voulue, d'où le nom de *glacière-éclair*.

IV. PROCÉDÉS PHYSIQUES ET MÉCANIQUES POUR OBTENIR DE LA GLACE

Les appareils actuels qui permettent d'obtenir industriellement de la glace à un prix très minime sont assez nombreux, mais le principe physique sur lequel repose leur fonctionnement est le même. Ils utilisent tous le froid produit par la transformation d'un liquide volatil en vapeur. Nous laissons de côté les machines frigorifiques utilisant la détente d'une masse d'air comprimé, car elles ne sont plus employées. Les liquides volatils qui ont été essayés sont très divers.

L'éther sulfurique a été préconisé par Perkins et Harrisson;

La solution ammoniacale par M. Carré;

L'éther méthylique par M. Tellier;

L'ammoniaque pure, par MM. Linde et Fixary;

L'acide sulfureux anhydre par M. Pictet;

Le chlorure de méthyle par M. Vincent;

En dernier lieu l'acide carbonique liquide.

L'étude de ces machines nous conduirait trop loin hors du sujet que nous devons traiter, et nous nous contenterons de décrire quelque machines portatives à faible production.

Appareils de M. Carré

M. Carré est l'inventeur d'un appareil fort simple et très efficace, susceptible de servir à préparer de la glace, soit en petit, soit en grand.

Le principe qui lui a servi de base consiste à chasser le gaz ammoniac de sa solution dans l'eau par l'application de la chaleur, à recevoir ce gaz dans un condensateur d'une force suffisante, où on le fait passer à l'état liquide par le refroidissement et la pression.

Si, maintenant, après l'expulsion du gaz ammoniac, on plonge la chaudière qui le contenait dans de l'eau froide, il se forme un vide dans l'appareil, d'où résulte une évaporation de l'ammoniaque liquide contenue dans le condensateur, ammoniaque qui est absorbée de nouveau par l'eau de la chaudière. Or, pour repasser ainsi à l'état gazeux, cette ammoniaque absorbe une quantité assez considérable de chaleur, qu'elle emprunte aux corps qui l'environnent, lesquels éprouvent ainsi un grand abaissement de température. Les appareils de M. Carré sont intermittents et destinés aux usages domestiques, ou continus pour produire de la glace en grand.

Appareil intermittent

Les figures 65, 66, 67 représentent les trois positions qu'on doit faire occuper à l'appareil, qui se compose de deux vases métalliques R et S; le premier est une petite chaudière surmontée d'un appendice cylindrique *a*, mis en communication avec le second par le tube *b*. Le second vase S, le *congélateur* proprement dit, est un réservoir de forme légèrement conique, garni intérieurement d'un tube cylindrique *c* qui laisse un espace annulaire dans lequel se rend, par le tube *b*, le gaz ammoniac venant de la chaudière R.

Un autre tube plonge jusqu'à quelques millimètres du fond de la chaudière, et se recourbe en forme de siphon dans l'appendice vertical *a*, qui est fermé par une cloison *f* munie d'une soupape. La petite branche de ce siphon est elle-même fermée par une soupape, mais qui s'ouvre inversement à la première, c'est-à-dire que l'une, celle de la cloison *f*, est disposée pour s'ouvrir de l'intérieur de la chaudière dans la capacité *a*, de façon à être soulevée par le gaz ammoniac qui se dégage de l'eau sous l'action de la chaleur, et à lui permettre de se rendre, par le tube *b*, au congélateur pour s'y liquéfier.

L'autre soupape, dont la petite branche du siphon

est garnie, s'ouvre, au contraire, de l'intérieur de la capacité *a* dans le tube, afin qu'après sa liquéfaction le gaz volatilisé vienne, par sa pression, fermer la soupape *f* et ouvrir celle du siphon, laquelle alors lui livre passage pour retourner dans la chaudière, mais en l'obligeant à barboter dans le liquide épuisé, ce qui a pour résultat de reconstituer la solution ammoniacale.

En se dégageant, le gaz entraîne une certaine quantité de vapeur d'eau, qui, si elle se rendait dans le congélateur, nuirait à la rapidité de l'évaporation; la majeure partie de cette vapeur d'eau se trouve retenue dans le vase R et le reste se trouve condensé dans la capacité A.

Malgré ces dispositions, une certaine quantité de vapeur est toujours entraînée dans le congélateur; si elle s'y accumulait, l'appareil ne pourrait bientôt plus fonctionner; il suffit, pour parer à cet inconvénient, de maintenir l'appareil horizontal (fig. 65) pen-

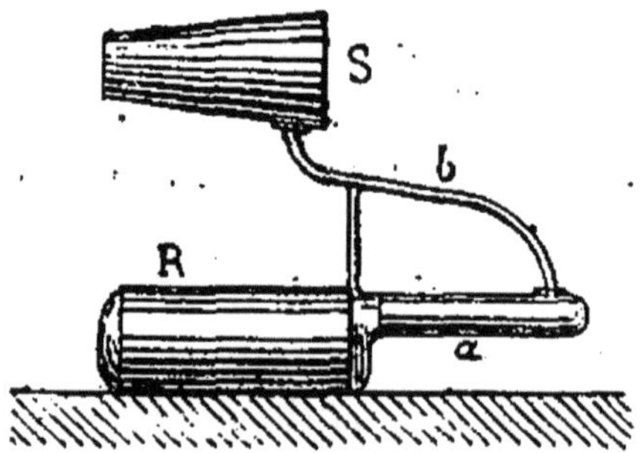

Fig. 65. — Appareil intermittent.

dant quelque temps, avant chaque opération, afin de faire revenir le liquide dans la chaudière. Il est nécessaire que l'appareil soit parfaitement clos et purgé d'air pour que la liquéfaction et l'absorption de l'ammoniaque puissent s'effectuer; aussitôt que l'on reconnaît que le gaz a repoussé l'air et qu'il commence à s'échapper, on s'empresse de revisser le bouchon.

Fonctionnement de l'appareil. — L'appareil est livré tout garni, c'est-à-dire le vide fait et la chaudière R remplie aux trois quarts de la solution aqueuse d'ammoniaque. Avant chaque opération, comme il a été dit, on doit avoir le soin de le coucher horizontalement et de le maintenir dans cette position, pendant trois minutes environ. On met la chaudière sur le fourneau C, et le congélateur bai-

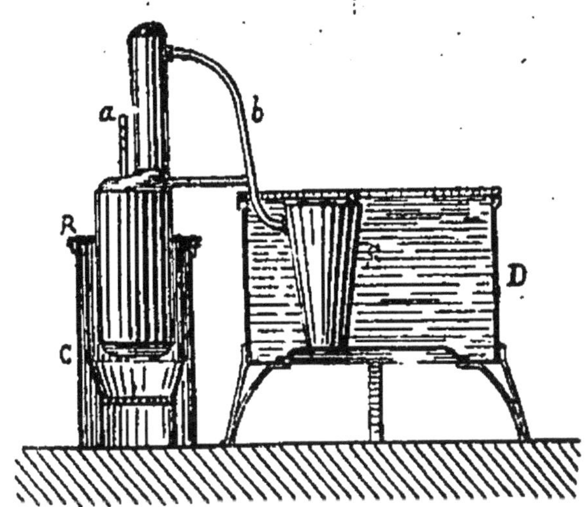

Fig. 66. — Appareil intermittent.

gné dans l'eau froide que contient le récipient D; on chauffe modérément jusqu'à ce que le thermomètre, qui baigne dans l'huile placée dans le tube *d*, marque 130° à 140°. A cette température, le gaz ammoniac, dégagé en grande quantité, s'est liquéfié par sa propre pression dans l'espace annulaire du congélateur; aussitôt, on enlève la chaudière de dessus son fourneau, et on la place dans le vase D (fig. 67), qui doit contenir, en eau froide, cinq à six fois le volume

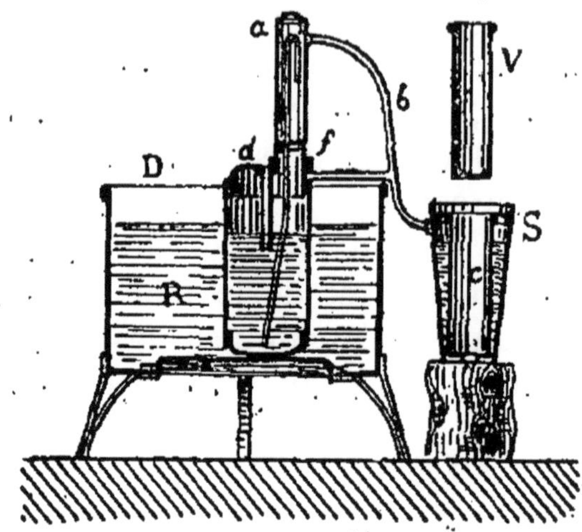

Fig. 67. — Appareil intermittent.

de la chaudière. On introduit immédiatement dans le congélateur le vase V, rempli aux trois quarts avec l'eau à congeler, en ayant le soin, toutefois, afin de pouvoir retirer le vase, de verser préalablement dans la capacité *c*, destinée à le recevoir, un liquide incongelable, par exemple de l'eau salée.

Il est facile de comprendre ce qui se passe à ce moment dans l'appareil. Le vase R se trouvant brusquement rafraîchi, il se produit dans son intérieur une certaine condensation et un certain degré de vide qui provoque, dans le récipient S, un dégagement de vapeur ammoniacale. Cette vapeur, arrivant dans le récipient R, passe par le siphon *b*, et vient se dissoudre dans l'eau. Ce phénomène se continue d'une façon très active, surtout si l'eau placée en D est bien fraîche, et l'évaporation de l'ammoniaque en S produit un froid intense qui congèle l'eau placée dans le vase V.

Pour détacher la glace produite dans le vase V, il suffit de plonger celui-ci quelques instants dans l'eau, à la température ordinaire.

Comme on le voit, le service de ces appareils ne demande que quelques précautions et qu'une suite méthodique, laquelle consiste à produire d'abord le dégagement, par la chaleur, du gaz ammoniacal du mélange qui le contient ; puis à l'aide du réfrigérant, de déterminer son absorption par l'eau. Une opération terminée, on peut commencer une deuxième et ainsi de suite.

Ces appareils peuvent produire 3 kilogrammes de glace pour 1 kilogr. de charbon brûlé ; ce qui met le prix de revient de la glace à 3 ou 4 centimes le kilog. La dépense en ammoniaque peut être négligée dans le prix, puisque, si aucune fuite ne se produit, elle est nulle, le même mélange volatil pouvant servir indéfiniment.

La durée du chauffage, pour produire 500 grammes de glace, est d'environ 45 minutes ; celle de la congélation est à peu près la même que celle du chauffage.

La disposition du congélateur permet de l'employer à tous les usages d'une sorbetière ordinaire, de frapper très rapidement des carafes, des bouteilles de Champagne, enfin de satisfaire aux besoins ordinaires de la vie domestique.

Machine Fixary

Cet appareil utilise l'abaissement de température produit par l'évaporation du gaz ammoniac liquide.

Une pompe fait le vide dans le récipient hermétiquement clos qui renferme l'ammoniaque liquide. Il se produit une évaporation rapide qui abaisse la température d'une dissolution de chlorure de calcium, dans laquelle plongent les tubes contenant l'eau à refroidir.

L'ammoniaque gazeux ainsi détendu est repris par une pompe qui le comprime et l'envoie dans le serpentin du condenseur, où il est refroidi par une certaine quantité d'eau ; il se liquéfie alors de nouveau.

La machine, une fois remplie d'ammoniaque, peut marcher plusieurs années sans qu'il soit nécessaire d'en renouveler la charge. Le plus petit modèle de ces appareils peut donner 5 kilogr. de glace à l'heure ; il doit être actionné soit par un petit moteur, ou par une transmission quelconque, ou par un petit manège.

Les applications de cette machine sont nombreuses.

Appareil continu de M. Carré.

L'appareil continu de M. Carré peut produire de 25 à 100 kilogr. de glace par heure et au prix de 1 centime le kilogr., suivant ses dimensions.

Celui qui produit 25 kilogrammes de glace se compose d'une chaudière, contenant, dans sa partie inférieure 86 kilogr. d'ammoniaque liquide à 28° Baumé. Quand on chauffe ce générateur, l'ammoniaque se dégage peu à peu et passe dans la seconde partie renfermant une série de tubes disposés horizontalement les uns au-dessus des autres et pourvus au milieu de grosses tubulures verticales. Cette série de tubes constitue le rectificateur ; le gaz ammoniac, dégagé par une élévation de température, est mis dans ces tubes en contact avec le fluide qui revient à la chaudière, lui abandonne sa vapeur d'eau et devient absolument pur.

En quittant le rectificateur, le gaz parcourt un serpentin qui fait également partie de la chaudière, puis traverse le condensateur, faisceau de tubes dans lesquels circule un courant d'eau de 12° à 15° C. Là, le gaz prend l'état liquide, et à sa sortie, par suite de la pression constante qui règne dans la chaudière, pression qui est d'environ 10 atmosphères, il est chassé dans un autre vase appelé le régulateur. Dans ce dernier flotte une cloche en tôle mince qui, par son élévation et son abaissement successifs, règle l'écoulement du fluide.

L'ammoniaque liquide ainsi condensé arrive donc par un robinet dans les congélateurs proprement dits, c'est-à-dire un serpentin qui circule plusieurs fois autour des sorbetières, remplies avec l'eau à réduire en glace, et qui sont contenues dans un seau chargé d'un liquide incongelable.

L'ammoniaque abaisse la température de l'eau dans les sorbetières et fait passer celle-ci à l'état de glace, en se convertissant lui-même en gaz et s'échappant du serpentin par un tube vertical, pour se rendre dans un récipient où il est mis, dans le réservoir d'absorption, en contact avec l'eau ammoniacale épuisée qui est restée au fond de la chaudière, et divisée, par un tamis, en un grand nombre de filets fins.

Là, il se reforme avec un dégagement de chaleur une solution concentrée d'ammoniaque, chaleur qu'on enlève par une seconde circulation d'eau froide, et cette chaleur éliminée, la solution ammoniacale traverse les tubes du rectificateur et revient dans la partie supérieure de la chaudière.

La glace se forme avec rapidité, elle est dure, opaque et tellement froide, que l'eau, au centre du cylindre, n'a pas besoin pour geler de rester dans l'appareil ; elle passe à l'état de glace, même après avoir été retirée de celui-ci.

Production du froid par évaporation

Alcarazas

Dans les pays chauds, on fabrique des vases destinés à rafraîchir l'eau et qu'on désigne sous le nom de *bardaques* ou *alcarazas* des Espagnols (fig. 68).

Fig. 68.
Bardaque ou alcarazas

La propriété qu'ont ces vases, c'est d'être poreux et de laisser transsuder une partie de l'eau qu'ils contiennent. Quand cette eau, après avoir traversé les vases, se trouve sur leur face extérieure, elle est vaporisée et enlève une partie de calorique dont elle a besoin pour cela. L'eau contenue dans l'alcarazas, par cette perte de calorique voit sa température s'abaisser.

Dans le midi de la France, on arrive au même résultat en plaçant la boisson dans une bouteille de fer-blanc qu'on entoure d'un linge mouillé et qu'on expose ensuite au soleil. L'eau du linge s'évaporant, emprunte du calorique à la boisson et la rafraîchit.

Appareil congélateur E. Carré

La congélation de l'eau se produit dans cet appareil par l'évaporation dans le vide sec (à l'acide sulfurique).

Cet appareil se compose (fig. 69) d'un récipient R de plomb antimonieux. A une extrémité est un en-

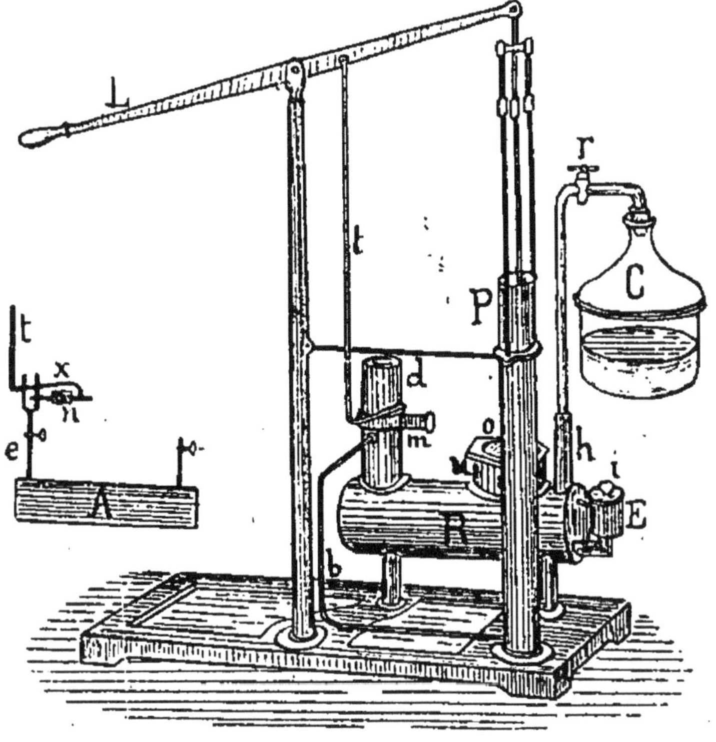

Fig. 69. — Appareil E. Carré.

tonnoir E qui sert à introduire l'acide ; à l'autre extrémité se trouve une tubulure *m* sur laquelle est vissé un dôme *d*, qui soutient une série d'obstacles destinés à s'opposer à l'arrivée de l'acide sulfurique dans la tubulure *m* et dans le tube *b*. Sur le récipient sont disposés un regard *u*, fermé par un obturateur de verre *o*, et une longue tubulure *h*, à laquelle s'adapte une carafe C contenant l'eau à congeler. Le dôme *d*, l'obturateur *o* et le bouchon *i* de l'entonnoir sont lutés à la cire jaune.

Une pompe à faire le vide P communique avec le récipient par le tube *b*. On la manœuvre à l'aide d'un balancier L, auquel est fixée une tige *t* qui, par l'intermédiaire d'un mécanisme *t*, *x*, *n*, *e*, met en mouvement un agitateur A plongé dans l'acide sulfurique. Le levier *x*, lié à un axe horizontal qui traverse une petite boîte de laiton *n*, transmet son mouvement de va-et-vient à la tige *e*, puis à l'agitateur A. Enfin la boîte *n* est hermétiquement enfermée, au moyen de disques de liège que traverse l'axe, dans un bout de tube latéral fixé perpendiculairement à la tubulure *m*.

M. Carré a construit plusieurs modèles de ce congélateur. Dans le plus petit, le récipient, à moitié plein, contient 2 kilog. 5 d'acide sulfurique, et la carafe, au tiers pleine, 400 grammes d'eau. Après soixante-dix coups de piston environ, l'eau entre en ébullition. Quoique la vapeur soit alors absorbée rapidement par l'acide, on continue à faire marcher la pompe jusqu'à ce que la congélation commence. Il suffit ensuite, pour la compléter, de donner, de cinq en cinq minutes, quelques coups de piston. L'opération exige environ quarante-cinq minutes ; mais, à mesure que l'acide se dilue, la durée augmente. On peut congeler successivement douze carafes avec le même acide. Une fois la congélation opérée, on ouvre d'abord le robinet *r*, mais très peu, sinon l'acide est refoulé dans les tubes, puis on enlève la carafe.

V. CONSERVATION DE LA GLACE

Maintenant que nous avons décrit la manière et les différents procédés pour fabriquer la glace, occupons-nous de sa conservation ; car, il est bien reconnu que l'eau, ne se convertissant en glace que par l'abaissement de température, doit repasser à l'état liquide quand celle-ci vient à s'élever. Pour éviter cet inconvénient, on a construit des puits secs souterrains, appelés *glacières*, pouvant préserver la glace des atteintes de la chaleur. Nous allons en donner la description.

Moyens de conserver la glace à la campagne

Tonneau à glace

On place la glace dans un tonneau A (fig. 70), qui se trouve à son tour placé dans un deuxième plus grand B. Au fond du petit tonneau on dispose quelques fragments de charbon de bois, sur lesquels on vient placer la glace mélangée avec de la sciure de bois, qui bouche ainsi les vides laissés par la glace et empêche le contact de l'air. Dans l'espace C compris entre les deux tonneaux, on tasse de la poussière de charbon de bois ou de la sciure de bois jusqu'au couvercle, lequel est revêtu de tampons de feutre remplissant exactement le fût extérieur, recouvert à son tour d'un couvercle. Un petit tube permet à l'eau de fusion de s'écouler à l'extérieur.

Cet appareil peut être construit facilement par tout le monde et même on peut remplacer les tonneaux par deux vases en plomb, séparés seulement de quelques centimètres ; on remplit cet espace d'un

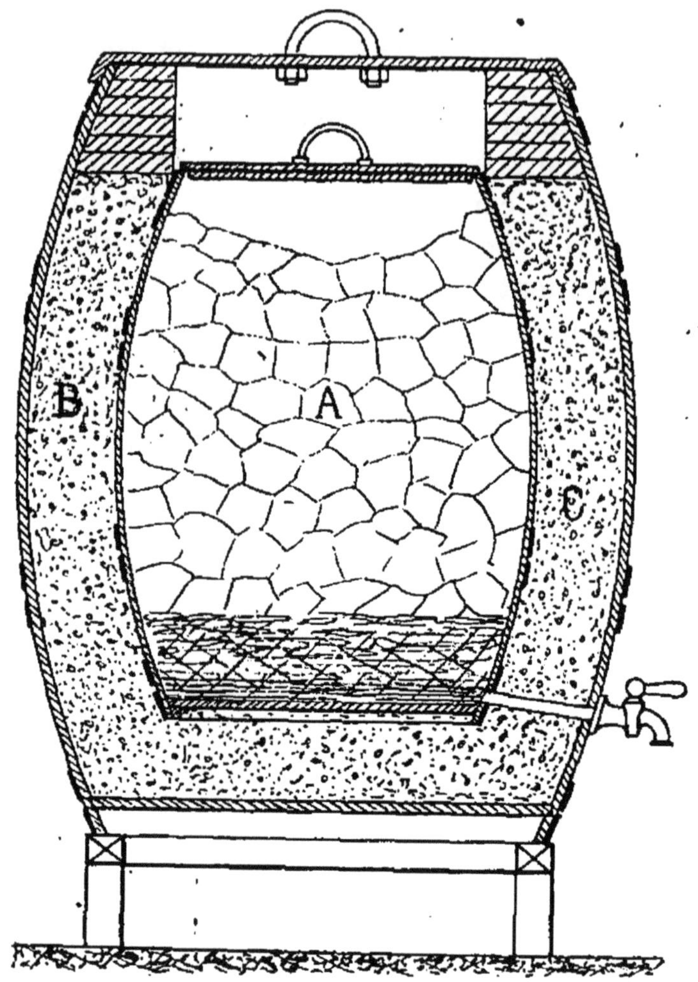

Fig. 70. — Tonneau à glace.

mélange de chlorure de sodium et d'acide sulfurique.

Appareils à rafraîchir les boissons, etc.

Boîte à glace

Dans les pays chauds, on a imaginé différents appareils pour conserver la glace. La figure 71 représente un appareil très répandu et qui rend de réels services, c'est la *boîte à glace*.

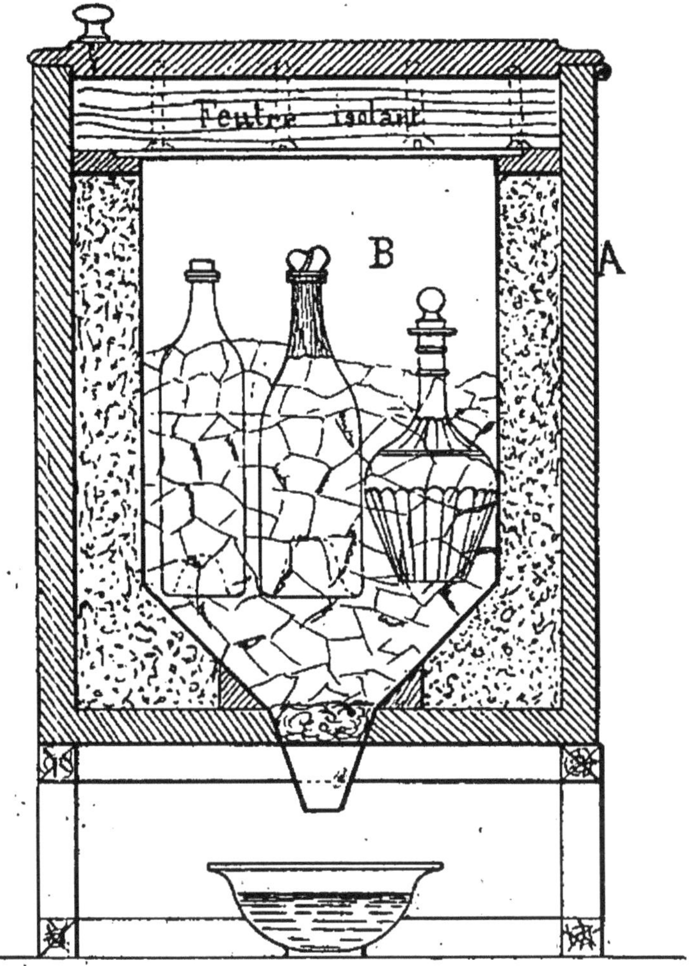

Fig. 71. — Boîte à glace.

Il se compose d'une boîte carrée A de 80 à 90 centimètres, dans laquelle se trouve une boîte en fer-blanc B, terminée en entonnoir. On place dans cette boîte la glace et les boissons à rafraîchir. Le tube de l'entonnoir est garni de coton, pour permettre à l'eau de fusion de s'écouler en dehors. Entre les deux vases on place de la sciure de bois ou de la poussière de charbon de bois, qui forme ainsi matelas isolant, et dans le même but on place, entre les deux couvercles des boîtes, du feutre.

Boîte à glace, dite « Américaine »

L'appareil américain se compose d'une boîte métallique (fig. 72) divisée en trois compartiments

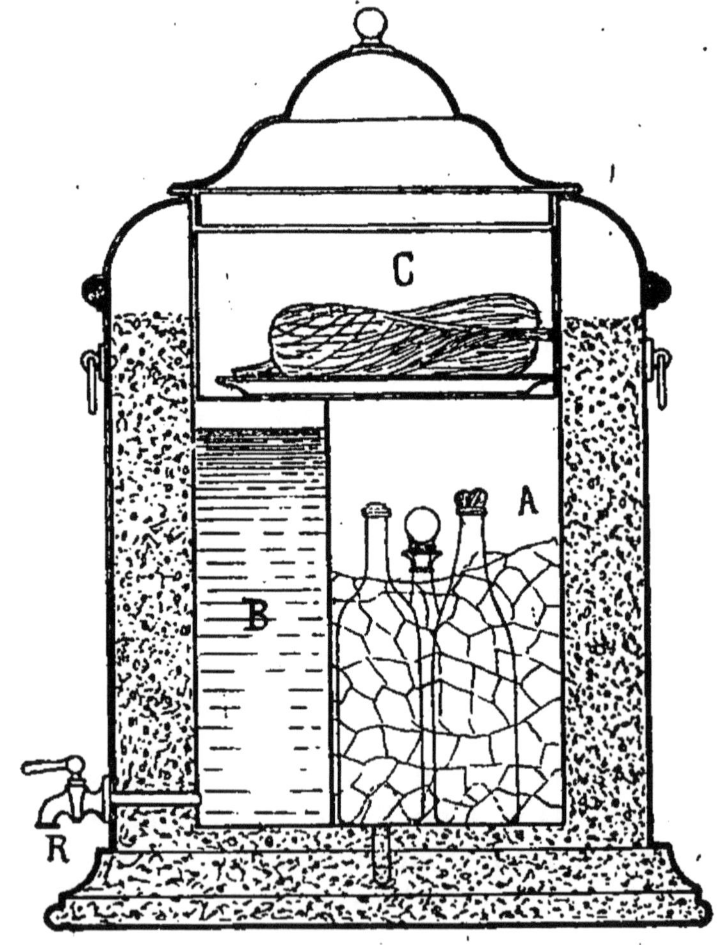

Fig. 72. — Boite à glace américaine.

dont l'un A servant de boîte à glace, est formé comme nous l'avons déjà dit, avec son tube d'écoulement d'eau. Le deuxième B sert pour avoir de l'eau fraîche par le contact de l'eau avec les parois de la boîte à glace, que l'on peut épuiser par un robinet R. Le troisième compartiment C placé au-dessus des deux premiers, est mobile et reçoit les aliments ou les fruits qu'on veut tenir au frais. On se sert du charbon en poussière et du feutre pour isoler.

Glacière transportable Mathiot

Elle se compose (fig. 73) d'une cuve A munie sur son fond B d'un bouchon C. Au-dessus du fond B se trouve un autre fond D perforé et laissant passer la tige du bouchon C, laquelle se termine par un anneau facilitant sa manipulation. La partie mobile E de la glacière qui supporte les bouteilles à rafraîchir, sert en même temps de couvercle à la cuve A et est constituée par une plaque F, à laquelle se raccorde la partie supérieure des gaines cylindriques G, qui sont fermées à leur partie inférieure et dans lesquelles se placent les bouteilles. Le nombre de ces gaines dépend de l'application que l'on veut en faire. La plaque F est munie d'une ouverture longitudinale H (en son milieu) que l'on ferme à l'aide d'un couvercle I, garni intérieurement de feutre ou autre matière isolante qui, par son contact avec les rebords de l'ouverture H, empêche l'air de pénétrer dans la cuve lorsqu'elle est garnie de glace.

Voici comment on opère : On place la plaque F et on introduit la glace avec de la sciure de bois par l'ouverture H et on ferme avec le couvercle I. Cette glace communique son pouvoir rafraîchissant aux

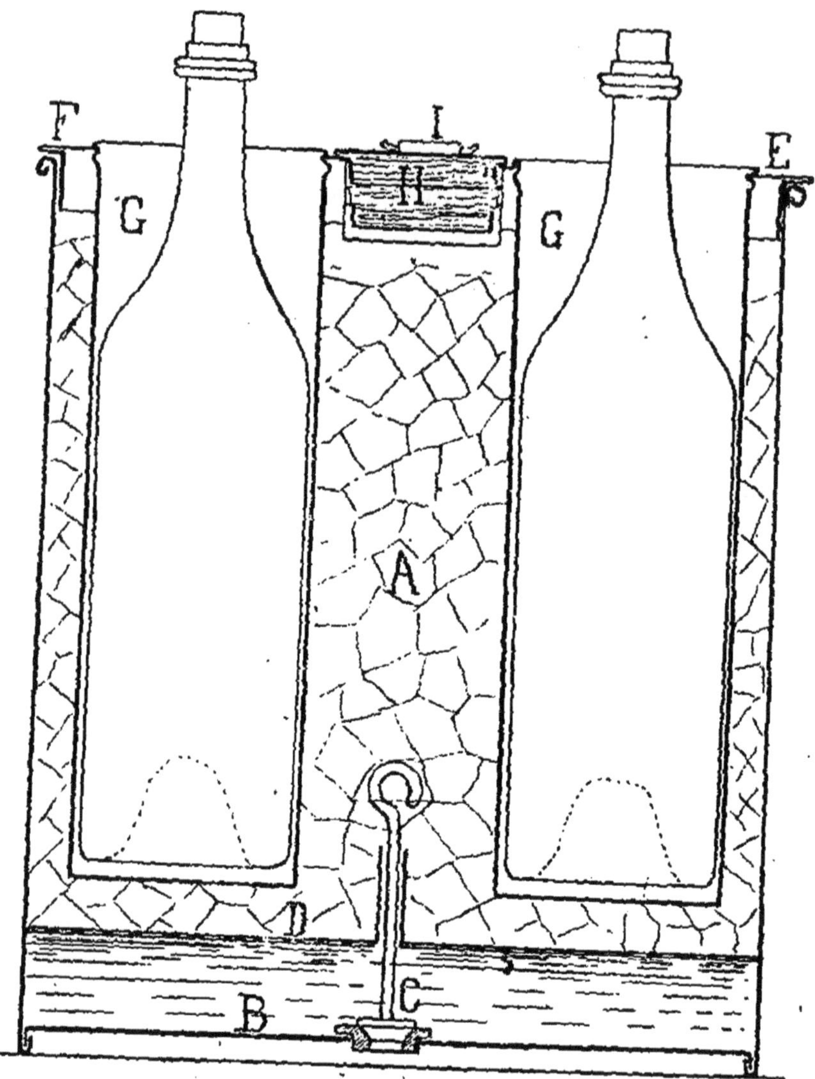

Fig. 73. — Glacière Mathiot.

gaines qu'elle entoure, et, par suite, aux bouteilles introduites dans ces gaines. L'eau de congélation s'écoule dans le fond B et on l'évacue quand on remplit de nouveau la cuve A avec de la glace. Cette glacière présente sur les précédentes l'avantage de laisser les bouteilles sèches.

Glacière portative de limonadier

Elle se compose d'une caisse rectangulaire en bois (fig. 74) doublée intérieurement avec du feutre re-

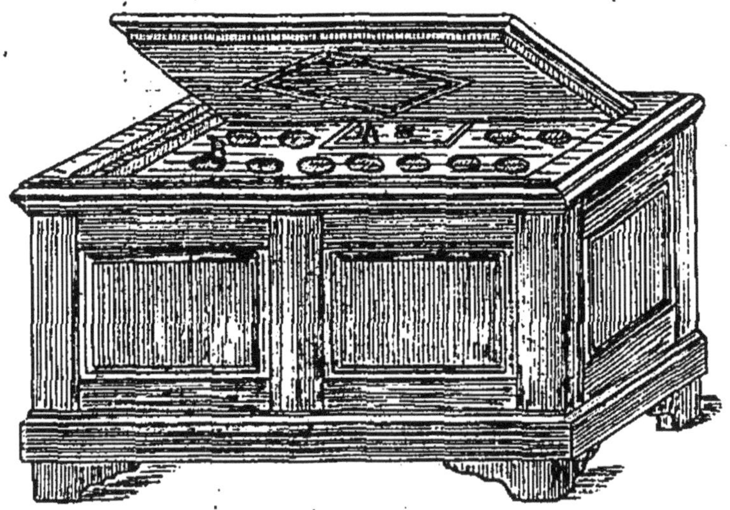

Fig. 74. — Glacière portative de limonadier.

couvert par une enveloppe en zinc, de façon à préserver la glace de la chaleur ambiante. Dans l'intérieur de cette boîte on introduit une autre boîte en zinc, divisée en plusieurs gaines B, destinées à recevoir les bouteilles. Un compartiment central A à couvercle doublé de feutre dans lequel on place la glace ; un petit tuyau permet à l'eau de s'écouler au dehors.

Glacière à banquettes pour limonadiers

Elle se compose (fig. 75) d'un coffre en bois doublé de feutre ou de liège comprimé et divisé en deux compartiments superposés A et B, dont le supérieur est formé comme la glacière précédente. Le compar-

Fig. 75. — Glacière à banquettes.

timent B inférieur est divisé en étages par des banquettes horizontales et sert à tenir au frais les aliments et les fruits.

Conservation industrielle de la glace

Glacières

Tout le monde sait qu'une glacière est un ouvrage d'art, spécialement destiné à conserver de la glace pendant les plus grandes chaleurs de l'été. Les glacières ne doivent pas être considérées comme des ouvrages de luxe, car l'usage des boissons glacées est absolument nécessaire dans les départements méridionaux, pour permettre d'y supporter sans peine les plus grandes chaleurs. Il produit cet effet sur les hommes, non pas ainsi qu'on le croit communément, parce que cela rafraîchit, mais parce que cet usage donne du ton à l'estomac et de l'énergie à tous les organes.

Une glacière offre encore un autre avantage, qui est inappréciable pour ceux qui vivent à la campagne pendant l'été : c'est celui de pouvoir y conserver les viandes et autres provisions, qui se corrompent partout ailleurs, et souvent dans la journée même.

D'ailleurs, lorsque le local s'y prête, la construction d'une glacière n'est pas coûteuse, et nous ne voyons pas pourquoi, dans une semblable position, l'homme aisé se priverait d'une chose à la fois utile et agréable.

Nous allons donner les détails de sa construction, suivant la nature plus ou moins favorable du terrain.

Les qualités qui constituent une bonne glacière sont :

1° D'être toujours saine et sans aucune humidité ;

2° De jouir constamment d'une température assez froide pour empêcher que la glace ne s'y fonde ;

3° De n'avoir aucune communication immédiate avec l'air extérieur, lors même que l'on est obligé d'y pénétrer pour en retirer la glace destinée à la consommation.

Pour obtenir ces qualités essentielles, on choisit un terrain sec qui ne soit point ou qui soit peu exposé au soleil. On y creuse un puits de 3 à 4 mètres de diamètre D (fig. 76) et de 5 à 6 mètres de profondeur. Plus une glacière est profonde et large, et mieux la glace et la neige s'y conservent. On laisse environ un mètre de hauteur sans être maçonné, et on remplit cet espace de pierres sèches, de façon à former pui-

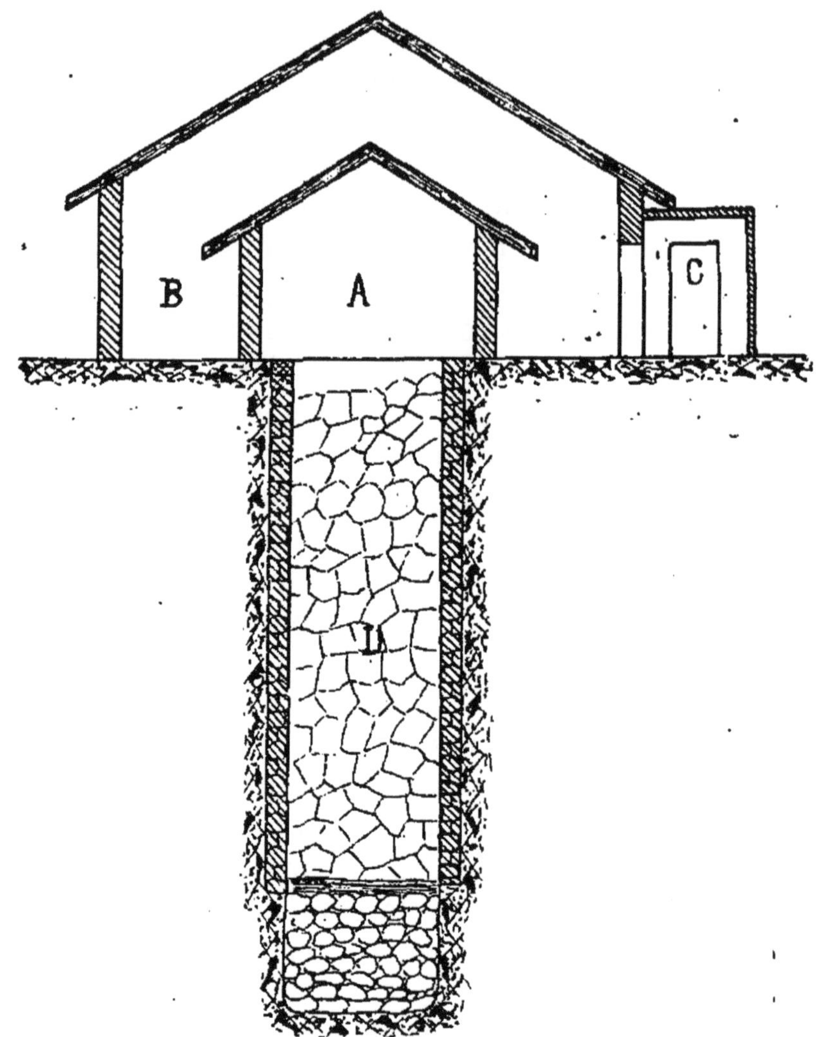

Fig. 76. — Glacière industrielle.

sard pour l'eau de fusion. Le restant du puits est revêtu d'un mur de 30 centimètres d'épaisseur, bien enduit avec du mortier.

On construit à la surface du sol deux chambres annulaires et concentriques A, B, en maçonnerie, recouvertes par deux chapiteaux en paille. On n'entre dans la chambre intérieure que par une porte fermée hermétiquement et rembourrée sur ses deux faces avec du feutre. Dans la première chambre est une porte semblable dont l'entrée est également garantie par un tambour C; ces portes ne sont pas en face l'une de l'autre pour éviter les courants d'air.

Pendant l'hiver, on jette la glace dans le puits et on l'en retire en été suivant les besoins. Pour remplir la glacière, on choisit un temps sec et froid, afin que la glace ne se fonde point.

Souvent, au lieu de maçonner le puits, on se contente de recouvrir les parois en montant avec de la paille, de sorte que la glace ne touche qu'à la paille et non aux parois du puits.

On met donc d'abord un lit de paille et un lit de glace et on remplit la glacière en battant la glace avec des maillets sur le bord de la glacière, de façon qu'elle fasse corps et en la jetant ensuite dans la glacièce, sans aucun lit de paille intermédiaire. Pour la bien entasser, on la pile avec des mailloches ou des têtes de cognées; on jette de temps à autre un peu d'eau, afin de remplir les vides par de petits glaçons, de sorte que le tout, se congelant, fait une masse que l'on est obligé de casser ensuite par morceaux pour s'en servir.

La glacière étant remplie, on couvre la glace avec de la paille et, par-dessus cette paille, on place des planches que l'on charge de grosses pierres pour tenir la masse serrée.

La neige se conserve aussi bien que la glace dans

les glacières; on la ramasse en grosses pelotes, on les bat et on les presse le plus qu'il est possible, on les range et on les accommode dans la glacière, de manière qu'il n'y ait point de jours entre elles, en faisant attention de garnir de paille le fond et les côtés comme pour la glace.

Si la neige ne peut se serrer et faire corps, ce qui arrive quand le froid est grand, il faudra jeter un peu d'eau dessus, elle se gèlera aussitôt avec la neige, et il sera alors aisé de la réduire en masse. Elle se conservera mieux dans la glacière, si elle est pressée, battue, et un peu arrosée de temps en temps.

Il faut choisir de beaux jours et un temps sec pour la neige, autrement elle fondrait à mesure qu'on la prendrait; il ne faut pourtant pas qu'il gèle trop fort, parce qu'on aurait trop de peine à la lever.

Il y a des glacières naturelles dans certaines grottes, c'est-à-dire qu'il y a des lieux souterrains où la glace se conserve naturellement toute l'année et par le même principe.

Il n'y a de véritables glaciers en France que dans les Alpes. Tous ceux qui ont séjourné dans leurs basses vallées ont éprouvé ces variations subites de température qui sont occasionnées par le froid déversé par les vents qui ont passé sur les glaciers.

Un autre effet des glaciers est d'entretenir les grands fleuves. Le Rhône, le Rhin, etc., sortent de ceux des Alpes; l'Amazone, l'Orénoque, etc., de ceux des Cordillières.

CHAPITRE XV

Diverses Glaces

SOMMAIRE. — I. Glaces comestibles. — II. Glaces aux fruits.

I. DES GLACES COMESTIBLES

Les rafraîchissements connus sous le nom de *glaces*, *ices* des Anglais, *helados* des Espagnols, s'obtiennent par la congélation, qu'on peut opérer en tout temps, au moyen de la glace et du sel marin, de diverses substances et des sucs de plusieurs végétaux, de ceux des fruits; celle des crèmes qui leur sont demandées en tout temps, mais particulièrement dans les soirées des jours où les chaleurs se font sentir.

Les ustensiles nécessaires pour faire les glaces consistent en sorbetière, seau, spatule et baquet à glace avec son pilon. La sorbetière, dont la forme est assez connue, doit être en étain, son fond doit être un peu arrondi et passablement épais, et le couvercle doit s'adapter hermétiquement à son bord inférieur, afin de ne pas se détacher en tournant la sorbetière; s'il touche dans toute sa hauteur, il est plus difficile à enlever, et pompe l'eau plus facilement. Avant de se servir d'une sorbetière, on doit y passer de l'eau chaude et bien l'essuyer. Le seau doit être un peu plus profond que la sorbetière; il doit être garni d'un bouchon au-dessus du fond et d'une anse en fer dans le haut.

La spatule doit être de préférence en bois dur; celles en fer-blanc ou en cuivre étamé ont l'inconvénient de rayer les sorbetières et d'en détacher des petites parcelles d'étain que le consommateur trouve quelquefois en mangeant la glace.

Le baquet à glace doit être en bois dur et fort, pour pouvoir y piler la glace avec un pilon en bois.

Manière de glacer

Lorsqu'on se propose de glacer, on verse la composition dans la sorbetière, on met dans le fond du seau un morceau de glace uni, de l'épaisseur de 5 à 6 centimètres, on place dessus la sorbetière, et on insère tout autour de la glace pilée et mélangée avec du sel, on la foule avec un fouloir ou bâton, et on finit de garnir ainsi jusqu'au bord.

On essuie bien la sorbetière avec un linge, et on la tourne jusqu'à ce que l'eau commence à monter; on spatule, le long de ses parois, les parties congelées; on referme avec soin pour éviter de faire tomber du sel dans la sorbetière; on continue à tourner en remettant de la glace salée à mesure qu'elle diminue; lorsque l'eau monte trop, on en retire une bonne partie en retirant le bouchon, et on regarnit de glace salée. Au bout de quelques minutes, on découvre encore, on détache de nouveau, et lorsque la composition est d'une consistance solide, on la travaille avec la spatule jusqu'à ce qu'elle soit bien moelleuse; alors on retire la spatule, on unit bien le dessus en haussant dans le milieu; on couvre et on laisse reposer un instant. On tire l'eau, on regarnit de glace et on finit en recouvrant la glace avec un linge et de même la sorbetière.

Lorsqu'on découvre la sorbetière pour servir les glaces, après avoir pris la précaution d'éponger avant, on aura soin d'enlever avec une cuillère un petit filet dur qui se sera formé au bord de la sorbetière, et on travaillera un peu avec la spatule. On doit en faire autant toutes les demi-heures si les glaces ne doivent pas être servies de suite, et si on s'aperçoit qu'elles s'amollissent, on retire un peu d'eau et on garnit de glace salée. S'il en reste après le service, on trempe la sorbetière dans l'eau pour faciliter la fonte de la composition, et on la verse dans une terrine de grès; on la tient au frais pour l'employer le lendemain, c'est ce qu'on appelle rafraîchir une composition.

S'il arrivait que l'eau salée eût pénétré dans la sorbetière, on retirera celle-ci de suite, on l'essuiera, on y versera de l'eau à plusieurs reprises, et on enlèvera le dessous des glaces, parce que l'eau qui resterait formerait des glaçons.

Fromages glacés ou bombes glacées

Les fromages glacés sont des glaces moulées de différentes formes. On emploie à cet usage des moules en fer-blanc, munis de leurs couvercles. On les remplit de glaces faites à la manière indiquée, en frappant le moule sur la table à mesure qu'on y met des glaces pour qu'il ne reste pas d'air, ce qui formerait des trous. On appuie bien le couvercle pour faire sortir le trop-plein, et on place le moule à la glace salée en le couvrant partout et en forçant un peu en sel, sans cependant le rendre trop ferme. Deux heures suffisent pour un fromage de dimensions ordinaires, et l'on ne doit pas le glacer trop d'avance. On couvre le tout d'un linge jusqu'au moment de démouler.

Pour donner à ces fromages un plus beau coup d'œil, on les fait de plusieurs couleurs, soit deux ou plus, en les garnissant par moitié ou par côtés, suivant les formes des moules. Pour cela, on les tient couchés d'une main et, de l'autre, on les garnit. Lorsqu'on veut les servir, on pose sur un plat une serviette pliée en quatre, on retire le moule de la glace et on le trempe dans l'eau fraîche, le grand côté le premier, pendant deux secondes; on l'essuie, on y plante un couteau obliquement en appuyant le pouce légèrement sur le fromage pour le faire sortir; sitôt qu'il se détache, on retire le couteau et on le renverse sur la serviette pour le servir de suite; on peut le tremper dans l'eau tiède, mais alors on doit le retirer de suite.

Fruits moulés

Les fruits moulés se font de la même manière que les fromages, dans des petits moules en étain en deux parties, unies par une charnière; avant de s'en servir, on doit les laver à l'eau chaude. Pour les remplir, on les tient ouverts d'une main et, de l'autre, on y appuie des glaces avec la spatule, de manière à remplir chaque moitié d'un coup. On les ferme bien, on enlève le trop plein avec le doigt en le faisant retomber dans la sorbetière et on jette les moules à mesure dans la glace salée en forçant un peu en sel; quand tous les moules sont pleins, on les couvre bien de glace et de sel, et on met une toile par-dessus le tout.

Pour démouler ces fruits, on les retire de la glace à mesure, on les trempe dans l'eau d'une main, on les ouvre, et de l'autre on les enlève avec un petit couteau d'office; lorsqu'on doit les emporter, on les pose chacun sur un morceau de papier bien collé, assez grand pour les envelopper, et on les range dans une sorbetière garnie de glace salée dans son seau.

Pour cette opération, on fera bien de se mettre plusieurs, afin de l'accélérer le plus possible. L'un retirera les moules de la glace et les jettera dans l'eau à mesure que le second les retire, les enlève avec le couteau et les pose sur le papier, que le troisième aura soin de préparer sur la table, de les enlever à mesure pour les ranger dans la sorbetière, qui, après, sera fermée et couverte de glace salée.

Un litre de composition doit rendre douze fruits moulés.

Composition des glaces

On distingue deux sortes de composition pour les glaces.

Ce sont les glaces à la crème et les glaces aux fruits à l'eau.

Les glaces à l'eau et aux fruits sont composées de sucre, d'eau et parfumées aux différents fruits. Leur bonté dépend de la quantité convenable de sucre pour être moelleuse, et de la bonne qualité des fruits pour la bonté du parfum. Trop de sucre empêche la congélation et le trop peu donne des glaces grenues. On appelle glaces trop grasses celles qui sont trop sucrées et glaces maigres celles qui le sont trop peu.

Les fruits rouges, groseilles, fraises, framboises, cerises et mûres doivent être frais et d'une maturité parfaite. Si, comme cela arrive souvent, ils étaient échauffés par l'entassement et la chaleur de la saison, on aura la précaution de les tremper dans l'eau, avec le panier, ou de les laver et de les égoutter de suite. Les fruits à écorce, tels que citrons, limons, oranges, etc., doivent être lavés et brossés afin de leur enlever les impuretés qui se tiennent dans leurs cavités et un goût de caisse qu'ils contractent en y séjournant. La pêche, l'abricot et le coing doivent être frottés avec un linge pour leur enlever le duvet.

De la maturité du fruit dépend la bonté du parfum. Les fruits rouges qui n'ont pas atteint le degré convenable sont plus acides; dans ce cas, le glacier doit en mettre un peu moins, tant par rapport au goût que parce que le trop d'acide dans les glaces les empêche de durcir.

Le parfum des écorces de citrons et d'oranges incomplètement mûrs est plus âpre, le jus en est plus acide et en moindre quantité; c'est alors au glacier d'observer ces différences et d'en tenir compte en faisant ses compositions ; de même, il doit, en prenant les doses indiquées, les varier suivant la grosseur des fruits dont il emploie la chair, comme la pêche, l'abricot, l'ananas, etc., et qui sont écrasés sur un tamis, ou doivent être râpés dans le sirop, dans le cas où ils ne seraient pas assez mûrs; ce procédé est préférable à celui qui consiste à les faire blanchir dans l'eau ou dans le sirop, ce qui change le goût du fruit.

Lorsqu'on veut mettre des liqueurs spiritueuses dans les glaces, on doit les introduire quand les glaces sont faites, car les spiritueux empêchent de glacer.

Glaces à la crème

Les glaces à la crème sont composées de crème ou de lait, d'œufs, de sucre et de différents parfums.

La crème ou le lait doivent être frais et sans arrière-goût; on doit donner la préférence à la crème qui est sur le lait douze heures après qu'il a été trait. Si on l'achète, il faut demander la crème double, ou, de préférence, la crème à bouillir, car les crèmes doubles ne sont pas toujours naturelles.

Les œufs doivent être mirés et le plus frais possible; en les cassant, on doit les porter au nez pour s'assurer de leur bonté; il arrive souvent, surtout en hiver, qu'un œuf frais a un goût de paille ou plutôt d'ail auquel on doit faire attention; un seul œuf de ce goût suffirait pour perdre une grande quantité de crème. Le sucre doit être de bonne qualité et pilé; dans les fortes chaleurs, la dose indiquée de 360 gr. doit être plus faible, par raison d'économie en sel et en glace.

Les parfums doivent être de première qualité, sans aucun arrière-goût. La vanille profite davantage étant pilée avec un peu de sucre et passée au tamis de soie, mais elle donne aussi plus de couleur; on peut aussi la couper par petits morceaux après l'avoir ouverte dans sa longueur, parce que c'est son intérieur qui contient le plus de parfum, et s'en servir ainsi; mais c'est au moment même de son emploi qu'on doit la couper. Si on parfume avec une liqueur spiritueuse, on fera bien de ne la mettre que lorsque les glaces sont finies.

Lorsque les compositions pour crèmes caillebottent au moment d'arriver au degré convenable de cuisson, on les enlève du feu et on les fouette pendant cinq minutes pour les faire passer à travers un tamis de soie en frottant avec une spatule; on évitera que la crème caillebotte en la fouettant sur le feu au moment où elle arrive à sa cuisson.

Préparation de la crème

Placez dans un vase sur le feu des jaunes d'œufs délayés dans du lait avec la quantité de sucre convenable et remuez constamment. Si on possède un bain-marie, on verse la composition dans une sorbetière, et on la met au bain-marie chaud. Lorsque la crème est assez épaisse, on la tamise et on parfume à son goût.

On ajoute souvent 1/12 de zeste de citron pour corriger le goût fade du lait; un grain de sel peut faire le même effet. Le degré de cuisson étant un point principal, on doit y porter toute son attention, surtout lorsqu'on fait cuire au feu nu dans un poêlon. Dans ce cas, on doit régler le feu en conséquence, et sitôt que la crème commence à velouter sur la spatule, on retire le poêlon et on verse dans une terrine, dans laquelle on a versé le parfum. Avant de glacer la crème, on doit la tamiser; on verse une goutte de crème sur ce qui reste sur le tamis.

En mettant le parfum après que la crème est cuite, il est plus délicat, parce qu'il perd presque toute la partie la plus fine de son arome sur le feu.

Lorsqu'on a plusieurs crèmes à faire, on met les différents parfums dans des terrines rangées en file, on cuit toute la crème à la fois, et on la distribue dans les terrines.

Crème blanche

Crème	1 lit.
Sucre en poudre.	360 gr.
Jaunes d'œufs	4
Blanc d'œuf.	1
Zeste de citron, la grosseur d'une pièce de 50 centimes.	

Faites la crème comme ci-dessus; mettez les jaunes d'œufs avec le blanc, ou mieux battez le blanc en neige et mettez-y un peu de sucre en poudre lorsqu'il est presque monté et ajoutez-le lorsque la glace est finie, en ayant soin de bien mélanger.

Crème au chocolat

Crème	1 lit.
Sucre en poudre.	360 gr.
Jaunes d'œufs.	8 à 9
Bâton de vanille.	1/2
Cacao broyé.	100 à 150 gr.

Mettez les jaunes d'œufs dans une terrine et battez-les avec le sucre et remuez constamment avec la spatule; ajoutez la crème peu à peu. D'un autre côté, faites ramollir le cacao en le plaçant sur le feu et délayez-le avec un peu de crème.

Réunissez les deux préparations et passez au tamis de soie; remettez sur le feu pour faire lier la crème. A ce moment, ajoutez la vanille cassée et laissez cuire jusqu'à complète liaison, en remuant toujours. Repassez au tamis et laissez refroidir pendant un moment. Placer ensuite la crème dans une sorbetière.

Autre crème au chocolat

Crème	1 lit.
Chocolat à la vanille.	250 gr.
Jaunes d'œufs.	4
Sucre.	250 gr.

On fait chauffer la crème avec le sucre. D'un autre côté on ramollit le chocolat en le mettant sur un feu très doux avec un peu d'eau bouillante, on le délaie avec la spatule et on lui mêle ensuite le tiers de la crème chaude; on verse le restant de la crème bouillante sur les jaunes d'œufs préparés dans une terrine, en ayant soin de bien mélanger. On remet sur le feu jusqu'à ce qu'elle s'épaississe et on la verse dans la préparation de chocolat en fouettant toujours; on tamise et on laisse refroidir.

Crème à la vanille

Crème	1 lit.
Sucre en poudre.	360 gr.
Jaunes d'œufs	6
Blanc d'œuf.	1
Vanille	1/4 bâton

Crème au café blanc

Crème	1 lit.
Sucre en poudre.	360 gr.
Jaunes d'œufs	6
Blanc d'œuf	1
Café en grains	60 gr.

Même préparation que ci-dessus.

Crème au café noir

Crème	1 lit.
Sucre en poudre	375 gr.
Café en grains (frais)	125 —
Jaunes d'œufs	5

On fait chauffer ensemble le sucre et la crème à ébullition et on verse cette solution bouillante sur le café; on laisse infuser pendant une demi-heure en couvrant le vase. On fait bouillir le tout et on le verse bouillant sur les jaunes d'œufs préparés dans une terrine, en remuant pour bien mélanger. On reporte sur le feu en agitant toujours avec la spatule jusqu'à ce qu'elle s'épaississe; on passe au tamis de soie et on laisse refroidir; quelques minutes plus tard on verse la crème dans la sorbetière pour glacer.

Crème aux pistaches

Crème	1 lit.
Sucre en poudre	360 gr.
Jaunes d'œufs	6
Blanc d'œuf	1
Pistaches réduites en pâte	100 gr.
Zestes de citron	2
Amandes douces	100 gr.

Emondez les pistaches et les amandes en les jetant dans l'eau bouillante, et laissez-les hors du feu jusqu'à ce que la peau s'enlève facilement; lavez et broyez en pâte fine en ajoutant une goutte de crème ou d'eau si elles sont trop sèches. Quand la crème commence à s'épaissir, on y ajoute la pâte précédente et on passe au tamis. On peut lui donner de la couleur avec du vert d'épinards.

Préparation du vert d'épinards. — On pile une poignée d'épinards et on presse la pulpe dans un torchon ; le jus extrait est chauffé ; dès qu'il est prêt à bouillir, il se décompose ; on le passe au tamis de soie et l'eau passe seule ; on force ensuite le vert qui est égoutté de passer à travers le tamis et on le reçoit dans une assiette. On verse une cuillerée de crème dans cette assiette en remuant et on continue à verser la crème jusqu'à ce que le vert soit devenu liquide ; on le verse alors dans la crème en remuant toujours.

Crème à la vanille (2me procédé)

Crème	1	lit.
Sucre	375	gr.
Vanille	1	bâton
Jaunes d'œufs	5	

On fait chauffer ensemble la crème, le sucre et la vanille ; on prépare les jaunes d'œufs, on verse la crème bouillante sur les jaunes d'œufs et on continue comme nous l'avons déjà dit.

Si l'on veut que la crème contienne quelques grains de vanille, on fend le bâton en quatre, et quand on passe au tamis, on frotte avec la spatule pour que les grains passent à travers.

Crème aux amandes grillées

Crème	1	lit.
Sucre en poudre	360	gr.
Jaunes d'œufs	6	
Blanc d'œuf	1	
Amandes torréfiées	60	gr.
Zeste de citron	1/12	

Torréfiez les amandes émondées, soit dans un brûloir, soit au four ou dans un vase de fer ou de terre à cuire sur le feu, jusqu'à ce qu'elles aient pris une couleur brune; broyez-les avec un peu de crème et mettez-les dans la crème avant de la passer.

Glace dite « Crème Plombière »

Mondez et pilez 150 grammes d'amandes douces et 30 grammes d'amandes amères; ajoutez en pilant quelques gouttes d'eau pour que les amandes ne tournent pas à l'huile; délayez la pâte avec un litre de crème et 700 grammes de sucre. On fait cuire, et quand la crème bout, on la fait passer au tamis de soie, qui retient les amandes; on recueille la crème et on la verse sur cinq jaunes d'œufs. On reporte ensuite sur le feu, en ayant soin, si c'est le même vase qui sert, de l'essuyer, afin d'enlever les amandes collées, et on laisse refroidir.

Lorsqu'on glace cette composition, on lui incorpore un mélange de fruits confits, abricots, prunes, etc., le tout coupé en petits morceaux et préalablement mis à infuser pendant plusieurs heures dans un litre et demi de cognac, kirsch, etc., qu'on verse également dans la composition congelée. Ensuite on ajoute, tout en fouettant pour bien mélanger, un demi-litre de crème fouettée et fraîche; on se sert de ces glaces soit comme entremet en rocher, en les couronnant avec de la marmelade d'abricots, soit pour garnir les meringues dites alors *meringues glacées*.

Crème au beurre frais

Crème	1 lit.
Sucre en poudre.	360 gr.
Jaunes d'œufs.	6
Blanc d'œuf.	1
Beurre frais.	60 gr.
Zeste de citron	1/12

Lorsque la crème est cuite et presque froide, vous mettez le beurre dans une terrine, vous le travaillez avec une spatule pour l'amollir et le lier, en ajoutant la crème par petites quantités, jusqu'à ce qu'il soit bien délayé à pouvoir se mêler à la crème; il ne doit pas fondre, sans quoi il se séparerait de la crème; c'est pourquoi celle-ci doit être presque froide.

Pour la faire meilleure, on émonde 30 grammes de noisettes que l'on broie avec un peu de crème et qu'on peut mêler avec le beurre. Pour lui donner la couleur du beurre, on prend un peu de couleur de souci, que l'on trouve chez les marchands de beurre si l'on ne veut pas la faire.

Crème à la reine

Crème	1 lit.
Sucre en poudre.	360 gr.
Jaunes d'œufs	6
Blanc d'œuf.	1
Biscuits émiettés.	30 gr.
Zeste de citron	1/12

Lorsque la crème est cuite, mettez-y les biscuits, couvrez et mettez au frais.

Crème aux macarons amers

Remplacez les biscuits ci-dessus par le même poids de macarons amers.

Crème au laurier rose

Crème	1 lit.
Sucre en poudre.	360 gr.
Jaunes d'œufs	6
Blanc d'œuf.	1
Feuilles de laurier rose	3
Zeste de citron	1/12

Même préparation que pour la crème ordinaire; lorsqu'elle est cuite, on fait infuser à chaud les feuilles.

Crème fouettée pour glaces

On met dans une terrine de grès placée sur un lit de glace pilée, un demi-litre de crème double et une cuillerée à café de gomme adragante en poudre ou deux cuillerées de gomme arabique. Deux heures après on fouette avec un fouet d'osier et on enlève l'écume au fur et à mesure de sa formation et on la pose sur un tamis où elle s'égoutte; on continue tant qu'il se forme de la mousse, on peut se servir de cette crème un quart d'heure après égouttage; on la conserve au frais jusqu'au moment de s'en servir.

Crème à la romaine

Crème	1 lit.
Sucre en poudre.	360 gr.
Jaunes d'œufs.	6
Blanc d'œuf.	1
Crème fouettée	1/3 de lit.

Zeste de cédrat	1/2 cédrat
Macis en poudre.	3 gr.
Eau de fleurs d'oranger	12 gouttes

Même préparation; ajoutez la crème fouettée en finissant les glaces.

Crème variante

Crème	1 lit.
Sucre en poudre.	360 gr.
Jaunes d'œufs.	6
Blanc d'œuf	1
Zeste de citron	1/12
Vanille	2 gr.
Pistaches émondées et coupées . .	15
Cerises confites coupées	15
Abricots confits coupés.	15
Cédrat confit coupé	15

Coupez les fruits par petits morceaux et ajoutez-les à la crème quand vous finissez de glacer.

Crème au thé

Crème	1 lit.
Sucre en poudre.	360 gr.
Jaunes d'œufs	6
Blanc d'œuf.	1
Zeste de citron	1/12
Liqueur de thé.	2 pet. ver.

Dans le cas où l'on voudrait mettre du thé, on en ferait infuser 4 grammes dans la crème chaude pendant cinq minutes, et on la passerait au tamis. La liqueur de thé se met seulement quand on finit de glacer.

Crème aux noyaux

Cette crème se fait de même que celle au thé, en remplaçant la liqueur au thé pour celle aux noyaux, ou en broyant 30 grammes de noyaux de pêches émondés et les mettant dans la crème.

Crème au marasquin

Même préparation que pour celle au thé, en remplaçant la liqueur de thé par le marasquin.

Crème renversée à la vanille

Lait de bonne qualité	1 lit.
Sucre en poudre	300 gr.
Jaunes d'œufs	12
Œufs entiers	2
Bâton de vanille	1/2 bâton

Versez d'abord 2 cuillerées à bouche de sucre en poudre dans le moule dit *à Charlotte* et posez celui-ci sur un feu pas trop fort, sans le perdre de vue, car il pourrait se colorer imparfaitement, ce qui donnerait à la crème un aspect désastreux; tournez le moule sur lui-même aussitôt le sucre fondu et doré, afin que le caramel ainsi obtenu en tapisse tout le fond, et laissez refroidir; on met ensuite le lait sur un feu doux en remuant de façon à empêcher le lait de coller au fond de la casserole, et quand il bout on y met la vanille, le sucre et on couvre hermétiquement en ralentissant le feu afin que le lait garde cette température un instant sans qu'il puisse monter; clarifiez ensuite les œufs, c'est-à-dire séparez les jaunes des blancs. Cassez les deux œufs entiers, jetez-les dans un bol contenant les douze jaunes d'œufs et donnez un bon coup de fouet afin de bien faire le mélange; versez le lait par petites quantités en continuant de travailler; passez au tamis et versez le liquide tamisé dans le moule à charlotte; faites cuire la crème dans le four et au bain-marie, c'est-à-dire qu'on place le moule dans une casserole plate contenant de l'eau bouillante et on pousse cette casserole dans le four; 50 à 60 minutes suffisent pour la cuisson.

Crème renversée au Moka

Lait.	1 lit.
Sucre en poudre.	300 gr.
Jaunes d'œufs.	10
Œufs entiers	4
Café en grains torréfié.	60 gr.

Mettons le café à la bouche du four sur une plaque en tôle pendant que nous faisons bouillir le lait. D'autre part, prenons un moule à charlotte de 10 centimètres de diamètre, mettons dans le fond une cuillerée à bouche de sucre en poudre et posons le moule sur un feu doux, laissons fondre le sucre en le surveillant jusqu'à ce qu'il ait acquis une couleur dorée, retirons-le du feu, faisons couler le sucre sur toute la surface plane et trempons le fond dans l'eau fraîche pour arrêter la coloration. Battons les œufs entiers avec les jaunes et le sucre après avoir toutefois retiré le lait du feu dès qu'il a bouilli et avoir mis le café à infuser dedans et couvert. Les œufs et le sucre étant battus dix minutes, on mélange peu à peu le lait avec le chinois, on passe la crème dans le moule. Il suffit de poser le moule dans un sautoir garni d'eau bouillante et de mettre le tout au four pas trop chaud et de laisser cuire environ une heure. La crème doit être ferme au toucher. Retirez du feu, laissez refroidir au moins trois heures, renversez sur un plat rond avant de servir.

Crème aux quatre-épices

Crème	1 lit.
Sucre en poudre.	360 gr.
Jaunes d'œufs	6
Blanc d'œuf.	1
Cannelle	1 gr.
Macis.	1 gr.
Muscade	1 gr.
Girofle	1/4 de clou

Crème aux quatre-fleurs

Crème	1 lit.
Sucre en poudre.	360 gr.
Jaunes d'œufs	6
Blanc d'œuf	1
Fleur d'oranger	1 gr.
— de jasmin	1 —
— de jonquille	1/2 —
— d'œillet	1/2 —

Mettez les fleurs à infuser dans la crème lorsque vous la retirez du feu.

Crème à la Joséphine

Lorsque vous avez glacé, vous garnissez une sorbetière de glace salée, vous y mettez moitié glace à la vanille et moitié au citron et mêlez bien.

Crème au cédrat

Crème	1 lit.
Sucre en poudre	360 gr.
Jaunes d'œufs.	6
Blanc d'œuf.	1
Zeste de cédrat	1/2

Crème de Rivière

Crème	1 lit.
Sucre en poudre.	360 gr.
Œufs entiers	6
Pistaches	30 gr.
Vanille	2 —
Zeste de cédrat	1/18
Fleurs d'oranger pralinées	30
Fleurs de violettes pralinées . . .	30

Faites la crème comme d'ordinaire. Emondez les pistaches, coupez-les en petits morceaux et mettez-les dans la crème avec les fleurs pralinées en finissant de glacer. Il est bon d'observer qu'il faut bien faire attention à la cuisson, car la crème contenant plus d'œufs doit épaissir plus promptement.

Crème au lait de noisettes

Prenez :

Crème	1 lit.
Sucre.	360 gr.
Jaunes d'œufs	6
Blanc d'œuf.	1
Zeste de citron	1/12
Noisettes	120 gr.

Emondez les noisettes, broyez-les bien fines, délayez-les avec le quart de la crème; faites votre crème avec les autres trois quarts et mélangez les deux ensemble quand elle sera froide.

Délirante à la vanille

Crème	1 lit.
Sucre.	360 gr.
Jaunes d'œufs.	6
Blanc d'œuf.	1
Vanille	8 gr.

Faites la crème comme il est dit et glacez-la ; lorsqu'elle est finie, faites cuire 125 grammes de sucre au boulé ; pendant ce temps, battez un blanc d'œuf en neige et versez-y le sucre par petit filet en battant toujours, jusqu'à ce que le sucre soit froid pour le mélanger dans les glaces avec précaution.

Par le même procédé, on fait :

La *Délirante à la pistache.*

La *Délirante au marasquin.*

La *Délirante à la fleur d'oranger.*

La *Délirante au beurre.*

La *Délirante au Moka.*

II. GLACES AUX FRUITS

Glace aux abricots

Pilez vingt-quatre abricots séparés des noyaux, délayez la pulpe avec un verre d'eau, ajoutez le jus de deux citrons et un litre de sirop de sucre ; versez le tout sur un tamis de crin en frottant pour faire passer toute la pulpe, sauf les peaux d'abricots. On ramène la composition à 22° au pèse-sirop et on congèle.

Purée d'abricots pour glaces

Afin de pouvoir faire en hiver de la glace aux abricots, on prépare la purée de ces fruits au moment où ils sont très abondants.

On enlève les noyaux et on fait passer la chair à travers un tamis; on ajoute à la pulpe 1 litre de sirop de sucre par 2 kilogrammes de fruits, marquant 30° au pèse-sirop. On fait un mélange intime et on met en bouteilles que l'on bouche hermétiquement et bien ficelées, puis on les soumet à l'ébullition par le bain-marie pendant dix minutes, afin que la purée se conserve bien.

A défaut de purée, on peut prendre de la conserve d'abricots.

Crème aux cerises

Pilez dans un mortier 2 kilogr. 500 de cerises sans queues, portez ensuite sur le feu avec 1 kilogr. de sucre; quand le jus est prêt à bouillir, on verse le tout dans une terrine et on laisse refroidir. Après refroidissement complet, on passe au tamis en pressant avec la spatule sur les cerises pour qu'elles égouttent bien; ajoutez-y le jus d'un ou deux citrons et amenez la composition à 22° au pèse-sirop. Repassez au tamis et congelez.

Conserve de jus de cerises

On prend des cerises bien mûres; on leur enlève la queue et on les pile; on met ensuite le tout dans des bouteilles, on bouche, on ficelle et on porte au bain-marie pendant dix minutes. Ce jus se conserve très bien et, quand on veut s'en servir, on le passe au tamis.

Crème à l'ananas

Pilez dans un mortier un ananas dont vous enlevez seulement la queue et la couronne; mettez la pulpe obtenue dans un vase et versez dessus 1 litre de sirop de sucre froid, couvrez et laissez infuser pendant dix à quinze minutes; passez ensuite au tamis de crin en appuyant avec la spatule en bois. Les parties qui ne passent pas sont pilées de nouveau et délayées dans un verre d'eau, puis repassées au tamis. Ajoutez le jus de deux citrons ou plus suivant la grosseur du fruit employé, du sucre en quantité convenable et de l'eau pour amener la composition à 22° au pèse-sirop.

On peut faire la même crème avec de la conserve d'ananas et on n'a pas besoin de faire infuser dans le sirop.

Glace au citron

Sirop à 22°	1/12 pesé froid
Citrons moyens	3
Zeste de citron	1/2

Zestez la moitié d'un citron dans le sirop, pressez-y le suc des trois, après un instant d'infusion, passez à la chausse ou au tamis.

Cette recette répond au poids de 470 grammes de sucre et 720 grammes d'eau ; il faut faire fondre le sucre dans l'eau froide.

Glace au cédrat

Sirop à 22° ou sucre	470 gr.
Zestes de cédrat	1/2 et eau
Sucs de citrons	3

Zestez le cédrat dans le sirop, enlevez toute l'écorce des citrons, pressez-les, laissez-les infuser un instant et passez à la chausse.

Ces glaces, colorées en rouge, sont dénommées : *Glaces au parfait amour.*

Glace à l'orange

Faites infuser pendant six heures environ, dans un litre de sirop, la partie jaune seulement de 5 oranges (la partie blanche donne un mauvais goût âcre). L'infusion faite, on y ajoute le jus de 8 oranges et de 8 citrons ou de 4 citrons si les oranges sont en pleine saison. On ramène la composition à 22° au pèse-sirop.

Glace au rhum

Sirop de sucre	470 gr.
Citrons.	3
Rhum	3 pet. verres

Pressez les citrons après leur avoir enlevé tout le blanc de l'écorce pour que celle-ci ne donne aucun goût âcre. Passez à la chausse. Lorsque vos glaces seront bien fermes, regarnissez le seau de glace salée, découvrez la sorbetière et introduisez le rhum très doucement; si la saveur de celui-ci n'est pas assez prononcée, vous en ajoutez un peu en observant que le trop de spiritueux ne permet plus aux glaces de rester fermes.

Glace aux pêches

On coupe 20 pêches en petits morceaux qu'on met dans un vase avec les noyaux et un litre de sirop de sucre marquant 30°. Laissez infuser pendant six heures, passez au tamis de crin en appuyant avec la spatule pour faire passer toute la pulpe et ajoutez au jus le suc de 2 citrons; ramenez à 22° au pèse-sirop et congelez.

On prépare de la purée de pêches de la même manière que la purée d'abricots. On peut aussi se servir des pêches en conserve.

Glace aux poires

On enlève les pépins de 10 poires beurrées et on pile celles-ci dans un mortier; on passe sur le tamis de crin, on ajoute le jus de 4 citrons et du sirop pour marquer 22° au pèse-sirop.

Glace muscade

Sirop à 22° ou 470 gr. de sucre et	750 gr. d'eau
Suc de citron	3 gr.
Fleurs de sureau.	2 —

Faites chauffer une petite partie du sirop pour y faire infuser les fleurs de sureau et opérez comme à l'ordinaire. On fera bien de retenir une partie du sirop parfumé et de goûter avant de tout mettre.

Glace aux groseilles framboisées

Sirop à 22° ou 470 gr. de sucre et	750 gr. d'eau
Suc de citrons.	3 gr.
Suc de groseilles dont 1/4 framb..	1 kil.

Pressez les fruits sur un tamis pour en mettre le poids indiqué, faites le mélange avec le sirop ou le sucre fondu et le jus de citron, ajoutez un peu de carmin rouge si la couleur n'est pas assez prononcée, passez au tamis et glacez.

Si vous vouliez colorer après avoir glacé, il faudrait mélanger le carmin avec un peu de composition.

Glace aux framboises

Framboises	750 gr.
Groseilles rouges	250 —
Suc de citron	2
Sirop de sucre.	

Passez les fruits, ajoutez du sirop pour amener à 22° au pèse-sirop, passez au tamis et congelez.

Glace aux fraises

On passe les fraises bien mûres à travers un tamis en appuyant avec la spatule; on mouille ce qui reste sur le tamis et on presse de nouveau en faisant tomber tout ce qui est resté attaché à l'envers du tamis. On ajoute au jus des fraises, le jus d'un citron et du sirop de sucre pour amener la composition à 22° au pèse-sirop; on passe au tamis pour séparer les graines des fraises et on congèle.

Glace au marasquin

Enlevez l'écorce de deux citrons pour les presser dans le sirop; passez à la chausse et en finissant de glacer mettez deux petits verres de marasquin.

Glace aux noyaux et glace au kirschwasser

Se font de la même manière que celle au marasquin.

Fraises au vin de Malaga

Sirop à 22°.
Suc de fraises.
Vin.

Pressez les fraises sur un tamis dans le sirop, ajoutez le vin et un peu de carmin rouge, passez au tamis.

Fraises au vin blanc de Chablis

Même préparation que la précédente, en ajoutant au vin de Chablis un petit verre de kirschwasser.

Glace au lait d'amandes

Sirop à 22°.

Amandes	60 gr.
Citrons	2

Emondez les amandes de leur peau, passez-les à l'eau fraîche, broyez-les en les tenant assez mouillées pour les empêcher de tourner en huile. Mettez-les dans le sirop, pressez-y le suc de deux citrons et passez à la chaussé.

Pour s'éviter la peine d'émonder les amandes, on peut se servir du sirop d'orgeat, en diminuant la dose de sucre en proportion.

Glace aux fruits (variante)

Sirop de sucre.

Citrons	3
Pistaches émondées	30 gr.
Cerises confites	30 —
Abricots confits	30 —
Citrons confits	30 —

Pressez le suc de trois citrons dans le sirop, passez à la chausse et glacez ; coupez les pistaches en quatre et les fruits confits de la même grosseur, et mélangez le tout dans les glaces.

Glace Marie-Louise

Se fait en mettant dans une sorbetière une partie de glaces à la vanille et trois parties de glaces aux fraises que vous mêlez ensemble.

Macédoine de fruits glacés

Coupez par quartiers différents fruits, tels que poires, abricots, pêches, angélique, cerises, etc., le tout confit, mettez-les infuser dans un mélange de marasquin et de kirsch, faites glacer une quantité proportionnée de sirop à 22°, légèrement acidulé avec du suc de citron; au moment de servir, mêlez-y les fruits; dressez sur une serviette en forme de rocher, ou servez dans un compotier.

Autre Macédoine

Décorez un moule à gelée avec des fruits confits, tels que cerises, angélique, poires, abricots, etc., pour varier les couleurs; remplissez-le de glace au citron, mettez-le à la glace salée. Au moment de servir, rangez dans l'intérieur les fruits crus de la macédoine, infusés comme ci-dessus, afin qu'ils sentent moins le froid que s'ils étaient dans la gelée même.

Chateaubriand

Préparez les fruits coupés et infusés indiqués ci-dessus, faites une composition de crème blanche, soit à la vanille ou au lait d'amandes, ou enfin une crème blanche dans laquelle vous mettez à froid assez de sirop d'orgeat pour lui donner le goût d'amandes. Glacez-la d'une consistance solide; avant de la servir, incorporez-y à peu près la moitié de son volume de crème fouettée et sucrez; égouttez les fruits coupés et mélangez le tout légèrement. Dressez dans une pièce octogone en pâte d'office avec un couvercle, le tout glacé et décoré.

La Nécerolle

Faites cuire à l'eau assez de marrons pour obtenir 120 grammes de purée que vous passerez au tamis, ajoutez autant de sucre en poudre ou son poids de sirop; travaillez-la bien avec la spatule. Faire glacer une dose de crème à la fleur d'oranger; ajoutez-y la purée et la moitié de volume de crème fouettée sucrée et servez.

Vous pouvez la varier en y mettant des fruits infusés comme à la Macédoine. Dressez-la dans une pièce en pâte d'office de forme octogone avec un couvercle; le tout est glacé et décoré.

Punch à la Romaine

Le punch à la romaine se fait en mettant dans une dose de glaces au citron deux blancs d'œufs fouettés et sucrés légèrement avec la quantité de punch nécessaire pour parfumer; environ trois petits verres.

Café mousseux

Sucrez du café avec du sirop, mettez-le dans une sorbetière et à la glace, faites-le mousser pendant dix minutes.

Bombe glacée à la vanille

Faites chauffer un demi-litre de crème avec 400 gr. de sucre fondu et un bâton de vanille fendu en quatre. Dès que la crème bout, on la verse sur six jaunes d'œufs en fouettant avec un fouet d'osier; quand le mélange est fait, on reporte sur le feu puis on tamise en frottant avec la spatule pour faire passer les grains et on laisse refroidir. On prépare un moule à bombe dans la sorbetière et on l'entoure de glace pilée et de salpêtre (4 contre 1). Le fond du moule repose sur un morceau de glace.

Le moule étant prêt, on prend un litre de crème fraîche fouettée énergiquement et on y incorpore la préparation à la vanille en fouettant toujours. A ce moment, on découvre le moule et on verse la composition jusqu'à ce qu'il soit plein, puis on replace le couvercle, qu'on charge de glace pour que le moule soit serré. Au bout de deux heures, on peut servir.

On peut habiller les bombes ; pour cela on prépare des glaces aux groseilles, aux fraises, etc., en garnissant les parois et le fond du moule à bombe sur un ou deux centimètres, et on verse la composition de leur bombe au milieu.

Bombe au café

Même préparation que ci-dessus, sauf qu'on y remplace la vanille par 120 grammes de café Moka en grains torréfié fraîchement.

CHAPITRE XVI

Biscuits, Sorbets, Boissons glacées

SOMMAIRE. — I. Biscuits glacés. — II. Sorbets. — III. Boissons glacées.

I. BISCUITS GLACÉS

Ces biscuits sont une composition légère et délicate d'œufs, de sucre, avec ou sans crème fouettée, parfumée à différents goûts. Au lieu d'être glacée dans la sorbetière, on la dresse dans des caisses de papier et on la fait congéler ainsi dans une boîte de fer-blanc disposée pour cet usage et entourée de glace salée.

Ces boîtes de fer-blanc, nommées étuves, sont carrées, longues ; leur couvercle est garni d'un bord de 5 centimètres de hauteur pour recevoir de la glace salée ; leur grandeur diffère suivant le nombre des biscuits à glacer. Les boîtes doivent être de hauteur convenable pour recevoir trois rangs de biscuits. A cet effet, les fonds, en fer ou en zinc, sont garnis aux quatre coins de pieds qui soutiennent le rang suivant et donnent un peu d'espace pour faciliter la congélation des biscuits.

On remplit les caisses de deux manières ; la plus prompte est celle-ci : rangez vos caisses de papier sur les fonds dans leurs longueurs, de manière à ce qu'elles se touchent ; mettez entre chaque rang une lame en fer-blanc ou en zinc qui dépasse les caisses de 2 centimètres 1/2, versez-y la composition et égalisez-la, avec un couteau ou une lame, à la hauteur des lames disposées entre les rangs des caisses en papier, et mettez dans l'étuve ; celle-ci aura été disposée d'avance dans une caisse carrée, munie d'un bouchon et proportionnée à l'étuve ; entourez de glace jusqu'au bord (en salant un peu moins fort que pour les sorbetières), mettez le couvercle et garnissez-le de glace salée de même.

Au bout de deux heures, les biscuits sont glacés. Battez, pour vingt-cinq biscuits, un ou deux blancs d'œufs en neige, mettez-y un peu de sucre en poudre ou de sirop, mêlez-y un peu de composition de fruit glacée, de préférence des glaces aux fruits rouges, ou d'un goût convenable, colorez avec un peu de rouge. C'est ce qu'on appelle *glace des biscuits.*

Pour les glacer, découvrez l'étuve, retirez-en la première plaque, passez un petit couteau entre les biscuits pour les séparer, retirez les lames, prenez les biscuits les uns après les autres, et trempez-les dans la glace sans les enfoncer ; égalisez cette glace dessus et sur les bords avec le couteau en tenant les biscuits légèrement et replacez-les sur la plaque sans les faire toucher ; remettez les plaques dans l'étuve et garnissez de glace salée comme la première fois. Disposés ainsi, on les emporte pour le service du dehors.

La seconde manière consiste à verser la composition dans des caisses en fer-blanc proportionnées à la dimension de l'étuve ; leur largeur doit faire la longueur d'un biscuit, et leur hauteur doit être égale à la hauteur des biscuits ; on les emplit de composition en laissant un peu de vide pour en faciliter la sortie ;

on les place dans l'étuve, et lorsqu'ils sont glacés, retirez les caisses de fer-blanc, trempez-les dans l'eau, essuyez-les et faites tomber la composition en les renversant sur un marbre; coupez-les, passez-y de la glace rouge, posez-les avec soin dans les caisses de papier et remettez dans l'étuve sans les faire toucher.

Biscuits glacés à la vanille

Pour vingt-cinq biscuits glacés à la vanille, prenez :

	Jaunes d'œufs	4 à 5
	Sirop à 32 degrés	1/6 de lit.
ou	Sucre en poudre.	185 gr.
	Eau.	1/12 de lit.
	Crème fouettée	3/4 de lit.
	Vanille pilée : quantité suffisante.	

Délayez les jaunes d'œufs avec le sirop ou le sucre en poudre et l'eau dans un poêlon; mettez sur un feu doux, ou mieux au bain-marie, remuez bien jusqu'à ce que le mélange blanchisse la spatule (comme en cuisant la crème pour les glaces); retirez du feu, versez par un tamis dans une terrine non vernissée et consacrée à cet usage seul ; posez-la sur glace et fouettez la composition avec un balai de bois blanc jusqu'à ce qu'elle soit bien montée et qu'elle se soutienne; sucrez la crème fouettée et mettez-y la vanille, mêlez-la légèrement dans la composition, versez dans les caisses, comme il est dit ci-dessus et mettez dans l'étuve.

Glaces meringuées au four

On se sert des mêmes éléments qui constituent les glaces en général et on les entoure de toute part d'une pâte meringuée; dans cet état, on les place dans un four à température très élevée, qui les saisit immédiatement, et au bout de quinze secondes, plus ou moins, la pâte est assez cuite pour pouvoir être livrée au commerce sans que la glace qui se trouve dans l'intérieur soit fondue. Ce système de fabrication de glaces au four peut s'appliquer à des fromages glacés, des glaces pour soirées, des biscuits glacés, etc., etc.

Quant à la forme de ces glaces, on peut leur donner toutes celles qui pourront convenir aux amateurs.

La pâte des glaces dont il s'agit peut être cuite dans un four ordinaire, ou sous un four dit de campagne, d'une forme quelconque. . . .

. . . .

Biscuits glacés à la fleur d'oranger

Même procédé ; au lieu de vanille, on met un petit verre de liqueur à la fleur d'oranger, plus ou moins, suivant sa force, au moment de verser la composition.

Biscuits glacés au marasquin

Même procédé ; au lieu de la vanille on met un petit verre de marasquin.

Biscuits glacés aux noyaux

Même préparation ; au lieu de vanille un petit verre de noyau.

Biscuits aux pistaches

Faites une composition de biscuits au marasquin, coupez 120 grammes de pistaches en petits quartiers, introduisez-les légèrement dans la composition avec le marasquin.

Biscuits aux confitures

Même procédé ; au lieu de pistaches, prenez 120 gr. de confitures sèches.

Biscuits royaux

Blancs d'œufs.	9
Sucre.	1 kil.
Crème fouettée	2 lit.
Marasquin en liqueur.	4 pet. verr.

Mettez le sucre dans un poêlon, arrosez-le d'un peu d'eau pour le faire fondre, faites-le cuire au boulé. Pendant ce temps, battez les blancs d'œufs en neige (si le sucre se trouvait cuit avant que les blancs soient fermes, vous le retirez du feu et le couvrez d'un linge mouillé, ou vous l'aspergez d'un peu d'eau pour l'empêcher de former la croûte, ce qui vous donnerait des morceaux de sucre dans la composition). Les blancs étant battus et fermes, vous y versez le sucre par filet mince en travaillant bien avec le balai, jusqu'à l'introduction de tout le sucre, continuez à tourner doucement jusqu'au refroidissement complet de la masse que vous pouvez accélérer en posant le poêlon dans la glace. Sucrez la crème fouettée avec du sucre en poudre en la remuant avec soin pour éviter de la faire tomber. Ajoutez-la à la masse avec le marasquin.

Biscuits glacés au café

Même procédé que pour les biscuits à la vanille, en prenant 100 gr. de café en grains fraîchement torréfiés.

II. SORBETS

Ecrasez avec précaution dans un mortier, avec un peu d'eau, les fruits dont vous voulez préparer les sorbets, laissez infuser pendant une heure ou deux le mélange en y laissant une partie des noyaux, s'il y a des fruits à noyaux, puis passez à travers un linge et pressez le marc sous une presse. Ajoutez par litre de jus 1 kilogramme de sucre aromatisé d'un demi bâton de vanille; quand la fusion du sucre est complète, filtrez, ajoutez au mélange un litre de crème double, mêlez bien afin d'avoir une pâte uniforme et mettez dans la sorbetière.

On obtient de cette manière les sorbets d'abricots, d'oranges, de cerises, d'épine-vinette, de fraises, de framboises, etc., etc. ; dans presque tous les sorbets on met un peu de framboises pour donner de l'arome. Souvent aussi on y incorpore des liqueurs, rhum, kirsch, citron, eau de rose, curaçao, etc., et on a alors les sorbets au rhum, au kirsch, etc.

Sorbet au marasquin

Ce sorbet se prépare en mettant dans une glace à la crème, à la vanille ou crème blanche, de la liqueur de marasquin. Pour une portion, on fait le mélange dans un vase avec la spatule.

Sorbets au noyau, à la fleur d'oranger, etc.

Se font de la même manière.

Sorbet aux fraises

On prépare un litre de composition pour glace à l'eau et on l'amène à 20° degrés seulement, au lieu de 22° au pèse-sirop, puis on la congèle avec un demi-litre de Champagne en remuant bien avec la spatule et en veillant à ce qu'elle ne se prenne pas en masse, mais reste en état de sorbet.

Sorbet à l'ananas

Même procédé que pour le sorbet aux fraises; on met un peu moins de vin de Champagne.

Sorbet au Champagne

On fait infuser pendant cinq à six heures dans un litre de sirop froid les zestes de 6 citrons et on y ajoute le jus de 6 citrons et du Champagne pour amener la composition à 22°, on passe au tamis et on congèle en y versant 1/8 de litre de vin de Champagne. On travaille la composition avec la houlette.

Sorbet-punch à la romaine

Faites cuire au boulé un demi-litre de sirop de sucre; quand il bout, ajoutez-y 4 petits verres de rhum, en maintenant le tout au chaud, sans ébullition; fouettez en neige 7 blancs d'œufs et quand ils sont bien fermes, versez par-dessus le sucre tout doucement en continuant à remuer les blancs d'œufs. Laissez refroidir la pâte et pendant ce temps congelez deux litres de glace au citron préparée d'avance; quand la pâte est bien prise, versez dans la sorbetière 2/3 de litre de rhum et mélangez bien tout le contenu; versez-y la pâte des blancs et mélangez bien. On sert bien ferme dans des verres à bordeaux.

Sorbet-punch glacé

On prend un demi-litre de glace au citron qu'on congèle et on y ajoute 1/5 de litre de rhum, on mélange bien. La présence du rhum ramollit la glace en état de sorbet.

III. BOISSONS GLACÉES

Café glacé

Infusez 125 grammes de café Moka dans 1/4 de litre d'eau bouillante; faites chauffer sur le feu un litre de crème et 270 grammes de sucre, et quand cela bout, versez-y le café; laissez refroidir et mettez dans la sorbetière. Travaillez ensuite la composition pour servir plus liquide que tous les autres sorbets.

Macédoine de fruits glacés au Champagne

Prenez une orange, enlevez la peau et séparez en petits quartiers; retirez les pépins et coupez chaque quartier en petits morceaux, puis mettez le tout dans une terrine afin de ne pas perdre le jus; pelez une poire, une pêche, deux ou trois abricots, ôtez les pépins et le cœur ou les noyaux; coupez les fruits en tranches et mettez-les dans la terrine; ajoutez-y quelques fraises épluchées. Mêlez ces fruits avec 750 grammes de sucre cristallisé. Versez sur le tout une bouteille de Champagne et laissez infuser pendant six heures. On place dans la sorbetière et deux heures après on peut les servir.

On sert ces sorbets très peu liquides dans des verres à Bordeaux, et s'ils sont très solides on plonge la sorbetière dans un seau d'eau pendant un moment.

On ne peut faire ce sorbet qu'en été, au moment

des fruits rouges; en hiver, on prend de l'orange, ananas, raisin et poires au naturel, soit de la conserve d'abricots, pêches, cerises, etc.

Chocolat glacé

On prépare un chocolat liquide; on chauffe 1 litre de crème avec du sirop de sucre à 22° et, quand il est prêt à bouillir, on y verse le chocolat en mélangeant bien, puis on congèle.

Liqueurs fraîches glacées

On sucre les liqueurs jusqu'à ce qu'elles marquent 15° au pèse-sirop; on les place pendant deux heures dans la sorbetière, on tourne pendant quelques minutes le contenu de la sorbetière, on détache les parties qui se prennent sur les parois.

On répète cette opération toutes les demi-heures, puis on laisse reposer jusqu'au moment de les servir. Ces liqueurs se servent presque liquides, en état de glace ou neige fondante.

Granits

On mélange en quantité égale du sirop et du jus de fruit en y ajoutant le jus d'une orange et quelques parcelles de ce fruit par litre de sirop. Aromatisez au goût du consommateur, passez au tamis et versez dans la sorbetière; agitez de temps à autre et servez dès qu'il se formera des petits cristaux de glace.

Crèmes conservées, dites « instantanées »

Nous voulons parler ici des compositions qu'on trouve dans le commerce sous la désignation de *crèmes instantanées*.

Ce sont des compositions de crèmes faites comme à l'ordinaire et que l'on réduit ensuite de façon à les amener en état de cristaux. Pour préparer ces crèmes, il suffit de verser dans du lait bouillant le contenu de la boîte.

Nous conseillons aux lecteurs de se méfier de ces compositions vendues à l'état de cristaux, car la plupart de celles-ci sont à base de gélatine.

Crème Loiseau conservée

On fait réduire sur le feu du lait de bonne qualité sucré, jusqu'à ce que le lait prenne la consistance d'une crème épaisse c'est-à-dire qu'on pousse la réduction jusqu'au tiers seulement, en réduisant les deux tiers environ. On incorpore alors de la vanille, du chocolat, ou autre parfum, dans la proportion suivante :

Bâton de vanille en quantité suffisante.
Cacao (par litre de lait) . . . . . . 40 gr.
Moka ou essence de café . . . . . 30 —

On peut les varier suivant le goût du public, qui est le grand indicateur pour les doses du fabricant.

Pour épaissir la crème, on emploie le beurre de cacao qui se durcit au froid et sèche au contact d'un liquide. On met une faible partie de ce beurre dans la crème fouettée ou battue au balai ; sous l'influence du cacao, elle s'épaissit et on incorpore les parfums voulus. Comme cette crème ne se conserverait pas à l'air libre, on l'entoure d'une enveloppe en chocolat, en caramel ou encore en sucre mêlé à des pâtes de fruits.

FIN

TABLE DES MATIÈRES

DEUXIÈME PARTIE

Limonadier

TROISIÈME PARTIE

Glacier

FIN DE LA TABLE DES MATIÈRES

BAR-SUR-SEINE. — IMPRIMERIE VEUVE C. SAILLARD.

1er AOUT 1906

Ce Catalogue annule les précédents

CATALOGUE COMPLET

DE LA

LIBRAIRIE ENCYCLOPÉDIQUE

RORET

L. MULO, SUCCr

12, rue Hautefeuille, 12

PARIS-VIe

NOUVELLE COLLECTION

DE

L'ENCYCLOPÉDIE-RORET

Format in-18 Jésus 19 × 12

COLLECTION DES MANUELS-RORET

OUVRAGES DIVERS

Sur l'Industrie et les Arts et Métiers

OUVRAGES HORTICOLES

JOURNAUX — SUITES A BUFFON

Divers. — Bibliothèque des Arts et Métiers

Dépôt des Ouvrages publiés par la Librairie FÉRET & FILS

DE BORDEAUX

Ce Catalogue est envoyé *franco* sur demande

ENCYCLOPÉDIE-RORET

COLLECTION

DES

MANUELS-RORET

FORMANT UNE

ENCYCLOPÉDIE DES SCIENCES ET DES ARTS

FORMAT IN-18

Par une réunion de Savants et d'Industriels

Tous les Traités se vendent séparément.

La plupart des volumes, de 300 à 400 pages, renferment des planches parfaitement dessinées et gravées, et des figures intercalées dans le texte.

Les Manuels épuisés sont revus avec soin et mis au niveau de la science à chaque édition. Aucun Manuel n'est cliché, afin de permettre d'y introduire les modifications et les additions indispensables. Cette mesure, qui oblige l'Editeur à renouveler les frais de composition typographique à chaque édition, doit empêcher le Public de comparer le prix des *Manuels-Roret* avec celui des ouvrages similaires, tirés sur clichés.

Pour recevoir chaque volume franc de port, on joindra, à la lettre de demande, un *mandat sur la poste* (de préférence aux timbres-poste). Afin d'éviter les écritures pour l'expéditeur et les frais de recouvrement pour le destinataire, **aucun envoi n'est fait contre remboursement par la Poste.**

Les volumes expédiés dans les pays qui ne font pas partie de l'Union des Postes, seront grevés des frais de poste établis d'après les tarifs de la poste française. Les demandes venant de l'**Etranger** devront contenir **25 centimes** en sus des prix portés au Catalogue, pour frais de recommandation à la Poste.

Les timbres étrangers ne pouvant être utilisés, nous prions nos Correspondants de ne pas nous en adresser.

Nouvelle Collection de l'Encyclopédie-Roret

Format in-18 Jésus 19 × 12

Les ouvrages précédés d'un astérisque (*) ont été honorés d'une souscription des Ministères du Commerce, de l'Instruction publique et des Beaux-Arts, et de l'Agriculture.

Manuel de l'**Apiculteur Mobiliste,** nouvelles Causeries sur les Abeilles en 30 leçons, par l'abbé DUQUESNOIS. 1 vol. in-18 jésus, orné de 20 fig. dans le texte. (*Médaille d'argent* à Bar-le-Duc.) 3 fr.

— de l'**Eleveur de Chèvres.** par H.-L.-Alph. BLANCHON. 1 vol. in-18 jésus, orné de 12 figures dans le texte. 2 fr. 50

*— de l'**Eleveur de Faisans,** par H.-L.-Alph. BLANCHON, 1 vol. in-18 jésus, orné de 31 figures dans le texte. 2 fr.

— de l'**Eleveur de Poules,** par H.-L.-Alph. BLANCHON, 1 vol. in-18 jésus, orné de 67 figures dans le texte. 3 fr.

— du **Pisciculteur,** par H.-L.-Alph. Blanchon, 1 vol. in-18 jésus, orné de 65 fig. dans le texte. 3 fr. 50

*— de l'**Eleveur de Pigeons, Pigeons voyageurs,** par H.-L.-Alp. BLANCHON, 1 vol. in-18 jésus, orné de 44 fig. dans le texte. 3 fr.

*— de l'**Eleveur de Lapins,** par WILLEMIN, 1 vol. in-18 jésus, orné de 24 figures dans le texte. 2 fr. 50

— **Gordon Bleu** (le), Nouvelle Cuisinière Bourgeoise, par Mlle MARGUERITE, 14e édition. 1 vol. in-18 jésus, orné de figures dans le texte. (*En préparation*).

— **Eléments Culinaires** (les) à l'usage des jeunes filles, par Auguste COLOMBIÉ. 1 vol. in-18 jésus, cartonné. 3 fr.

— **Traité pratique de Cuisine bourgeoise,** par Auguste COLOMBIÉ, 1 vol. in-18 jésus, cartonné. 4 fr.

— **100 Entremets,** par Auguste COLOMBIÉ, 1 vol. in-18 jésus, cartonné. 2 fr.

*— de **Jardinage et d'Horticulture,** par Albert MAUMENÉ, avec la collaboration de Claude TRÉBIGNAUD, arboriculteur. 1 vol. in-18 jésus, orné de 275 figures dans le texte, 900 pages. Broché, 6 fr. — Cartonné. 7 fr.

— de l'**Agriculteur,** par Louis BEURET et Raymond BRUNET, 1 vol. in-18 jésus orné de 117 figures. 5 fr.

— **Artichaut et de l'Asperge (de la Culture de** l'), par R. BRUNET, ingénieur agronome. 1 vol. orné de 13 fig. dans le texte. 2 fr.

— **Champignons et de la Truffe** (de la Culture des), par R. BRUNET, ingénieur agronome. 1 vol. orné de 15 figures dans le texte. 2 fr. 50

— **Châtaignier** (Culture, Exploitation et Utilisations), par H. BLIN. 1 vol. in-18 jésus orné de 36 fig. 1 fr. 50
— **Fraisier** (de la Culture du), par R. BRUNET, ingénieur agronome. 1 vol. orné de 28 fig. dans le texte. 2 fr.
— **Groseillier, du Cassissier et du Framboisier** (de la Culture du), par R. BRUNET, ingénieur agronome. 1 vol. orné de 7 fig. dans le texte. 1 fr. 50
— **Melon, de la Citrouille et du Concombre** (de la Culture du), par R. BRUNET, ingénr agronome. 1 vol. orné de 25 fig. dans le texte. 2 fr.
— **d'Ostréiculture et de Myticulture**, par A. LARBALÉTRIER, 1 vol. orné de 22 fig. dans le texte. 2 fr. 50
— **Tabac** (Culture et Fabrication du), par R. BRUNET, ingénr agronome. 1 vol. orné de 23 fig. dans le texte. 3 fr.

COLLECTION DES MANUELS-RORET

Manuel pour gouverner les Abeilles et en retirer profit, par MM. RADOUAN et MALEPEYRE. 2 vol. 6 fr.

— **Accordeur de Pianos**, traitant de la Facture des Pianos anciens et modernes et de la Réparation de leur mécanisme, contenant des Principes d'Acoustique, des Notions de Musique, les Partitions habituelles, la Théorie et la Pratique de l'Accord, à l'usage des Accordeurs et des Amateurs, par M. G. HUBERSON. 1 vol. orné de figures et de musique et accompagné de planches. 2 fr. 50

— **Aérostation**, ou Guide pour servir à l'histoire ainsi qu'à la pratique des *Ballons*, par M. DUPUIS-DELCOURT, 1 vol. orné de figures. 3 fr.

— **Agriculture Elémentaire**, à l'usage des écoles primaires et des écoles d'agriculture, par M. V. RENDU. (*Ouvrage autorisé par l'Université.*) 1 vol. 1 fr. 25

— **Alcoométrie**, contenant la description des appareils et des méthodes alcoométriques, les Tables de Force de Mouillage des Alcools, le Remontage des Eaux-de-Vie, et des indications pour la vente des alcools au poids, par MM. F. MALEPEYRE et AUG. PETIT. 1 vol. 1 fr. 75

— **Algèbre**, ou Exposition élémentaire des principes de cette science, par M. TERQUEM. (*Ouvrage approuvé par l'Université.*) 1 gros vol. 3 fr. 50

— **Alimentation**, par M. W. MAIGNE. 2 vol. 6 fr.

— *Première partie*, SUBSTANCES ALIMENTAIRES, leur origine, leur valeur nutritive, falsifications qu'on leur fait subir et moyens de les reconnaître. 1 vol. 3 fr.

— *Deuxième partie*, CONSERVES ALIMENTAIRES, contenant tous les procédés en usage pour conserver les Viandes, le Poisson, le Lait, les OEufs, les Grains, les Légumes verts et secs, les Fruits, les Boissons, etc., suivi du Bouchage des boîtes, des vases et des bouteilles. 1 vol. orné de fig. 3 fr.

— **Amidonnier et Fabricant de Pâtes alimentaires**, traitant de la Fabrication de l'Amidon et des Produits obtenus des Fruits et des Plantes qui renferment de la Fécule, par MM. MORIN, F. MALEPEYRE et Alb. LARBALÉTRIER. 1 vol. avec figures et planches. 3 fr.

— **Anatomie comparée**, par MM. de SIEBOLD et STANNIUS; trad. de l'allemand par MM. SPRING et LACORDAIRE, professeurs à l'Université de Liège. 3 gros vol. 10 fr. 50

— **Aniline (Couleurs d'), d'Acide phénique et de Naphtaline**, par M. Th. CHATEAU. (*En préparation.*)

— **Animaux nuisibles** (Destructeur des).

1re *partie*, Animaux nuisibles aux Habitations, à l'Agriculture, au Jardinage, etc., par VÉRARDI (*En préparation*).

2e *partie*, Insectes nuisibles aux Arbres forestiers et fruitiers, à l'usage des Forestiers, des Jardiniers et des Propriétaires, par MM. RATZEBURG, DE CORBERON et BOISDUVAL. 1 vol. orné de 8 planches. 2 fr. 50

— **Archéologie** grecque, étrusque, romaine, égyptienne, indienne, etc., traduit de l'allemand de M. O. MULLER par M. NICARD. 3 vol. avec Atlas. Les 3 vol. 10 fr. 50. L'Atlas séparé : 12 fr. Les 3 volumes et l'Atlas : 22 fr. 50

— **Architecte des Jardins**, ou l'Art de les composer et de les décorer, par M. BOITARD. 1 vol. avec Atlas de 140 planches (*En préparation*).

— **Architecte des Monuments religieux**, ou Traité d'Archéologie pratique, applicable à la restauration et à la construction des Eglises, par M. SCHMIT. (*En prépar.*).

— **Arithmétique démontrée**, par MM. COLLIN et TRÉMERY. 1 vol. (*En préparation.*)

— **Arithmétique complémentaire**, ou Recueil de Problèmes nouveaux, par M. TRÉMERY. 1 vol. 1 fr. 75

— **Armurier**, Fourbisseur et Arquebusier, traitant de la fabrication des Armes à feu et des Armes blanches, par M. PAULIN DÉSORMEAUX. 2 vol. avec planches. (*En prépar.*)

— **Arpentage**, ou Instruction élémentaire sur cet art et sur celui de lever les plans, par H. BERTRAN. (*En prépar.*).

On vend séparément les MODÈLES DE TOPOGRAPHIE, par CHARTIER. 1 planche coloriée. 1 fr.

— **Art militaire**, ou Instructions pratiques à l'usage

de toutes les armes de terre, par M. VERGNAUD, colonel d'artillerie. 1 volume avec figures. 3 fr.

— **Artificier** (PYROTECHNIE CIVILE), contenant l'Art de confectionner et de tirer les feux d'artifice, par A.-D. VERGNAUD, colonel d'artillerie et P. VERGNAUD, lieutenant-colonel. 1 vol. orné de fig. Nouvelle Edition, refondue, par Georges PETIT, ingénieur civil. 3 fr.

— **Aspirants** aux fonctions de Notaires, Greffiers, Avocats à la Cour de Cassation, Avoués, Huissiers, et Commissaires-Priseurs, par M. COMBES. 1 vol. *(En préparation.)*

— **Assolements, Jachère** et **Succession des Cultures**, par M. Victor YVART, de l'Institut, et M. Victor RENDU, inspecteur de l'agriculture. 3 vol. 10 fr. 50

— **Astronomie**, ou Traité élémentaire de cette science, trad. de l'anglais de W. HERSCHEL, par M. A.-D. VERGNAUD. 1 vol. orné de planches. (*En préparation.*)

— **Astronomie amusante**, Notions élémentaires sur l'Astronomie, par M. L. TOMLINSON, traduit de l'anglais par A. D. VERGNAUD. 1 vol. avec figures. 2 fr. 50

— **Automobiles** (De la construction et du montage des), contenant l'historique, l'étude détaillée des pièces constituant les automobiles, la construction des voitures à pétrole, à vapeur et électriques, les renseignements sur leur montage et leur conduite, par N. CHRYSSOCHOÏDÈS, ingénieur des Arts et Manufactures, professeur à la Fédération générale française des Chauffeurs, Mécaniciens, Electriciens. 2 vol. ornés de 340 figures dans le texte. 8 fr.

— **Bibliographie universelle**, par MM. F. DENIS, P. PINÇON et DE MARTONNE. 3 gros vol. à 2 colonnes. 20 fr.

— **Bibliothéconomie**, Arrangement, Conservation et Administration des Bibliothèques, par L.-A. CONSTANTIN. 1 vol. orné de figures. (*En préparation.*)

— **Bijoutier-Joaillier** et Sertisseur, traitant des Pierres précieuses, de la Nacre, des Perles, du Corail et du Jais, contenant l'Art de les tailler, de les sertir, de les monter, de les imiter, suivi de la description des principaux Ordres et la fabrication de leurs décorations; par MM. JULIA DE FONTENELLE, F. MALEPEYRE et A. ROMAIN. 1 vol. accompagné de planches. 3 fr.

— **Bijoutier-Orfèvre**, traitant des Métaux précieux, de leurs Alliages, des divers modes d'Essai et d'Affinage, du Titre et des Poinçons de garantie de l'Or et de l'Argent, des divers travaux d'Orfèvrerie en or, en argent et en plaqué, du Niellage et de l'Emaillage des Métaux précieux, de la Bijouterie en vrai et en faux, de la fabrication des bijoux de fantaisie, en fer, en acier, en aluminium, etc., par J. DE FONTENELLE, F. MALEPEYRE et A. ROMAIN. 2 vol. avec fig. et planches. 6 fr.

— **Biographie,** ou Dictionnaire historique abrégé des grands hommes, par M. NOEL, ancien inspecteur-général des études. 2 volumes. 6 fr.

— **Blanchiment et Blanchissage,** Nettoyage et Dégraissage des fils de lin, coton, laine, soie, etc., par MM. J. DE FONTENELLE et ROUGET DE LISLE (*En préparation*).

— **Bonnetier et Fabricant de bas,** renfermant les procédés à suivre pour exécuter, sur le métier et à l'aiguille les divers tissus à maille, par MM. LEBLANC et PREAUX-CALTOT. 1 vol. avec planches (*En préparation*).

— **Botanique,** Partie élémentaire, par M. BOITARD. 1 vol avec planches. 3 fr. 50

ATLAS DE BOTANIQUE pour la partie élémentaire. 1 vol. in-8 renfermant 36 planches. 6 fr.

— **Bottier et Cordonnier** (*En préparation*).

— **Boucher,** voyez *Charcutier*.

TABLEAU FIGURATIF DES DIVERSES QUALITÉS DE LA VIANDE DE BOUCHERIE, in-plano colorié. 1 fr.

— **Bougies stéariques et Bougies de paraffine,** traitant de la fabrication des Acides gras concrets, de l'Acide oléique, de la Glycérine, etc., par M. F. MALEPEYRE. Nouv. éd. rev. et corrig. par G. PETIT, ing. civil. 2 vol. ornés de 179 figures dans le texte. 8 fr.

— **Boulanger,** ou Traité pratique de la Panification française et étrangère, contenant la connaissance des farines, les moyens de reconnaître leur mélange et leur altération, les principes de la Boulangerie, la construction des pétrins et des fours, la fabrication de toute espèce de pains et de biscuits, par J. FONTENELLE et F. MALEPEYRE. Nouvelle édition entièrement refondue et mise au courant de l'état actuel de cette industrie, par SCHIELD-TREHERNE. 1 vol. orné de 97 figures dans le texte 4 fr.

— **Bourrelier-Sellier-Harnacheur,** contenant la description de tout l'outillage moderne. Les renseignements sur les marchandises à employer. Fabrication du harnais, équipement, sellerie, garniture de voitures. Recettes diverses. Vocabulaire des termes en usage dans cette profession, par L. JAILLANT. 1 vol. orné de 126 fig. dans le texte. 3 fr.

— **Bourse et ses Spéculations** mises à la portée de tout le monde, par BOYARD. 1 vol. (*En préparation*).

— **Bouvier.** (*En préparation.*)

— **Brasseur,** ou l'Art de faire toutes sortes de Bières

françaises et étrangères, par F. MALEPEYRE. Nouvelle édition, entièrement revue et complétée par SCHIELD-TREHERNE, 2 gros vol. accompagnés d'un Atlas de 14 pl. 8 fr.

— **Briquetier, Tuilier,** Fabricant de Carreaux, de tuyaux de Drainage et de Creusets réfractaires, contenant la fabrication de ces matériaux à la main et à la mécanique, et la description des fours et appareils actuellement usités dans ces industries, par MM. F. MALEPEYRE et A. ROMAIN. 2 vol. accompagnés de planches. 6 fr.

— **Briquets, Allumettes chimiques,** soufrées, phosphorées, amorphes, etc., *Briquets électriques*, *Lumière électrique* et appareils qui la produisent, par MM. MAIGNE et A. BRANDELY. Edition entièrement refondue par Georges PETIT, ingénieur civil. 1 vol. orné de 67 figures. 3 fr.

— **Broderie,** ou Traité complet de cet Art, par Mme CELNART. 1 vol. accompagné d'un Atlas de 40 planches. (*En préparation.*)

— **Bronzage des Métaux et du Plâtre,** par DEBONLIEZ, MALEPEYRE, et LACOMBE. 1 vol. 1 fr. 25

— **Cadres** (Fabricant de), Passe-Partout, Châssis, Encadrements, suivi de la restauration des tableaux et du nettoyage des gravures, estampes, etc., par J. SAULO et DE SAINT-VICTOR. Edition entièrement refondue, par E.-E. STAHL. 1 vol. orné de 27 illustrations. 2 fr.

— **Calculateur,** ou COMPTES-FAITS utiles aux opérations industrielles, aux comptes d'inventaire, etc., par M. Aug. TERRIÈRE. 1 gros vol. 3 fr. 50

— **Calendrier** (Théorie du) et Collection de tous les calendriers des années passées, présentes et futures, par M. FRANCŒUR, profr à la Faculté des sciences (*En préparation*).

— **Calligraphie,** ou l'Art d'écrire en peu de leçons, d'après la méthode de CARSTAIRS. 1 Atlas in-8 obl. 1 fr.

— **Canotier,** ou Traité universel et raisonné de cet Art, par UN LOUP D'EAU DOUCE. 1 vol. orné de fig. 1 fr. 75

— **Caoutchouc, Gutta-percha, Gomme factice,** Tissus imperméables, Toiles cirées et gommées, par M. MAIGNE. Nouvelle édition, revue et augmentée, par G. PETIT, ingénieur civil. 2 vol. ornés de 96 fig. dans le texte. 6 fr.

— **Capitaliste,** contenant la pratique de l'escompte et des comptes-courants, d'après la méthode nouvelle, par M. TERRIÈRE, employé à la trésorerie générale de la couronne. 1 gros vol. 3 fr. 50.

— **Cartes Géographiques** (Construction et Dessin des), par PERROT. Nouvelle édition par BOURGOIN. 1 vol. orné de 148 figures. 2 fr. 50

— **Cartonnier,** Fabricant de Carton, de Carte, de Cartonnages et de Cartes à jouer, par Georges PETIT, ingénieur civil. 1 vol. orné de 95 fig. dans le texte. 4 fr.

— **Chamoiseur, Maroquinier, Mégissier, Teinturier en peaux, Fabricant de Cuirs vernis, Parcheminier et Gantier,** traitant de l'outillage à la main, des machines nouvelles, et des procédés les plus récents en usage dans ces diverses industries, par MM. JULIA-FONTENELLE, MAIGNE et VILLON. 1 vol. avec fig. 3 fr. 50

— **Chandelier et Cirier,** contenant toutes les opérations usitées dans ces industries, par MM. SÉB. LENORMAND et F. MALEPEYRE. 2 vol. (*En préparation.*)

— **Chapeaux** (Fabricant de) en tous genres, par MM. CLUZ, F. et JULIA DE FONTENELLE. 1 vol. (*En préparation*).

— **Charcutier, Boucher et Equarrisseur,** contenant l'élevage et l'engraissement du Porc et de la Truie, l'Art de préparer et de conserver les différentes parties du Cochon, les maniements et le Dépeçage du Bœuf, de la Vache, du Taureau, du Veau, du Mouton et du Cheval, et traitant de l'utilisation des débris, par MM. LEBRUN et MAIGNE. 1 vol. avec figures et planches. 2 fr. 50

On vend séparément :

TABLEAU DES QUALITÉS DE VIANDE, in plano col. 1 fr.

— **Charpentier,** ou Traité complet et simplifié de cet Art, traitant de la Charpente en bois et en fer et de la Manipulation des diverses pièces de Charpente, par HANUS, BISTON, BOUTEREAU et GAUCHÉ. Nouvelle édition refondue, corrigée et augmentée de la *Série des Prix*, par N. CHRYSSOCHOÏDÈS. 2 vol. ornés de 94 fig. dans le texte et accompagnés d'un Atlas de 22 planches. 8 fr.

— **Charron-Forgeron,** traitant de l'Atelier, de l'Outillage, des Matériaux mis en œuvre par le Charron, du Travail de la forge, de la Construction du gros et du petit matériel, etc., par M. G. MARIN-DARBEL. 1 vol. orné de nombreuses figures et accompagné de planches. 3 fr. 50

— **Chasseur,** ou Traité général de toutes les chasses à courre et à tir, suivi d'un Vocabulaire des termes de Chasse et de la Législation, par MM. DE MERSAN, BOYARD et ROBERT. 1 vol. contenant la musique des principales fanfares. 3 fr.

— **Chaudronnier,** contenant l'Art de travailler au marteau le cuivre, la tôle et le fer-blanc, ainsi que les travaux d'Estampage et d'Etampage, par MM. JULLIEN, VALÉRIO et CASALONGA, ingénieurs civils. Nouvelle édition entièrement refondue et augmentée du *Tracé en chaudronnerie*, par Georges PETIT, ingén. civil. 1 vol. orné de

86 fig. dans le texte et accompagné d'un Atlas de 20 pl. 5 fr.

— **Chauffage et Ventilation** des Bâtiments publics et privés, au moyen de l'air chaud, de l'eau chaude et de la vapeur, Chauffage des Bains, des Serres, des Vins, et des Vagons de chemins de fer, par M. A. ROMAIN. 1 vol. accompagne de planches et orné de figures. 3 fr.

— **Chaufournier, Plâtrier, Carrier et Bitumier**, contenant l'exploitation des Carrières et la fabrication du Plâtre, des différentes Chaux, des Ciments, Mortiers, Bétons, Bitumes, Asphaltes, etc., par MM. D. MAGNIER et A. ROMAIN. Nouvelle édition. 1 vol. accompagné de planches. 3 fr. 50

— **Chemins de Fer**, contenant des études comparatives sur les divers systèmes de la voie et du matériel, le Formulaire des charges et conditions pour l'établissement des travaux, etc., par M. E. WITH. 2 vol. avec atlas 7 fr.

— **Cheval** (**Education et dressage du**) monté et attelé, traitant de son hygiène et des remèdes qui lui conviennent, par M. DE MONTIGNY. 1 vol. avec planches. 3 fr.

— **Chimie Agricole**, par MM. DAVY et VERGNAUD. 1 vol. orné de figures. 3 fr. 50

— **Chimie analytique** (*En préparation*).

— **Chimie appliquée**, voyez *Produits chimiques*.

— **Chocolatier**, voyez *Confiseur et Chocolatier*.

— **Cidre et Poiré** (Fabricant de), traitant de la Culture et de la Greffe des meilleures variétés de fruits propres à faire le Cidre et le Poiré, ainsi que des Méthodes nouvelles et des Appareils perfectionnés employés dans cette industrie, par MM. DUBIEF, F. MALEPEYRE et le Comte DE VALICOURT. 1 vol. orné de figures. 3 fr.

— **Cirage**, voyez *Encres*.

— **Ciseleur**, contenant la description des procédés de l'Art de ciseler et repousser tous les métaux ductiles, bijouterie, orfèvrerie, armures, bronzes, etc., par M. Jean GARNIER, ciseleur-sculpteur. Nouvelle édition, revue, corrigée et augmentée, par C. CHOUARTZ, ciseleur. 1 vol. orne de 60 figures dans le texte. 3 fr.

— **Clichage** en matière et galvanique, voyez *Graveur*.

— **Coiffeur**, par M. VILLARET. 1 vol. orné de figures. (*En préparation*).

— **Colles** (Fabrication de toutes sortes de), comprenant colles de matières végétales, animales et composées, par MALEPEYRE. Nouvelle édition entièrement refondue par H. BERTRAN, ingénieur des Arts et Manufactures. 1 vol. orné de 114 figures dans le texte. 3 fr.

— **Coloriste,** contenant le mélange et l'emploi des Couleurs, ainsi que l'Enluminure, le Lavis, le coloriage à la main et au patron, etc., par MM. PERROT, BLANCHARD, THILLAYE et VERGNAUD. (*En préparation.*)

— **Commerce, Banque et Change,** contenant tout ce qui est relatif aux effets de Commerce, à la tenue des livres, à la comptabilité, à la bourse, aux emprunts, etc., par M. GALLAS, suivi de la MÉTHODE NOUVELLE POUR LE CALCUL DES INTÉRÊTS A TOUS LES TAUX (*En préparation*).

— **Compagnie** (Bonne), ou Guide de la Politesse et de la Bienséance, par madame CELNART (*En préparation*).

— **Comptes-Faits,** voyez *Calculateur*, *Capitaliste*, *Poids et Mesures* (*Barème des*).

— **Confiseur et Chocolatier,** contenant les derniers perfectionnements apportés à ces Arts, par MM. CARDELLI et LIONNET-CLÉMANDOT. Nouvelle édition complètement refondue par M. A. M. VILLON, ingénieur-chimiste. 1 vol. avec nombreuses illustrations. 4 fr.

— **Conserves alimentaires,** voyez *Alimentation.*

— **Construction moderne** (La), ou Traité de l'Art de bâtir avec solidité, économie et durée, comprenant la Construction, l'histoire de l'Architecture et l'Ornementation des édifices, par BATAILLE, architecte, anc. professeur. Nouvelle édition, revue, corrigée et augmentée par N. CHRYSSOCHOÏDÈS. 1 vol. orné de 224 fig. dans le texte et accompagné d'un Atlas grand in-8° de 44 planches. 15 fr.

— **Constructions agricoles,** traitant des matériaux et de leur emploi dans les Constructions destinées au logement des Cultivateurs, des Animaux et des Produits agricoles dans les petites, les moyennes et les grandes exploitations, par M. G. HEUZÉ, inspecteur de l'agriculture. 1 vol. accompagné d'un Atlas de 16 pl. grand in-8°. 7 fr.

— **Contre-Poisons,** ou Traitement des individus empoisonnés, asphyxiés, noyés ou mordus, par M. le Docteur H. CHAUSSIER. 1 vol. (*En préparation*).

— **Contributions Directes,** Guide des Contribuables, par M. BOYARD. (*En préparation.*)

— **Cordier,** contenant la culture des Plantes textiles, l'extraction de la Filasse, et la fabrication de toutes sortes de cordes, par BOITARD. 1 vol. orné de fig. (*En préparation*).

— **Correspondance Commerciale,** contenant les Termes de commerce, les Modèles et Formules épistolaires et de comptabilité, etc., par MM. REES-LESTIENNE et TRÉMERY. (*En préparation.*)

— **Corroyeur,** voyez *Tanneur.*

— **Couleurs** (Fabricant de) à l'huile et à l'eau, Laques, Couleurs hygiéniques, Couleurs fines, etc., par MM. RIFFAULT, VERGNAUD, TOUSSAINT et MALEPEYRE. 2 volumes accompagnés de planches. 7 fr.

— **Coupe des Pierres**, contenant des notions de Géométrie élémentaire et descriptive, ainsi que l'art du Trait appliqué à la Stéréotomie, par MM. TOUSSAINT et H. M.-M., architectes. Nouvelle édition, augmentée d'un Appendice sur le transport et le travail de la pierre, par FROMHOLT. 1 vol. avec Atlas. 5 fr.

— **Coutelier**, ou l'Art de faire tous les Ouvrages de Coutellerie, par LANDRIN, ingr civil. (*En préparation*).

— **Couvreur**, voyez *Plombier*.

— **Crustacés** (Hist. natur. des), par MM. BOSC et DESMAREST, etc. 2 vol. ornés de planches. 6 fr.

— **Cubage des Bois** en grume ou écorcés au 1/4 et au 1/5 réduits, de 1m à 10m90 de longueur inclus, et de 0m40 à 4m de circonférence inclus ; donnant tous les cubes par fraction de 0m10 en 0m10 pour la longueur et de 0m05 en 0m05 pour la circonférence, et permettant d'obtenir les cubes de toutes longueurs, par G. HAUDEBERT, ancien marchand de bois à Vendôme. 1 vol. 1 fr. 25

— **Cuisinier et Cuisinière.** (*En préparation.*)

— **Cultivateur Forestier**, contenant l'Art de cultiver en forêts tous les Arbres indigènes et exotiques, par M. BOITARD. 2 vol. 5 fr.

— **Cultivateur Français**, ou l'Art de bien cultiver les Terres et d'en retirer un grand profit, par M. THIÉBAUT DE BERNEAUD. 2 vol. ornés de figures. 5 fr.

— **Dames**, ou l'Art de l'Elégance, traitant des Objets de toilette, d'ameublement et de voyage qui conviennent aux Dames, par madame CELNART. 1 vol. 3 fr.

— **Danse**, ou Traité théorique et pratique de cet Art, contenant toutes les *Danses de Société* et la Théorie de la Danse théâtrale, par BLASIS et LEMAITRE. 1 vol. 1 fr. 25

— **Décorateur-Ornementiste.** (*En préparation.*)

— **Dessin Linéaire**, par M. ALLAIN, entrepreneur de travaux publics. 1 vol. avec Atlas de 20 planches. 5 fr.

— **Dessinateur**, ou Traité complet du Dessin, par M. BOUTEREAU, professeur. 1 volume accompagné d'un Atlas de 20 planches, dont quelques-unes coloriées. 5 fr.

— **Distillateur-Liquoriste**, contenant les Formules des Liqueurs les plus répandues, les parfums, substances colorantes, etc., par MM. LEBEAUD, JULIA DE FONTENELLE et MALEPEYRE. 1 gros volume. 3 fr. 50

— **Distillation de la Betterave, de la Pomme de terre**, du Topinambour et des racines féculentes, telles que la carotte, le rutabaga, l'asphodèle, etc., par HOURIER et MALEPEYRE. Nouvelle édition entièrement refondue par LARBALÉTRIER. 1 vol. accomp. de 3 pl. gravées sur acier. 3 fr.

— **Distillation des Grains et des Mélasses**, par MM. F. MALEPEYRE et ALB. LARBALÉTRIER. 1 vol accompagné d'un Atlas de 9 planches in-8°. 5 fr.

— **Distillation des Vins**, des Marcs, des Moûts, des Fruits, des Cidres, etc., par M. F. MALEPEYRE. Nouvelle édition revue, corrigée et considérablement augmentée par M. Raymond BRUNET, ingénieur-agronome. 1 vol. 3 fr.

— **Domestiques**, ou Art de former de bons serviteurs, par Mme CELNART. 1 vol. *(En préparation.)*

— **Dorure, Argenture, Nickelage, Platinage sur Métaux**, au feu, au trempé, à la feuille, au pinceau, au pouce et par la méthode électro-métallurgique, traitant de l'application à l'Horlogerie de la dorure et de l'argenture galvaniques, et de la coloration des Métaux par les oxydes métalliques et l'Electricité, par MM. MATHEY, MAIGNE, A. VILLON et Georges PETIT, ingénieur civil. 1 vol. orné de 36 figures dans le texte. 3 fr. 50

— **Dorure sur bois** à l'eau et à la mixtion, par les procédés anciens et nouveaux, traitant des Peintures laquées sur Meubles et sur Sièges, par M. SAULO. 1 vol. 1 fr. 50

— **Drainage simplifié**. (Voir *Agriculture*, p. 3.)

— **Eaux et Boissons Gazeuses**, ou Description des méthodes et des appareils les plus usités dans cette industrie, le bouchage des bouteilles et des siphons, la Gazéification des Vins, Bières et Cidres, etc. Nouv. édit. augmentée des Boissons angl. et améric., par L. GASQUET, Ingénieur des Arts et Manufactures, et JARRE, Ingénieur. 1 vol. orné de 140 fig. dans le texte. 4 fr.

— **Eaux-de-Vie (Négociant en)**, Liquoriste, Marchand de Vins et Distillateur, par MM. RAVON et MALEPEYRE. Nouvelle édition revue, corrigée et augmentée par RAYMOND BRUNET, ingénieur-agronome, 1 vol. 1 fr.

— **Ebéniste et Tabletier**, traitant des Bois, de leur Teinture et de leur Apprêt, de l'Outillage, du Débitage des bois de placage, de la fabrication et de la réparation des Meubles de tout genre et du travail de la Tabletterie, par MM. NOSBAN et MAIGNE. 1 vol orné de figures et accompagné de planches. 3 fr. 50

— **Electricité atmosphérique**, ou Instructions

pour établir les Paratonnerres et les Paragrêles, par M. Riffault. 1 vol. avec planche. 2 fr. 50

— **Electricité médicale**, ou Eléments d'Electro-Biologie, suivi d'un Traité sur la Vision, par M. Smee, traduit par M. Magnier. 1 vol. orné de figures. 3 fr.

— **Electricité**, par G. Petit, Ingénieur civil, 2 vol. (*En préparation*).

— **Encres (Fabricant d')** de toute sorte, telles que Encres d'écriture, Encres à copier, Encres d'impression typographique, lithographique et de taille douce, Encres de couleurs, Encres sympathiques, etc., suivi de la *Fabrication des Cirages* et de l'*Imperméabilisation des Chaussures*, par MM. de Champour, F. Malepeyre et A. Villon. 1 v. 3 fr. 50

— **Engrais** (Fabrication et application des) animaux, végétaux et minéraux et des Engrais chimiques, ou Traité théorique et pratique de la nutrition des plantes, par MM. Eug. et Henri Landrin et M. Alb. Larbalétrier. 1 vol. orné de figures. 3 fr.

— **Entomologie élémentaire**, ou Entretiens sur les Insectes en général, mis à la portée de la jeunesse, par M. Boyer de Fonscolombe. 1 gros vol. 3 fr.

— **Epistolaire (Style)**, Choix de lettres puisées dans nos meilleurs auteurs et Instructions sur le style, par Biscarrat et la comtesse d'Hautpoul (*En préparation*).

— **Equarrisseur**, voyez *Charcutier*.

— **Equitation**, traitant du manège civil, du manège militaire, de l'Equitation des Dames, etc., par MM. Vergnaud et d'Attanoux. 1 vol. orné de figures. 3 fr.

— **Escaliers en Bois** (Construction des), traitant de la manipulation et du posage des Escaliers à une ou plusieurs rampes, de tous les modèles et s'adaptant à toutes les constructions, par M. Boutereau. 1 vol. et Atlas grand in-8° de 20 planches gravées sur acier. 5 fr.

— **Escrime**, ou Traité de l'Art de faire des armes, par M. Lafaugère. 1 vol. orné de figures. 2 fr. 50

— **Etat Civil** (Officier de l'), traitant de la Tenue des Registres et de la Rédaction des Actes, par M. Lemolt. 1 vol. 2 fr. 50

— **Etoffes imprimées et Papiers peints** (Fabricant d'). (*En préparation.*)

— **Falsifications des Drogues** simples ou composées, moyens de les reconnaître, par M. Pédroni, chimiste. 1 vol. avec planche. 2 fr. 50

— **Ferblantier-Lampiste**, ou Art de confectionner tous les Ustensiles en fer-blanc, de les souder, de les réparer, etc., suivi de la fabrication des Lampes et des Appareils d'éclairage, par MM. LEBRUN, MALEPEYRE et A. ROMAIN. 1 vol. orné de fig. et accompagné de planches. 3 f. 50

— **Fermier.** — Voir *Agriculteur*, page 3.

— **Filature du Coton,** contenant la description des Métiers à filer le coton, diverses formules pour apprécier la résistance des Appareils mécaniques, et un Traité des engrenages, par M. DRAPIER. (*En préparation.*)

— **Fleuriste artificiel et Feuillagiste,** ou l'Art d'imiter toute espèce de Fleurs, de Feuillage et de Fruits. 1 vol. orné de 50 figures. 3 fr.

On peut se procurer des *modèles coloriés*, dessinés d'après nature, par REDOUTÉ. La planche : 1 fr.

— **Fondeur,** traitant de la Fonderie du fer, de l'acier, du cuivre, du bronze et du laiton, de la fonte des statues, des cloches, etc., par MM. A. GILLOT et L. LOCKERT, ingénieurs. Nouvelle édition revue, corrigée et augmentée par N. CHRYSSOCHOÏDÈS, ingénieur des Arts et Manufactures. 2 vol. ornés de 253 figures dans le texte. 8 fr.

— **Fontainier,** voy. *Mécanicien-Fontainier*, *Sondeur*.

— **Forestier praticien** (le) et Guide des Gardes Champêtres (Voir *Cultivateur forestier*, *Gardes champêtres*).

— **Forgeron, Maréchal, Taillandier,** voyez *Charron*, *Machines-Outils*, *Serrurier*.

— **Forges** (Maître de), ou Traité théorique et pratique de l'Art de travailler le fer, la fonte et l'acier, par M. LANDRIN. (*En préparation*).

— **Galvanoplastie,** ou Traité complet des Manipulations électro-métallurgiques, contenant tous les procédés les plus récents et les plus usités, par M. A. BRANDELY. Nouvelle édition revue et corrigée par G. PETIT, ingén. civil. 2 vol. ornés de 81 figures. 7 fr.

— **Gants** (Fabricant de), voyez *Chamoiseur*.

— **Gardes Champêtres, Gardes Forestiers, Gardes-Pêche, et Gardes-Chasse,** par M. BOYARD, ancien président à la Cour d'Orléans, M. VASSEROT, ancien sous-préfet, M. V. EMION et M. L. CREVAT, juges de paix, 1 vol. 2 fr. 50

— **Gardes-Malades,** et personnes qui veulent se soigner elles-mêmes, par M. le docteur MORIN. 1 vol. 2 fr. 50

— **Gaz** (Appareilleur à), voyez *Plombier*.

— **Gaz** (Eclairage et Chauffage au), ou Traité élémentaire et pratique destiné aux Ingénieurs, aux Directeurs et aux Contre-Maîtres d'Usines à Gaz, mis à la portée de tout le monde, suivi d'un *Aide-Mémoire de l'Ingénieur-Gazier*, par M. D. MAGNIER, ingénieur-gazier. Nouvelle édition corrigée, augmentée et entièrement refondue, par E. BANCELIN, ancien élève de l'Ecole polytechnique, ancien sous-régisseur d'usine de la Cie Parisienne du Gaz. 2 vol. ornés de 322 figures dans le texte. 8 fr.

On a extrait de ce Manuel l'ouvrage suivant :

AIDE-MÉMOIRE DE L'INGÉNIEUR-GAZIER, contenant les Notions et les Formules nécessaires aux personnes qui s'occupent de la Fabrication et de l'Emploi du Gaz. Br. in-18. 75 c.

— **Géographie de la France,** divisée par bassins, par M. LORIOL (*Autorisé par l'Université*). 1 vol. 2 fr. 50

— **Géographie physique,** ou Introduction à l'étude de la Géologie, par M. HUOT. 1 vol. 3 fr.

— **Géologie,** ou Traité élémentaire de cette science, par MM. HUOT et D'ORBIGNY. 1 vol. orné de planches. 3 fr.

— **Gourmands,** ou l'Art de faire les honneurs de sa table, par CARDELLI. (*En préparation.*)

— **Graveur,** ou Traité complet de la Gravure en creux et en relief, Eau-forte, Taille douce, Héliogravure, Gravure sur bois et sur métal, Photogravure, Similigravure, Procédés divers, Clichage des gravures en plomb et en galvanoplastie, Fabrication des Cartes à jouer, Gravure de la musique, etc., par M. VILLON. 2 volumes ornés de figures. 6 fr.

— **Greffes** (Monographie des), ou Description des diverses sortes de Greffes employées pour la multiplication des végétaux. (*En préparation.*) — Voir *Jardinage*, page 3.

— **Gymnastique,** par M. le colonel AMOROS. (*Ouvrage couronné par l'Institut, admis par l'Université, etc.*) 2 vol. et Atlas. 10 fr. 50

— **Habitants de la Campagne** (Voir *Agriculteur*, page 3).

— **Histoire naturelle médicale et de Pharmacographie,** ou Tableau des Produits que la Médecine et les Arts empruntent à l'Histoire naturelle, par M. LESSON, ancien pharmacien de la marine à Rochefort. 2 volumes. 5 fr.

— **Horloger,** comprenant la Construction détaillée de l'Horlogerie ordinaire et de précision, et, en général, de toutes les machines propres à mesurer le temps ; par LENORMAND, JANVIER et MAGNIER, revu par L. S.-T. Nouvelle édition entièrement refondue et augmentée de l'Horlogerie Electrique, l'Horlogerie Pneumatique et la Boîte à

Musique, par E. STAHL. 2 vol. accompagnés d'un Atlas de 15 planches. 7 fr.

— **Horloger-Rhabilleur,** traitant du rhabillage et du réglage des Montres et des Pendules, augmenté de : **Corrélation du Pendule au rochet** avec le levier de la Force motrice. Etude mécanique appliquée à l'Horlogerie, par M. J.-E. PERSEGOL. 1 vol. orné de figures et planches. 2 fr. 50

On vend séparément :

CORRÉLATION DU PENDULE AU ROCHET. 50 c.

— **Huiles minérales,** leur Fabrication et leur Emploi à l'Eclairage et au Chauffage, par M. D. MAGNIER, ingénieur. 1 vol. accompagné de planches (*En préparation*).

— **Huiles végétales et animales** (Fabricant et Epurateur d'), comprenant la Fabrication des Huiles et les méthodes les plus usuelles de les essayer et de reconnaître leur sophistication, par J. DE FONTENELLE, F. MALEPEYRE et AD. DALICAN. Nouvelle édition revue, corrigée et augmentée par N. CHRYSSOCHOÏDÈS, ingénieur des arts et manufactures. 2 vol. ornés de 190 fig. dans le texte. 7 fr.

— **Hydroscope,** voyez *Sondeur*.

— **Hygiène,** ou l'Art de conserver sa santé, par le docteur MORIN. 1 vol. 3 fr.

— **Indiennes** (Fabricant d'), renfermant les Impressions des Laines, des Châles et des Soies, par MM. THILLAYE et VERGNAUD. 1 vol. accompagné de planches. 3 fr. 50

— **Instruments de Chirurgie** (Fabricant d'), par M. H.-C. LANDRIN. (*En préparation.*)

— **Irrigations et assainissement des Terres,** ou Traité de l'emploi des Eaux en agriculture, par M. le Marquis DE PARETO, 3 vol. accompagnés de deux Atlas composés de 40 planches in-folio et de tableaux. 18 fr.

— **Jeunes gens,** ou Sciences, Arts et Récréations qui leur conviennent, par M. VERGNAUD. (*En préparation.*)

— **Jeux d'Adresse et d'Agilité,** contenant les Jeux et les Récréations d'intérieur et en plein air, à l'usage des enfants, des jeunes gens et des jeunes filles de tout âge, et des grandes personnes, par DUMONT. 1 vol. orné de figures. 3 fr.

— **Jeux de Calcul et de Hasard.** (*En prép.*)

— **Jeux de Cartes,** tels que l'Ecarté, le Piquet, le Whist, la Bouillotte, le Bésigue, le Trente et un, le Baccarat, le Lansquenet, etc. 1 vol. (*En préparation.*)

— **Jeux de Société**, renfermant les Rondes enfantines, les Jeux innocents, les Pénitences, les Jeux d'esprit, les Jeux de Salon les plus en usage dans les réunions intimes, par Madame Celnart. 1 vol. (*En préparation.*)

— **Justices de Paix**, ou Traité des Compétences et Attributions tant anciennes que nouvelles, en toutes matières, par M. Biret. (*En préparation.*)

— **Laiterie**, ou Traité de toutes les méthodes en usage pour traiter et conserver le Lait, faire le Beurre, confectionner les Fromages français et étrangers, et reconnaître les Falsifications de ces substances alimentaires, par M. Maigne. 1 vol. orné de figures. 3 fr.

— **Lampiste**, voyez *Ferblantier*.

— **Langage** (Pureté du), par M. Blondin. 1 vol. 1 fr. 50

— **Langage** (Pureté du), par MM. Biscarrat et Boniface. 1 vol. (*En préparation.*)

— **Levure (Fabricant de)**, traitant de sa composition chimique, de sa production et de son emploi dans l'industrie, principalement dans la Brasserie, la Distillation, la Boulangerie, la Pâtisserie, l'Amidonnerie, la Papeterie, par F. Malepeyre. Nouvelle édition revue et corrigée par Raymond Brunet, ingénieur agronome. 1 vol. orné de figures. 2 fr. 50

— **Limonadier**, Glacier, Cafetier et Amateur de thés, contenant la fabrication de la Glace et des Boissons frappées ou rafraîchissantes, par Chautard et Julia de Fontenelle. Nouvelle édition entièrement refondue par Chryssochoïdès, ingénieur des Arts et Manufactures. 1 vol. orné de 76 figures dans le texte. 3 fr.

— **Lithographe** (Imprimeur et Dessinateur), traitant de l'Autographie, la Lithographie mécanique, la Chromolithographie, la Lithophotographie, la Zincographie, et des procédés nouveaux en usage dans cette industrie, par M. Villon. 2 volumes et Atlas in-18. 9 fr.

— **Liquides (Amélioration des)**, tels que Vins, Alcools, Spiritueux divers, Liqueurs, Cidres, Bières, Vinaigres, Laits, par V.-F. Lebeuf ; 6e éd., entièrement refondue, par le Dr E. Varenne I. P. ✱, ancien distillateur, négociant en vins et spiritueux, membre de la commission extraparlementaire de l'alcool, etc., rédacteur scientifique à la *Revue Vinicole*, 1 vol. 3 fr.

— **Littérature** à l'usage des deux sexes, par madame d'Hautpoul. 1 vol. 1 fr. 75

— **Locomotion mécanique**, voyez *Vélocipédie et Automobiles*.

— **Luthier**, ou Traité de la construction des Instruments à cordes et à archet, tels que le Violon, l'Alto, le Violoncelle, la Contrebasse, la Guitare, la Mandoline, la Harpe, les Monocordes, la Vielle, etc., traitant de la Fabrication des Cordes harmoniques en boyau et en métal, par MM. Maugin et Maigne. Nouvelle édition suivie du mémoire sur la construction des instruments à cordes et à archet, par F. Savart. 1 vol. avec fig. et planches. 3 fr. 50

— **Machines à Vapeur** appliquées à la Marine, par M. Janvier. 1 vol. avec planches. 3 fr. 50

— **Machines Locomotives** (Constructeur de), par M. Jullien, ingénieur civil (*En préparation*).

— **Machines-Outils** employées dans les usines et ateliers de construction, pour le Travail des Métaux, par M. Chrétien. 2 vol. et atlas de 16 pl. grand in-8°. 10 fr. 50

— **Maçon, Stucateur, Carreleur et Paveur,** contenant l'emploi, dans ces industries, des matières calcaires et siliceuses, ainsi que la construction des Bâtiments de ville et de campagne, et les méthodes de Pavage expérimentées dans les grandes villes, par MM. Toussaint, D. Magnier, G. Picat et A. Romain. 1 vol. orné de figures et accompagné de 6 planches. 3 fr. 50

— **Maires, Adjoints, Conseillers et Officiers municipaux,** rédigé *par ordre alphabétique*, par M. Ch. Vasserot, ancien adjoint. (*En préparation*).

— **Maître d'Hôtel**, ou Traité complet des menus, mis à la portée de tout le monde, par M. Chevrier. 1 vol. orné de figures. (*En préparation*.)

— **Maîtresse de Maison**, ou Conseils et Recettes sur l'Economie domestique, par MMmes Pariset et Celnart. 1 vol. 2 fr. 50

— **Mammalogie,** ou Histoire naturelle des Mammifères, par M. Lesson. 1 gros vol. 3 fr. 50

— **Marbrier, Constructeur et Propriétaire de maisons,** contenant des Notions pratiques sur les Marbres, ainsi que des Modèles de Monuments funèbres, de Cheminées, de Vases et d'Ornements de toute nature, par B. et M. (*En préparation*.)

— **Marine,** Grécment, manœuvre du Navire et Artillerie, par M. Verdier. 2 vol. ornés de figures. 5 fr.

— **Maroquinier,** voyez *Chamoiseur*.

— **Marqueteur et Ivoirier,** traitant de la fabrication des meubles et des objets meublants en marqueterie et en incrustation, de la Tabletterie-Ivoirerie, du travail de l'Ivoire, de l'Os, de la Corne, de la Baleine, de la Nacre, de l'Ambre, etc., par MM. MAIGNE et ROBICHON. 1 vol. orné de figures. 3 fr. 50

— **Mathématiques appliquées,** Notions élémentaires sur les Lois du mouvement des corps solides, de l'Hydraulique, de l'Air, du Son, de la Lumière, des Levés de terrains et nivellement, du Tracé des Cadrans solaires, etc., par RICHARD (*En préparation.*)

— **Mécanicien-Fontainier,** comprenant la Conduite et la Distribution des Eaux, le mesurage aux Compteurs et à la Jauge, la Filtration, la fabrication des Robinets, des Fontaines, des Bornes, des Bouches d'eau, des Garde-robes, etc., par MM. BISTON, JANVIER, MALEPEYRE et A. ROMAIN. 1 vol. avec figures et planches. 3 fr. 50

— **Mécanique,** ou Exposition élémentaire des lois de l'Equilibre et du Mouvement des Corps solides, par M. TERQUEM. 1 gros vol. orné de planches (*En préparation*).

— **Medecine et Chirurgie domestiques,** contenant les moyens les plus simples et les plus rationnels pour la guérison de toutes les maladies, par M. le docteur MORIN. (*En préparation.*)

— **Mégissier,** voyez *Chamoiseur.*

— **Menuisier en bâtiments, Layetier-Emballeur,** traitant des Bois employés dans la menuiserie, de l'Outillage, du Trait, de la construction des Escaliers, du Travail du Bois, etc., par MM. NOSBAN et MAIGNE. 2 vol. accompagnés de planches et ornés de figures. 6 fr.

— **Metaux** (Travail des), voyez *Machines-Outils, Tourneur, Charron, Chaudronnier, Ferblantier.*

— **Meunier.** (*En préparation.*)

— **Microscope** (Observateur au). Description du Microscope et ses diverses applications, par M. F. DUJARDIN, ancien professeur à la Faculté des Sciences de Rennes. 1 vol. avec Atlas de 30 planches. 10 fr. 50

— **Minéralogie,** ou Tableau des Substances minérales, par M. HUOT (*En préparation*).

ATLAS DE MINÉRALOGIE, composé de 40 planches représentant la plupart des Minéraux décrits dans l'ouvrage ci-dessus; fig. noires. 3 fr.

— **Mines (Exploitation des).**

2e *partie*, MÉTAUX PRÉCIEUX ET INDUSTRIELS, SOUFRE, SEL, DIAMANT, par M. L. KNAB, ingénieur. 1 vol. avec pl. 3 fr. 50

— **Miniature,** voyez *Peinture à l'Aquarelle.*

— **Morale,** ou Droits et Devoirs dans la Société. 1 volume. (*En préparation.*)

— **Morale (La)** de l'Enfance, par le vicomte DE MOREL-VINDÉ. 1 vol. in-18 cartonné. (*En préparation.*)

— **Moraliste**, ou Pensées et Maximes instructives pour tous les âges de la vie, par M. TREMBLAY. 2 vol. 5 fr.

— **Mouleur**, ou Art de mouler en Plâtre, au Ciment, à l'argile, à la cire, à la gélatine, traitant du Moulage du carton, du carton-pierre, du carton-cuir, du carton-toile, du bois, de l'écaille, de la corne, de la baleine, du celluloïd, etc., contenant le moulage et le clichage des médailles, par MM. LEBRUN, MAGNIER, ROBERT et DE VALICOURT. 1 vol. orné de figures. 3 fr. 50

— **Moutardier**, voyez *Vinaigrier*.

— **Musique simplifiée**, ou Grammaire élémentaire contenant les principes de cet Art, par M. LED'HUY. 1 vol. accompagné de musique. 1 fr. 50

SOLFÈGES, MÉTHODES

Méthode de Trompette et Trombone. . . . » 75	Méthode de Harpe. . . 3 50
	Méthode de Cor anglais 1 75

— **Mythologies.** (*En préparation.*)

— **Naturaliste préparateur,** 1re *partie* : Classification, Recherche des Objets d'histoire naturelle et leur emballage, Disposition et Conservation des Collections, par M. BOITARD. 1 vol. orné de figures. 3 fr.

— *Seconde partie* : Art de préparer et d'empailler les Animaux, de conserver les Végétaux et les Minéraux, de préparer les Pièces d'Anatomie normale et d'embaumer les corps, par MM. BOITARD et MAIGNE. 1 vol. orné de figures. 3 fr. 50

— **Navigation,** contenant la manière de se servir de l'Octant et du Sextant, les méthodes usuelles d'astronomie nautique, suivi d'un Supplément contenant les méthodes de calcul exigées des candidats au grade de Maître au cabotage, par M. GIQUEL, professeur d'hydrographie. (*En préparation*).

*— **Numismatique ancienne,** par M. A. DE BARTHÉLEMY, Membre de l'Institut. 1 gros vol. accompagné d'un Atlas renfermant 12 planches. 7 fr.

*— **Numismatique moderne et du moyen âge,** par M. AD. BLANCHET. 3 vol accompagnés d'un Atlas renfermant 14 planches. 15 fr.

— **Oiseaux (Eleveur d'),** ou Art de l'Oiselier, contenant la Description des principales espèces d'Oiseaux indigènes et exotiques susceptibles d'être élevés en captivité; leur nourriture, leur reproduction, leurs maladies, etc., par M. G. SCHMITT. 1 vol. 1 fr. 75

— **Oiseleur,** ou Secrets anciens et modernes de la Chasse aux Oiseaux, traitant de la Fabrication et de l'emploi des Filets et des Pieges, par J. G. et CONRARD. 1 vol. orné de planches et de 48 figures dans le texte. Nouvelle édition. 3 fr. 50

— **Organiste,** contenant l'expertise de l'Orgue, sa description, la manière de l'entretenir et de l'accorder soi-même, suivi de Procès-verbaux pour la réception des Orgues de toute espèce et d'un dictionnaire des termes employés dans la facture d'orgues, par J. GUÉDON. 1 vol. orné de 94 figures dans le texte. 3 fr.

— **Orgues** (Facteur d'), ou Traité théorique et pratique de l'Art de construire les Orgues, contenant le travail de DOM BÉDOS et les perfectionnements de la facture jusqu'à nos jours, par HAMEL. Nouvelle édition revue et augmentée d'un Appendice donnant les nouveautés apportées dans la fabrication depuis la dernière édition, par J. GUÉDON. 1 vol. grand in-8 jésus, orné de 64 fig. dans le texte et accompagné d'un Atlas de 43 planches. 20 fr.

— **Ornithologie,** ou Description des genres et des principales espèces d'oiseaux, par M. LESSON. 2 vol. 7 fr.

ATLAS D'ORNITHOLOGIE, composé de 129 planches représentant la plupart des oiseaux décrits dans l'ouvrage ci-dessus. Figures noires. 10 fr.

— **Paléontologie,** ou des Lois de l'organisation des êtres vivants comparées à celles qu'ont suivies les Espèces fossiles et humatiles dans leur apparition successive; par M. MARCEL DE SERRES, professeur à la Faculté des Sciences de Montpellier. 2 vol. avec Atlas. 7 fr.

— **Papetier et Régleur,** traitant de ces arts et de toutes les industries annexes du commerce de détail de la Papeterie, par JULIA FONTENELLE et POISSON (*En préparation*).

— **Papiers de Fantaisie,** (Fabricant de), Papiers marbrés, jaspés, maroquinés, gaufrés, dorés, etc.; Peau d'âne factice, Papiers métalliques, par FICHTENBERG (*En préparation.*)

— **Parcheminier,** voyez *Chamoiseur.*

— **Parfumeur,** ou Traité complet de toutes les branches de la Parfumerie, contenant les procédés nouveaux, employés en France, en Angleterre et en Amérique, à l'usage des chimistes-fabricants et des ménages, par MM. PRADAL, F. MALEPEYRE et A. VILLON. 2 vol. ornés de figures. Nouvelle édition corrigée, augmentée et entièrement refondue, par M. A.-M. VILLON, ingénieur-chimiste. 6 fr.

— **Patinage** et Récréations sur la Glace, par M. PAULIN-DÉSORMEAUX. 1 vol. orné de 4 planches. 1 fr. 25

— **Pâtes alimentaires,** voyez *Amidonnier.*

— **Pâtissier,** ou Traité complet et simplifié de Pâtisserie de ménage, de boutique et d'hôtel, par M. LEBLANC. 1 volume orné de figures. 3 fr.

— **Paveur et Carreleur,** voyez *Maçon.*

— **Pêcheur,** ou Traité général de toutes les pêches *d'eau douce et de mer*, contenant l'histoire et la pêche des animaux fluviatiles et marins, les diverses pêches à la ligne et aux filets en rivière et en mer, etc., par PESSON-MAISONNEUVE et MORICEAU. Nouvelle édition entièrement refondue par G. PAULIN. 1 vol. orné de 207 fig. dans le texte. 3 fr. 50

— **Pêcheur-Praticien,** ou les Secrets et les Mystères de la Pêche à la ligne dévoilés, par M. LAMBERT. Nouvelle édition, par L. JAILLANT. 1 vol. orné de 96 figures dans le texte. 1 fr. 50

— **Peintre d'histoire et Sculpteur,** ouvrage dans lequel on traite de la philosophie de l'Art et des moyens pratiques, par M. ARSENNE, peintre. 1 vol. 3 fr. 50

— **Peintre d'histoire naturelle,** contenant des notions générales sur le dessin, le clair-obscur, l'effet des couleurs naturelles et artificielles, les divers genres de peintures, etc. par M. DUMÉNIL. (*En préparation.*)

— **Peintre en Bâtiments,** Vernisseur et Vitrier, traitant de l'emploi des Couleurs et des Vernis pour l'assainissement et la décoration des habitations, de la pose des Papiers de tenture et du Vitrage, par RIFFAULT, VERGNAUD, TOUSSAINT et F. MALEPEYRE. Nouvelle édition revue et augmentée du Peintre d'enseignes, de la Pose des vitraux, etc. 1 vol. orné de 44 figures. 3 fr.

— **Peintre en Voitures,** par V. THOMAS, maître de conférences à la Faculté des Sciences de Rennes. 1 vol. orné de 54 figures. 3 fr.

— **Peinture à l'Aquarelle,** Gouache, Miniature, Peinture à la cire, Peintures orientales, procédé Raffaëlli, etc. Nouvelle édition par Henry GUÉDY. 1 vol. 3 fr.

— **Peintre et Graveur en lettres** (*En préparation*)

— **Peinture sur Verre, Porcelaine, Faïence et Email,** traitant de la décoration de ces matières, ainsi que de la fabrication des Emaux et des Couleurs vitrifiables et de l'Emaillage sur métaux précieux ou communs et sur terre cuite, par MM. Reboulleau, Magnier et Romain. 1 vol. avec fig. Nouv. édit. revue par H. Bertran. 3 fr. 50

— **Peinture et Vernissage des Métaux et du Bois**, traitant des Couleurs et des Vernis propres à décorer les Métaux et les Bois, de l'imitation sur métal des bois indigènes et exotiques, de l'ornementation des Articles de ménage et des Objets de fantaisie, suivi de l'imitation des Laques du Japon sur menus articles, par MM. Fink et Lacombe. 1 vol. orné de figures. 2 fr.

— **Pelletier-Fourreur et Plumassier**, traitant de l'apprêt et de la conservation des Fourrures et de la préparation des Plumes, par M. Maigne. 1 vol. orné de figures. 2 fr. 50

— **Perspective** appliquée au Dessin et à la Peinture, par M. Vergnaud. 1 vol. accompagné de planches. 3 fr.

— **Pharmacie Populaire**, simplifiée et mise à la portée de toutes les classes de la société, par M. Julia de Fontenelle. 2 vol. 6 fr.

— **Photographie** sur Métal, sur Papier et sur Verre, contenant toutes les découvertes les plus récentes, par M. de Valicourt. 2 vol. avec planche. 6 fr.

— Supplément à la Photographie sur Papier et sur Verre, par M. G. Huberson. 1 vol. 3 fr.

— **Photographie** (Répertoire de), Formulaire complet de cet Art, par M. de Latreille. (*En préparation.*)

— **Physicien-Préparateur**, ou Description des Instruments de Physique et leur Emploi dans les Sciences et dans l'Industrie, par MM. Ch. Chevalier et le docteur Fau. 2 gros vol. avec un Atlas in-8° de 88 pl. 15 fr.

— **Physiologie végétale**, Physique, Chimie et Minéralogie appliquées à la culture, par M. Boitard. 1 vol. orné de planches. 3 fr.

— **Physique appliquée aux Arts et Métiers**, voyez *Physicien-Préparateur*.

— **Plain-Chant ecclésiastique**. (*En préparation.*)

— **Plâtrier**, voyez *Chaufournier*, *Maçon*.

— **Plombier, Zingueur, Couvreur, Appareilleur à Gaz**, contenant la fabrication et le travail du Plomb et du Zinc et la manière de les souder, la Couverture des Constructions et l'Installation des Appareils et et des Compteurs à Gaz, par M. ROMAIN. Nouvelle édition, refondue, corrigée et augmentée, suivie de la *Série des Prix*, par N. CHRYSSOCHOÏDÈS. 1 vol. orné de 266 figures dans le texte. 4 fr.

— **Poêlier-Fumiste,** traitant de la construction des Cheminées de tous modèles, des Fourneaux et des Poêles en terre, de l'agencement et de la Tuyauterie des Fourneaux en maçonnerie et des Poêles en terre, en fonte et en tôle, et du Ramonage des divers appareils de Chauffage, par MM. ARDENNI, J. DE FONTENELLE, F. MALEPEYRE et A. ROMAIN, 1 vol. orné de figures. 3 fr.

— **Poids et Mesures,** par M. TARBÉ, ancien conseiller à la Cour de Cassation.

PETIT MANUEL classique pour l'Enseignement élémentaire, sans Tables de conversions. (*En préparation.*)

PETIT MANUEL à l'usage des Ouvriers et des Ecoles, avec Tables de conversions. (*En préparation.*)

PETIT MANUEL à l'usage des Agents Forestiers, des Propriétaires et Marchands de bois. Brochure accompagnée d'une planche (*En préparation*).

POIDS ET MESURES à l'usage des Médecins, etc. Brochure in-18. 25 c.

— **Poids et Mesures,** Comptes faits ou Barème général des Poids et Mesures, par M. ACHILLE NOUBEN. *Ouvrage divisé en cinq parties qui se vendent séparément.*

1re partie, Mesures de LONGUEUR. (*En préparation.*)
2e partie, — de SURFACE. 60 c.
3e partie, — de SOLIDITÉ. (*En préparation.*)
4e partie, POIDS. (*En préparation.*)
5e partie, Mesures de CAPACITÉ. (*En préparation.*)

— **Poids et Mesures** (Barème complet des), avec conversion facile de l'ancien système au nouveau, par M. BAGILET. 1 vol. 3 fr.

— **Poids et Mesures** (Fabrication des), contenant en général tout ce qui concerne les Arts du Balancier et du **Potier d'Etain,** et seulement ce qui est relatif à la Fabrication des Poids et Mesures dans les Arts du Fondeur, du Ferblantier, du Boisselier, par M. RAVON. 1 vol. orné de figures. (*En préparation.*)

— **Police de la France.** (*En préparation.*)

— **Pompes (Fabricant de)** de tous les systèmes, rectilignes, centrifuges, à diaphragme, à vapeur, à incendie, d'épuisement, de mines, de jardins, etc., traitant des principales Machines élévatoires autres que les Pompes, par MM. JANVIER, BISTON et A. ROMAIN. 1 vol. orné de figures et accompagné de planches. 3 fr. 50

— **Ponts et Chaussées** : *Première partie*, ROUTES ET CHEMINS, par M. DE GAYFFIER, ingénieur en chef des Ponts et Chaussées. 1 vol. avec planches. 3 fr. 50

— *Seconde partie*, PONTS ET AQUEDUCS EN MAÇONNERIE, par M. DE GAYFFIER, 1 vol. avec planches. 3 fr. 50

— *Troisième partie*, PONTS EN BOIS ET EN FER, par M. A. ROMAIN. 1 vol. avec figures et planches. 3 fr. 50

— **Porcelainier, Faïencier, Potier de Terre,** contenant des notions pratiques sur la fabrication des Grès cérames, des Pipes, des Boutons, des Fleurs en porcelaine et des diverses Porcelaines tendres, par D. MAGNIER, ingénieur civil. Nouvelle édition revue et augmentée par BERTRAN, Ingénieur des Arts et Manufactures. 1 vol. orné de 148 figures dans le texte. 4 fr.

— **Produits chimiques** (Fabricant de), formant un Traité de Chimie appliquée aux Arts, à l'Industrie et à la Médecine, et comprenant la description de tous les procédés et de tous les appareils en usage dans les laboratoires de chimie industrielle, par M. G.-E. LORMÉ. 4 gros volumes et Atlas de 16 planches grand in-8°. (*En prép.*).

— **Propriétaire, Locataire** et Sous-locataire, des biens de ville et des biens ruraux ; rédigé *par ordre alphabétique*, par MM. SERGENT et VASSEROT. 1 vol. 2 fr. 50

— **Puisatier**, voyez *Sondeur*.

— **Relieur** en tous genres, contenant les Arts de l'Assembleur, du Satineur, du Brocheur, du Rogneur, du Cartonneur et du Doreur, par MM. Séb. LENORMAND et W. MAIGNE. 1 vol. avec figures et planches. 3 fr. 50

— **Roses** (Amateur de), leur Histoire et leur Culture, par M. BOITARD. (*En préparation*).

— **Sapeur-Pompier** (Nouveau manuel *complet* du), composé par une Commission d'officiers du Régiment de Paris et de la Province, publié par *ordre du Ministère de l'Intérieur*. Edition entièrement refondue d'après le nouveau matériel de la Ville de Paris. 1 vol. orné de 140 fig. dans le texte. Broché . . . . 3 fr. 50

Cartonné, avec la couverture imprimée . . . 3 fr. 85

— **Sapeur-Pompier** (Nouveau Manuel *abrégé* du) composé par une Commission d'officiers du Régiment de Paris et de la Province, publié par *ordre du Ministère de l'Intérieur*. Edition abrégée, entièrement refondue, extraite du Nouveau Manuel complet. 1 vol. orné de nombreuses figures dans le texte. Broché . . . . 2 fr.

Cartonné, avec la couverture imprimée . . . 2 fr. 25

— **Sapeurs-Pompiers** (Théorie des), extraite du nouveau Manuel complet du Sapeur-Pompier composée par une Commission d'officiers du Régiment de Paris et de la Province.

Edition entièrement refondue, contenant les Manœuvres de la Pompe à bras et des Echelles, d'après le nouveau Matériel de la Ville de Paris. 1 vol. orné de nombreuses figures dans le texte. Broché. . . . . 75 c.

Cartonné, avec la couverture imprimée. . . . . 85 c.

— **Sapeurs-Pompiers** (*Manuel des Concours*) (Fédération des Sapeurs-Pompiers français. 1 vol. orné de 33 fig. dans le texte, br. 2 fr. 50 ; — *Franco*, 2 fr. 75

— **Sapeurs-Pompiers**, manuel des premiers secours par le Dr Ch. Le Page. 1 vol. in-16 orné de 83 illust. dans le texte. 2 fr.

— **Sapeurs-Pompiers**, voir Service d'incendie dans les Villes et les Campagnes.

— **Sauvetage** dans les Incendies, les Puits, les Puisards, les Fosses d'aisances, les Caves et Celliers, les Accidents en rivière et les Naufrages maritimes, par M. W. Maigne, 1 vol. orné de vignettes et de planches. (*En préparation.*)

— **Savonnier**, ou Traité de la Fabrication des Savons, contenant des notions sur les Alcalis et les Corps gras saponifiables, ainsi que les procédés de fabrication et les appareils en usage dans la Savonnerie, par M. E. Lormé. 3 vol. accompagnés de planches. 9 fr.

— **Sculpture sur bois**, contenant l'outillage et les moyens pratiques de Sculpture, les Styles de l'Ornementation, l'Art de Découper les Bois, l'Ivoire, l'Os, l'Ecaille et les Métaux, la Fabrication des Bois comprimés, etc., par M. S. Lacombe. 1 vol. orné de figures. 3 fr. 50

— **Serrurier**, ou Traité complet et simplifié de cet art, traitant des Fers, des Combustibles, de l'Outillage, du Travail à l'atelier et sur place, de la Serrurerie du carrossage, et des divers Travaux de Forge, par Paulin-Désormeaux et H. Landrin. Nouvelle édition entièrement refondue par Chryssochoïdès, ingénieur des Arts et Manufactures. 1 vol. orné de 106 fig. dans le texte et accompagné d'un Atlas de 16 planches. 5 fr.

— **Service d'Incendie** dans les Villes et les Campagnes, en France et à l'Etranger, par le lieutenant-colonel

Raincourt, ancien chef de bataillon au régiment des Sapeurs-Pompiers, Président d'honneur du Congrès international des Sapeurs-Pompiers, en 1889, et M. Marcel Grégoire, sous-préfet de Pontoise. 1 vol. in-18 orné de 77 figures dans le texte. 2 fr. 50

— **Soierie**, contenant l'Art d'élever les Vers à soie et de cultiver le Mûrier, traitant de la Fabrication des Soieries, par M. Devilliers. 2 vol. et Atlas. 10 fr. 50

— **Sommelier et Marchand de Vins**, contenant des notions sur les Vins rouges, blancs et mousseux, leur classification par vignobles et par crûs, l'Art de les déguster, la description du matériel de cave, les soins à donner aux Vins en cercles et en bouteilles, l'art de les rétablir de leurs maladies, les coupages, les moyens de reconnaître les falsifications, etc., par M. Maigne. Nouvelle édition, revue, corrigée et augmentée, par R. Brunet. 1 vol. orné de 97 figures dans le texte. 3 fr.

— **Sondeur, Puisatier et Hydroscope**, traitant de la construction des Puits ordinaires et artésiens et de la recherche des Sources et des Eaux souterraines, par M. A. Romain. 1 vol. accompagné de planches. 3 fr. 50

— **Sorcellerie Ancienne et Moderne expliquée**, ou Cours de Prestidigitation. (*Epuisé.*)

— Supplément a la Sorcellerie expliquée, par M. Ponsin. (*Epuisé.*)

— **Souffleur à la Lampe et au Chalumeau**, (Voir *Verrier.*)

— **Sucre (Fabricant et Raffineur de)**, traitant de la fabrication des Sucres indigènes et coloniaux, provenant de toutes les substances saccharifères dont l'emploi est usuel et reconnu pratique, par M. Zoéga. 1 vol. orné de planches et de figures. (*En préparation.*)

— **Taille-Douce** (Imprimeur en), par MM. Berthiaud et Boitard. (*En préparation.*)

— **Tanneur, Corroyeur et Hongroyeur**, contenant le travail des Cuirs forts de la Molleterie et des Cuirs blancs, suivi de la fabrication des Courroies, d'après les méthodes perfectionnées les plus récentes, par Maigne. 2 vol. ornés de figures et accompagnés de planches. 6 fr.

— **Tapissier Décorateur**, par H. Lacroix, professeur technique. 1 vol. orné de 81 figures dans le texte. 2 fr. 50

— **Technologie physique et mécanique**, ou

FORMULAIRE à l'usage des Ingénieurs, des Architectes, des Constructeurs et des Chefs d'usines, par H. GUÉDY, architecte. 1 vol. (*En préparation*).

— **Teinture des peaux,** voyez *Chamoiseur*.

*— **Teinture moderne**. Voir page 31.

— **Teinturier, Apprêteur et Dégraisseur**, ou Art de teindre la Laine, la Soie, le Coton, le Lin, le Chanvre et les autres matières filamenteuses, ainsi que les tissus simples et mélangés, au moyen des COULEURS ANCIENNES animales, végétales et minérales, par MM. RIFFAUT, VERGNAUD, JULIA DE FONTENELLE, THILLAYE, MALEPEYRE, ULRICH et ROMAIN. 2 vol. accompag. de planch. 7 fr.

— *Supplément*, traitant de l'emploi en Teinture des COULEURS D'ANILINE et de leurs dérivés, par M. A.-M. VILLON, chimiste. 1 vol. 3 fr. 50

— **Télégraphie électrique**, contenant la description des divers systèmes de Télégraphes et de Téléphones, et leurs applications au service des Chemins de fer, des Sonneries électriques et des Avertisseurs d'incendie, par ROMAIN. 1 vol. orné de fig. et accompagné de pl. 3 fr. 50

— **Teneur de Livres**, renfermant la Tenue des Livres en partie simple et en partie double, par TRÉMERY et A. TERRIÈRE (*Ouvrage autorisé par l'Université*), suivi de la Comptabilité agricole, par R. BRUNET. 1 vol. 3 fr.

— **Terrassier** et Entrepreneur de terrassements, traitant des divers modes de transport, d'extraction et d'excavation, et contenant une description sommaire des grands travaux modernes, par MM. CH. ETIENNE, AD. MASSON et D. CASALONGA. 1 vol et un Atlas de 22 pl. 5 fr.

— **Théâtral (Manuel)** et du Comédien, contenant les principes de l'Art de la parole, par Aristippe BERNIER DE MALIGNY. 1 vol. (*En préparation*.)

— **Tissage mécanique**. (*En préparation*.)

— **Tissus** (Dessin et Fabrication des) façonnés, tels que Draps, Velours, Ruban, Gilet, Coutil, Châle, Passementerie, Gazes, Barèges, Tulle, Peluche, Damassé, Mousseline, etc., par M. TOUSTAIN. (*En préparation*.)

— **Tonnelier**, contenant la fabrication des Tonneaux, des Cuves, des Foudres et des autres vaisseaux en bois cerclés, suivi du *Jaugeage* des fûts de toute dimension, par P. DÉSORMEAUX, OTT et MAIGNE. Nouvelle édition revue et corrigée par RAYMOND BRUNET, Ingénieur agronome. 1 vol. orné de 227 figures. 3 fr.

— **Tourneur**, ou Traité théorique et pratique de l'art du Tour, contenant la description des appareils et des procédés les plus usités pour Tourner les Bois et les Métaux, les Pierres, l'Ivoire, la Corne, l'Ecaille, la Nacre, etc. Ainsi que les notions de Forge, d'Ajustage et d'Ebénisterie indispensables au Tourneur, par E. de Valicourt. 1 vol. grand in-8 contenant 27 planches de figures, 4e édition revue et corrigée. 15 fr.

— **Treillageur,** *Première partie*, traitant de la fabrication à la main, de la Menuiserie des Jardins et de la fabrication des Objets de jardinage, par M. P. Désormeaux. 1 vol. accompagné de planches (*En préparation*).

— **Treillageur,** *Seconde partie*, traitant de l'outillage, de la fabrication à la main et à la mécanique, de la confection des Grillages, Claies, Jalousies, etc., par M. E. Darthuy. 1 vol. avec figures et planches. 3 fr.

— **Typographie** (de). Historique. Composition. Règles orthographiques. Imposition. Travaux de ville. Journaux. Tableaux. Algèbre. Langues étrangères. Musique et plain-chant. Machines. Papier. Stéréotypie. Illustration. Par Emile Leclerc, de la *Revue des Arts graphiques*, ancien directeur de l'Ecole professionnelle Lahure. Préface de M. Paul Bluysen. 1 vol. orné de 100 figures dans le texte. 4 fr.

On vend séparément les Signes de correction. 50 c.

— **Vélocipédie (de)**, Locomotion, Vélocipèdes, Construction, etc., par Louis Lockert, ingénieur diplômé de l'Ecole centrale. 1 vol. orné de 58 fig. dans le texte. Terminé par l'Art de monter à Bicyclette, par Rivierre. 1 fr. 50

— **Vernis (Fabricant de)**, contenant les formules les plus usitées de vernis de toute espèce, à l'éther, à l'alcool, à l'essence, vernis gras, etc., par M. A. Romain. 1 vol. orné de figures. 3 fr. 50

— **Verrier et Fabricant de Cristaux,** Pierres précieuses factices, Verres colorés, Yeux artificiels, par Julia de Fontenelle et Malepeyre. Nouvelle édition entièrement refondue par Bertran, Ingénieur des Arts et Manufactures. 2 vol. ornés de 235 fig. dans le texte. 8 fr.

— **Vétérinaire,** contenant la connaissance des chevaux, la manière de les élever, les dresser et les conduire, la Description de leurs maladies, les meilleurs modes de traitement, etc., par M. Lebeau et un ancien professeur d'Alfort. 1 vol. orné de figures. 3 fr. 50

— **Vigneron**, ou l'Art de cultiver la Vigne, de la protéger contre les insectes qui la détruisent, et de faire le Vin, contenant les meilleures méthodes de Vinification, traitant du chauffage des Vins, etc., par THIÉBAUT DE BERNEAUD et F. MALEPEYRE. 1 vol. orné de 40 figures. Nouvelle édition, revue par R. BRUNET. 3 fr. 50

— **Vinaigrier et Moutardier**, contenant la fabrication de l'acide acétique, de l'acide pyroligneux, des acétates, et les formules de Vinaigres de table, de toilette et pharmaceutiques, l'analyse chimique de la graine de moutarde, ainsi que les meilleures recettes pour la préparation de la moutarde, par MM. J. DE FONTENELLE et F. MALEPEYRE. 1 vol. orné de figures. 3 fr. 50

— **Vins** (Calendrier des), ou instructions à exécuter mois par mois, pour conserver, améliorer ou guérir les Vins. *(Ouvrage destiné aux Garçons de caves et de celliers, et aux Maîtres de Chais, faisant suite à l'Amélioration des Liquides)*, par M. V.-F. LEBEUF. 1 vol. 1 fr. 75

— **Vins de Fruits et Boissons économiques**, contenant l'Art de fabriquer soi-même, chez soi et à peu de frais, les Vins de Fruits, les Vins de Raisins secs, le Cidre, le Poiré, les Vins de Grains, les Bières économiques et de ménage, les Boissons rafraîchissantes, les Hydromels, etc., et l'Art d'imiter avec les Fruits et les Plantes les Vins de table et de liqueur français et étrangers, par M. F. MALEPEYRE. 1 vol. 3 fr.

— **Vins mousseux** (Voyez *Liquides, Eaux et Boissons gazeuses*).

— **Zingueur**, voyez *Plombier*.

INDUSTRIE, ARTS ET MÉTIERS

***Guide pratique de Teinture moderne**, suivi de l'Art du Teinturier-Dégraisseur, contenant l'étude des fibres textiles et des matières premières utilisées en Teinture, et des procédés les plus récents pour la fixation des couleurs sur laine, soie, coton, etc., par V. THOMAS, docteur ès sciences, préparateur de Chimie appliquée à la Faculté des Sciences de l'Université de Paris. 1 vol. grand in-8° raisin, orné de 133 figures dans le texte. 20 fr.

Art du Peintre, Doreur et Vernisseur, par Watin ; 13e édit., revue pour la fabrication et l'application des couleurs, par MM. Ch. et F. Bourgeois, et augmentée de l'*Art du Peintre en voitures, en marbres et en faux-bois*, par M. J. de Montigny, ingénieur. 1 vol. in-8o. 6 fr.

Calcul des essieux pour les Chemins de Fer ; Coup d'œil sur les roues de vagons, par A.-C. Benoit-Duportail. Brochure in-8o. 1 fr. 75

Cubage des Bois en grume (Tarif de), au mètre cube réel et au mètre cube marchand, par M. Ch. Blind. Brochure in-18. 75 c.

Etudes sur quelques produits naturels applicables à la *Teinture*, par Arnaudon. Br. in-8. 1 fr. 25

— **Guia** del Cultivador de Montes y de la Guarderia Rural — ó — La Silvicultura Práctica. 1 vol. in-8. 2 fr.

Levés à vue (Des) et du Dessin d'après nature, par Leblanc. Brochure in-18 avec planche. 25 c.

Machines-Outils (Traité des) employées dans les usines et les ateliers de construction pour le Travail des Métaux, par M. J. Chrétien. 1 volume in-8 jésus renfermant 16 planches gravées avec soin sur acier. 12 fr.

Manipulations hydroplastiques, ou Guide du Doreur et de l'Argenteur, par M. Roseleur. 1 volume in-8o. 15 fr.

Manuel-Barême pour les Alliages d'Or et d'Argent. Ouvrage indispensable aux Fabricants Bijoutiers et Orfèvres, ainsi qu'à toutes les personnes qui s'occupent du commerce des Métaux précieux, par M. A. Mercier. 1 vol. in-8. Broché, 10 fr. Relié en toile, 11 fr. 50

Manuel de la Filature du Lin et de l'Etoupe, Application du Système au Calcul du mouvement différentiel, par Delmotte. 2e *édition*. 1 vol. in-12. 2 fr. 50

Mémoire sur l'Appareil des voûtes hélicoïdales et des voûtes biaises à double courbure, par A.-A. Souchon. 1 vol. in-4o renfermant 8 planches. 3 fr. 50

Photographie sur papier, par M. Blanquart-Evrard. 1 vol. grand in-8. 1 fr. 50

Tables techniques de l'Industrie du Gaz ; Calculs tout faits des diamètres et des longueurs de conduites, des volumes de gaz qui s'écoulent et des pertes de charges, du pouvoir éclairant et du titre du Gaz, etc., par M. D. Magnier, ingénieur. (*En préparation.*)

Traité du Chauffage au Gaz, par CH. HUGUENY. Brochure in-8°. 1 fr. 50

Traité de la Coupe des Pierres, ou Méthode facile et abrégée pour se perfectionner dans cette science, par J.-B. DE LA RUE. 3e édition, revue et corrigée par M. RAMÉE, architecte. 1 vol. in-8° de texte, avec un Atlas de 98 planches in-folio. 20 fr.

Traité des Echafaudages, ou Choix des meilleurs modèles de charpentes, par J.-Ch. KRAFFT. 1 vol. in-folio relié, renfermant 51 planches gravées sur acier. 25 fr.

Usage de la Règle logarithmique, ou Règle-calcul. In-18. 25 c.

Vignole du Charpentier. 1re partie, ART DU TRAIT, contenant l'application de cet art aux principales constructions en usage dans le bâtiment, par M. MICHEL, maître charpentier, et M. BOUTEREAU, professeur de géométrie appliquée aux arts. 1 vol. in-8°, avec Atlas de 72 pl. 20 fr.

OUVRAGES SUR L'HORTICULTURE

L'AGRICULTURE, L'ÉCONOMIE RURALE, ETC.

Art de composer et décorer les Jardins, par M. BOITARD ; ouvrage orné de 140 planches gravées sur acier, 2 vol. format in-8 oblong (*En préparation*).

Plantes vivaces de la maison Lebeuf, ou Liste des espèces les plus intéressantes cultivées dans cet établissement, avec quelques renseignements sur leur culture, leur emploi, etc., par GODEFROI-LEBEUF et BOIS. 1 vol. in-18, orné de figures. 2e édition. 1 fr. 50

Les Fruits populaires, indiquant le mérite et la valeur des meilleurs fruits à cultiver, suivis des Conseils aux planteurs, par CHARLES BALTET, horticulteur à Troyes. 1 vol. in-18, 2e édition. 1 fr. 25

Les Insectes nuisibles aux arbres fruitiers. Moyens de les détruire, par A. RAMÉ.

1re partie : LES LÉPIDOPTÈRES. 1 vol. in-18, 2e édit. 1 fr. 25

Histoire du Pommier, par DUVAL. Brochure in-8°. 1 fr. 50

Etude sur les Sauterelles et les Criquets, moyens d'en arrêter les invasions et de les transformer en Engrais par les procédés DURAND et HAUVEL, brevetés s. g. d. g. Brochure in-8 de 36 pages. 75 c.

Voyage de découverte autour du Monde et à la recherche de La Pérouse, par J. DUMONT D'URVILLE, capitaine de vaisseau, exécuté sous son commandement et par ordre du gouvernement, sur la corvette l'*Astrolabe*, pendant les années 1826 à 1829. 5 tomes divisés en 10 volumes in-8 ornés de vignettes sur bois, avec un Atlas contenant 20 planches ou cartes grand in-folio. 30 fr.

Cet important ouvrage, qui a été exécuté par ordre du gouvernement sous le commandement de M. Dumont d'Urville et rédigé par lui, n'a rien de commun avec le *Voyage pittoresque* publié sous sa direction.

REVUE GÉNÉRALE D'AGRICULTURE

DIRECTEUR : **Raymond BRUNET**

Un an : 5 francs. — Le numéro : 50 centimes.

ALBUMS INDUSTRIELS

Carnets du Garde-Meuble, 6 Albums grand in-8, publiés par D. GUILMARD.

N° 1. ÉBÉNISTE PARISIEN, Recueil de dessins de Meubles dessinés d'après nature chez les principaux ébénistes du faubourg Saint-Antoine. Album in-8 jésus de 130 feuilles.
En noir, 25 fr. — En couleur, 40 fr.

N° 2. FABRICANT DE SIÈGES, Recueil de dessins de Sièges non garnis, dessinés d'après nature chez les principaux fabricants du faubourg Saint-Antoine. Sièges simples. Album de 120 planches avec titre.
En noir, 25 fr. — En couleur, 40 fr.

N° 3. VIEUX BOIS, Recueil de dessins de Meubles et de Sièges en vieux chêne sculpté. Fabrication courante. Album de 26 planches.
En noir, 6 fr. — En couleur, 10 fr.

N° 3 *bis*. MEUBLES EN CHÊNE, Recueil de Meubles et de

Sièges sculptés en chêne. Album de 26 planches.
En noir, 6 fr. — En couleur, 10 fr.

N° 4. SCULPTEUR, Recueil de motifs sculptés employés dans la fabrication des meubles simples. Album de 24 pl.
En noir (pas de couleur), 6 fr.

N° 5. SCULPTURES DE FANTAISIE, Recueil de petits objets sculptés : Cartels, Pendules, Cadres, Miroirs, Vide-poche, Petits meubles, etc. Album de 24 planches.
En noir (pas de couleur), 6 fr.

N° 6. MARQUETERIE ET BOULE, Recueil de meubles dans ce genre, contenant 24 planches in-8° jésus, et représentant 44 modèles différents.
En noir, 6 fr. — En couleur, 12 fr.

N° 7. CARNET-RÉFÉRENCE, Collection de Sièges, Meubles et Tentures, contenant 80 planches in-4° noires. 12 fr.

Carnet Empire, 68 planches de Tentures, Sièges et Meubles, genre Empire, par E. MAINCENT. Album cart.
En noir, 10 fr. — En couleur, 20 fr.

Petit Carnet, N° 1, MEUBLES SIMPLES, Petit Album de poche, contenant 40 planches, représentant 67 modèles
En noir, 5 fr. — En couleur, 7 fr.

Petit Carnet, N° 2, SIÈGES. Petit Album de poche, contenant 40 planches.
En noir, 5 fr. — En couleur, 7 fr.

Petit Carnet, N° 3, TENTURES. Petit Album de poche, contenant 39 planches. En noir, 5 fr. En couleur, 7 fr.

Petit Carnet, N° 4. SIÈGES BOIS RECOUVERT, série classique et fantaisie. 60 pl. en noir, 7 fr. 50 ; en couleur 12 fr.

Petit Carnet, N° 5. TENTURES. 60 pl. contenant 66 modèles de tentures classiques, modernes et art nouveau, en noir 7 fr. 50 ; en couleur, 12 fr.

Petit Carnet du Garde-Meuble, N° 10, SIÈGES, TENTURES. Petit Album de poche, renfermant 32 planches.
En noir, 5 fr. — En couleur, 7 fr.

Décoration (La) au XIXe Siècle, Décor intérieur des habitations, Riches appartements, Hôtels et Châteaux, par D. GUILMARD. 48 pl. in-4° coloriées, en carton. 60 fr.

Décoration (La petite), Menuiserie décorative appliquée à l'intérieur des habitations, par E. MAINCENT. Album de 20 planches coloriées. 16 fr.

Disposition des Appartements, Album relié renfermant 18 plans de faces et d'élévations, etc. En noir, 50 fr.

Fleur décorative (La), 1re *partie*, BRODERIES, donnant la plus grande partie des types de fleurs employés dans la décoration. 43 planches, dont un titre, en carton. En noir, 12 fr. — En couleur, 25 fr.

Menuiserie (La) parisienne, Recueil de motifs de menuiserie dans le genre moderne, par D. GUILMARD. Album de 30 planches in-4° en carton. 15 fr.

Menuiserie (La) religieuse, Ameublement des Eglises, styles roman et ogival du xe au xive siècle, par D. GUILMARD. Album in-4° de 30 planches. 15 fr.

Ornementation (La connaissance des Styles de l'), Histoire de l'ornement et des arts qui s'y rattachent depuis l'ère chrétienne jusqu'à nos jours, par D. GUILMARD. 1 beau vol. in-4°, richement illustré et accompagné de 42 planches noires. 25 fr.

Ornements d'appartements (Album des), Collection de tous les accessoires de décorations servant aux croisées et aux lits, par D. GUILMARD. Album de 24 planches in-8° oblong. En noir, 6 fr. — En couleur, 10 fr.

Portefeuille pratique de l'Ebéniste parisien, Elévation, Plan, Coupe et détails nécessaires à la fabrication des Meubles, par D. GUILMARD. Album in-4° de 31 planches noires. 15 fr.

Sièges (Portefeuille pratique du Fabricant de), Plan, Coupes, Elévation et Détails nécessaires à la Fabrication des Sièges, par D. GUILMARD. Album in-4° de 31 planches. 15 fr.

Tapissier garnisseur (Tarif du), Prix de revient de modèles en bois recouverts ou apparents. 7 fr. 50

Albums en cartons contenant les dessins correspondant aux prix de revient du Tarif :

BOIS RECOUVERTS, 128 modèles, fig. noires. 28 fr.

BOIS APPARENTS, 125 modèles, fig. noires. 23 fr.

Tapissier parisien (Album du), par D. GUILMARD. Album grand in-8° de 25 planches.

En noir, 7 fr. — En couleur, 12 fr.

Tapissier parisien (Portefeuille pratique du), PREMIÈRE PARTIE. Décors de lits, croisées, etc. Coupe et texte de ces diverses décorations, par D. GUILMARD. Album de 30 planches in-4°. En noir, 18 fr. — En couleur, 25 fr.

SECONDE PARTIE. Dessins de Tentures modernes avec Coupes, Détails et Texte explicatif, par E. MAINCENT. Album de 35 planches. En noir, 20 fr. — En couleur, 35 fr.

Tapissier (Tarif du), TENTURES, par E. MAINCENT, donnant le prix de revient, l'emploi et la coupe des Etoffes pour Tentures. 1 vol. grand in-8° cartonné, sans planches. 10 fr.

Tourneur parisien (Albums du), par D. GUILMARD. 2 Albums grand in-8° de 24 planches. 12 fr.
Chaque Album séparé. 6 fr.

Tourneur (Art du); Profils et renseignements pour servir dans tous les Arts et Industries du Tour, par E. MAINCENT. Album in-4° de 30 planches avec texte. 20 fr.

Nouveau Recueil de Tentures laines dans le genre simple. 28 pl. sur bristol grand format (0,32×0,49), comprenant des décors de lit, fenêtres, portières, grandes baies, salons, salles à manger, chambres à coucher.
En noir, 28 fr.; en couleur, 50 fr.

L'AMEUBLEMENT

RECUEIL DE DESSINS

DE SIÈGES, DE MEUBLES ET DE TENTURES

GENRE SIMPLE

DIVISÉ EN TROIS CATÉGORIES

SIÈGES, MEUBLES, TENTURES

Renfermant 36 Planches par an

Fondé par D. GUILMARD *et continué par* A. MAINCENT

Les abonnements ne se font que *pour un an* à partir du 1er janvier

3 catégories ensemble :	PARIS	DÉPARTEMENTS	ÉTRANGER
En noir........	15 fr.	18 fr.	20 fr.
En couleur......	25 fr.	28 fr.	30 fr.
2 catégories ensemble :			
En noir........	10 fr.	12 fr.	13 fr.
En couleur......	17 fr.	18 fr. 50	20 fr.
1 catégorie séparée :			
En noir........	5 fr.	6 fr.	7 fr.
En couleur......	8 fr. 50	9 fr. 50	10 fr. 50

Une planche séparée : En noir : 50 c.— En couleur : 80 c.

LE GARDE-MEUBLE

JOURNAL D'AMEUBLEMENT

DIVISÉ EN TROIS CATÉGORIES

SIÉGES, MEUBLES, TENTURES

Renfermant 54 Planches par an

Fondé par D. GUILMARD *et continué par* A. MAINCENT

Les abonnements se font *pour un an* et *pour six mois*, à partir du 15 janvier et du 15 juillet de chaque année. On ne reçoit pas d'abonnement de six mois pour une catégorie séparée.

	Paris		Départements		Étranger	
	6 mois	1 an	6 mois	1 an	6 mois	1 an
TROIS CATÉGORIES RÉUNIES :						
En noir. . .	11 fr. 25	22 fr. 50	13 fr.	26 fr.	14 fr.	28 fr.
En couleur.	18 fr.	36 fr.	20 fr.	40 fr.	21 fr.	42 fr.
DEUX CATÉGORIES RÉUNIES :						
En noir. . .	7 fr. 50	15 fr.	9 fr.	18 fr.	10 fr.	20 fr.
En couleur.	12 fr.	24 fr.	14 fr.	27 fr.	15 fr.	28 fr.
UNE CATÉGORIE SÉPARÉE :						
En noir. . .	»	7 fr. 50	»	9 fr.	»	10 fr.
En couleur.	»	12 fr.	»	14 fr.	»	15 fr.

UNE FEUILLE SÉPARÉE :

En noir : 50 c. — En couleur : 80 c.

Coupe, emplois, revient des tentures :
Par an : Paris, 7 fr. ; Départements, 8 fr. ; Etranger, 9 fr.

NOUVEAUX PROCÉDÉS

DE

TAXIDERMIE

Accompagnés de Photographies des principaux types de la collection de l'auteur à Makri-Keui, près Constantinople, de Physionomies de Rapaces sur nature, et suivis de quelques impressions ornithologiques, par le COMTE ALLEON, commandeur de l'ordre du Mérite civil de Bulgarie, chevalier de l'ordre de St-Grégoire, officier du Medjidié, membre du Comité international permanent ornithologique de Vienne, médaille d'or à l'exposition de Vienne 1883. 1 vol. in-8° jésus, 32 p. de texte, 132 fig. tirées sur papier couché. 25 fr.

SUITES A BUFFON

Formant avec les Œuvres de cet auteur

UN

COURS COMPLET D'HISTOIRE NATURELLE

EMBRASSANT

LES TROIS RÈGNES DE LA NATURE

Belle Édition, format in-octavo

DIVISION DE L'OUVRAGE

Zoologie générale (Supplément à Buffon), ou Mémoires et Notices sur la Zoologie, l'Anthropologie et l'Histoire de la Science, par M. ISIDORE GEOFFROY-SAINT-HILAIRE. 1 vol. avec 1 livraison de planches.
Fig. noires. 13 fr.
Fig. coloriées. 21 fr.

Cétacés (Baleines, Dauphins, etc.), ou Recueil et examen des faits dont se compose l'histoire de ces animaux, par M. F. CUVIER, membre de l'Institut, professeur au Muséum d'Histoire naturelle. 1 vol. avec 2 livraisons de planches.
Fig. noires. 17 fr.
Fig. coloriées. 33 fr.

Reptiles (Serpents, Lézards, Grenouilles, Tortue, etc.), par M. DUMÉRIL, membre de l'Institut, professeur à la Faculté de Médecine et au Muséum d'Histoire naturelle, et M. BIBRON, professeur d'Histoire naturelle. 10 vol. et 10 livraisons de planches.
Fig. noires. 130 fr.
Fig. coloriées. 210 fr.

Poissons, par M. A.-Aug. DUMÉRIL, professeur au Muséum d'Histoire naturelle, professeur agrégé libre à la Faculté de Médecine de Paris. Tomes I et II (en 3 volumes) avec 2 livraisons de planches. (*En publication*).
Fig. noires. 34 fr.
Fig. coloriées. 50 fr.

Entomologie (Introduction à l'), comprenant les principes généraux de l'Anatomie, de la Physiologie des Insectes ; des détails sur leurs mœurs, et un résumé des principaux systèmes de classification, etc., par M. LACORDAIRE, professeur à l'Université de Liège. (*Ouvrage adopté et recommandé par l'Université pour être placé dans les bibliothèques des Facultés et des Collèges, et donné en prix aux élèves*). 2 vol. et 2 livraisons de planches.
Fig. noires. 25 fr.
Fig. coloriées. 40 fr.

Insectes Coléoptères (Cantharides, Charançons, Hannetons, Scarabées, etc.) par M. LACORDAIRE, professeur à l'Université de Liège, et M. le Dr CHAPUIS, membre de l'Académie royale de Belgique. 14 vol. avec 13 livraisons de planches.
Fig. noires. 170 fr.
(*Manque de coloris*).

— **Orthoptères** (Grillons, Criquets, Sauterelles), par M. AUDINET-SERVILLE, membre de la Société entomologique de France. 1 vol. et 1 livraison de pl.
Fig. noires. 13 fr.
Fig. coloriées. 21 fr.

— **Hémiptères** (Cigales, Punaises, Cochenilles, etc.) par MM. AMYOT et SERVILLE. 1 vol. et 1 livraison de planches.
Fig. noires. 13 fr.
(*Manque de coloris*).

Insectes Lépidoptères (Papillons). *Les deux parties de cet ouvrage se vendent séparément.*

— DIURNES, par M. BOISDUVAL, tome Ier, avec 2 livraisons de planches. (*En publication*).
Fig. noires. 17 fr.
(*Manque de coloris*).

— NOCTURNES, par MM. BOISDUVAL et GUÉNÉE, tome Ier, avec 1 livraison de planches, tomes V à X, avec 5 livraisons de planches. (*En publication*).
Fig. noires. 90 fr.
Fig. coloriées. 125 fr.

— **Névroptères** (Demoiselles, Éphémères, etc.), par M. le docteur RAMBUR. 1 vol. et 1 livraison de planches (*Epuisé*).

— **Hyménoptères** (Abeilles, Guêpes, Fourmis, etc.), par M. le comte LEPELLETIER DE SAINT-FARGEAU et M. BRULLÉ. 4 vol. avec 4 livraisons de planches.
Fig. noires. 50 fr.
Fig. coloriées. 90 fr.

— **Diptères** (Mouches, Cousins, etc.), par M. MACQUART, ancien recteur du Muséum d'Histoire naturelle de Lille. 2 vol. et 2 livraisons de planches.
(*Epuisé.*)

— **Aptères** (Araignées, Scorpions, etc.), par MM. WALCKENAER et GERVAIS. 4 vol. avec 5 livraisons de planches.
Fig. noires. 54 fr.
(*Manque de coloris*).

Crustacés (Ecrevisses, Homards, Crabes, etc.), comprenant l'Anatomie, la Physiologie et la classification de ces animaux, par M. MILNE-EDWARDS, membre de l'Institut, professeur au Muséum d'Histoire naturelle, etc. 3 vol. avec 4 livraisons de planches.
Fig. noires. 42 fr.
(*Manque de coloris*).

Helminthes ou Vers intestinaux, par M. DUJARDIN, doyen de la Faculté des Sciences de Rennes. 1 vol. avec 1 livraison de planches

Fig. noires. 13 fr.
(*Manque de coloris*).

Annelés marins et d'eau douce (Annélides, Géphyriens, Sangsues, Lombrics, etc.), par M. DE QUATREFAGES, membre de l'Institut, professeur au Muséum d'Histoire naturelle, et M. Léon VAILLANT, professeur au Muséum d'Histoire naturelle. Tomes I et II (en 3 vol.) avec 2 livraisons de planches.
Fig noires. 32 fr.
Tome III (en 2 vol.) avec 1 livraison de planches.
Fig. noires. 22 fr.
(*Manque de coloris*).

Zoophytes Acalèphes (Physales, Béroés, Angèles, etc.), par M. LESSON, correspondant de l'Institut, pharmacien en chef de la Marine, à Rochefort. 1 vol. avec 1 livraison de pl.
Fig. noires. 13 fr.
(*Manque de coloris*)

— **Echinodermes** (Oursins, Palmettes, etc.), par MM. DUJARDIN, doyen de la Faculté des Sciences de Rennes, et HUPÉ, aide-naturaliste au Muséum de Paris. 1 vol. avec 1 livraison de planches.
Fig. noires. 13 fr.
Fig. coloriées. 21 fr.

— **Coralliaires** ou POLYPES PROPREMENT DITS (Coraux, Gorgones, Eponges, etc.), par MM. MILNE-EDWARDS, membre de l'Institut, professeur au Muséum d'Histoire naturelle, et J. HAIME, aide-naturaliste au Muséum d'Histoire naturelle. 3 vol. avec 3 livraisons de pl.
Fig. noires. 37 fr.
(*Manque de coloris*).

Zoophytes Infusoires (Animalcules microscopiques), par M. DUJARDIN, doyen de la Faculté des Sciences de Rennes. 1 vol. avec 2 livraisons de pl.
Fig. noires. 18 fr.
(*Manque de coloris*)

Botanique (Introduction à l'étude de la), ou Traité élémentaire de cette science, contenant l'Organographie, la Physiologie, etc., par M. DE CANDOLLE, professeur d'Histoire naturelle à Genève. (*Ouvrage autorisé par l'Université pour les Lycées et les Collèges*). 2 vol. et 1 livraison de planches noires. 22 fr.

Les planches ne sont pas coloriées.

Végétaux phanérogames (Organes sexuels apparents : Arbres, Arbrisseaux, Plantes d'agrément, etc.), par M. SPACH, aide-naturaliste au Muséum d'Histoire naturelle. 14 vol. avec 15 livraisons de pl.
Fig. noires. 180 fr.
Fig. coloriées. 300 fr.

Géologie (Histoire, Formation et Disposition des Matériaux qui composent l'écorce du globe terrestre), par M. HUOT, membre de plusieurs sociétés savantes. 2 vol. ensemble de plus de

1,500 pages, avec 2 livraisons de pl. noires. 26 fr.
Les planches ne sont pas coloriées.

Minéralogie (Pierres, Sels, Métaux, etc.), par M. DELAFOSSE, membre de l'Institut, professeur au Muséum d'Histoire naturelle et à la Sorbonne. 3 vol. et 4 livraisons de planches noires. 43 fr.
Les planches ne sont pas coloriées.

Zoologie classique, ou Histoire naturelle du Règne animal, par M. F. A. POUCHET, ancien professeur de zoologie au Muséum d'Histoire naturelle de Rouen, etc. Seconde édition considérablement augmentée. 2 vol in-8°, contenant ensemble plus de 1,300 pages, et accompagnés d'un Atlas de 44 planches et de 5 grands tableaux.
Fig. noires. 25 fr.

NOTA. *Le Conseil de l'Université a décidé que cet ouvrage serait placé dans les bibliothèques des Lycées.*

PETITES SUITES A BUFFON

Format in-18

Histoire des Poissons classée par ordre, genres et espèces, d'après le système de Linné, avec les caractères génériques, par BLOCH et RÉNÉ-RICHARD CASTEL. 10 vol. accompagnés de 160 planches représentant 600 espèces de poissons dessinés d'après nature.
Fig. noires. 26 fr.

Histoire des Reptiles, par MM. SONNINI, naturaliste, et LATREILLE, membre de l'Institut. 4 vol. accompagnés de 54 planches, représentant environ 150 espèces différentes de serpents, vipères, couleuvres, lézards grenouilles, tortues, etc., dessinées d'après nature.
Fig. noires. 10 fr.

Histoire des Coquilles, contenant leur description, leurs mœurs et leurs usages, par M. BOSC, membre de l'Institut. 5 vol. accompagnés de planches.
Fig. noires. 10 fr. 50

Histoire naturelle des Végétaux classés par familles, avec la citation de la classe et de l'ordre de Linné, et l'indication de l'usage qu'on peut faire des plantes dans les arts, le commerce, l'agriculture, le jardinage, la médecine, etc. ; des figures dessinées d'après nature, et un GE-

NERA complet, selon le système de Linné, avec des renvois aux familles naturelles de Jussieu, par J.-B. LAMARCK et C.-F.-B. DE MIRBEL. 15 vol. in-18 accompagnés de 120 planches.
Fig. noires. 30 fr.
Fig. coloriées. 46 fr.

Histoire naturelle des Vers, par M. BOSC, membre de l'Institut. 3 vol.
Fig. noires. 6 fr. 50
Fig. coloriées. 10 fr. 50

Histoire des Insectes, composée d'après RÉAUMUR, GEOFFROY, DE GEER, ROESEL, LINNÉ, FABRICIUS, et les meilleurs ouvrages qui ont paru sur cette partie, rédigée suivant les méthodes d'Olivier, de Latreille, avec des notes, plusieurs observations nouvelles et des figures dessinées d'après nature, par F.-M.-G. DE TIGNY et BRONGNIART, pour les généralités. Edition augmentée par M. GUÉRIN. 10 vol. ornés de planches. Fig. noires. 23 fr.

Histoire des Crustacés, contenant leur description, leurs mœurs et leurs usages, par MM. BOSC et DESMAREST. 2 vol. accompagnés de 18 planches.
Fig. noires. 7 fr. 50

OUVRAGES DIVERS D'HISTOIRE NATURELLE

Arachnides (Les) de France, par M. E. SIMON, membre de la Société entomologique de France.

Tome 1er, contenant les Familles des Epeiridæ, Uloboridæ, Dictynidæ, Enyoidæ et Pholcidæ. 1 vol. in-8°, accompagné de 3 planches. 12 fr.

Tome 2, contenant les Familles des Urocteidæ, Agelenidæ, Thomisidæ et Sparassidæ. 1 vol. in-8°, accompagné de 7 planches. 12 fr.

Tome 3, contenant les Familles des Attidæ, Oxyopidæ et Lycosidæ. 1 vol. in-8°, accompagné de 4 planches. 12 fr.

Tome 4, contenant la Famille des Drassidæ. 1 vol. in-8°, accompagné de 5 planches. 12 fr.

Tome 5 (1re partie), contenant la Famille des Epeiridæ (supplément) et des Theridionidæ. 1 vol. in-8°, accompagné de planches. 12 fr.

Tome 5 (2e partie), contenant la Famille des Theridionidæ (suite). 1 vol. in-8°, accompagné de planches et orné de figures. 12 fr.

Tome 5 (3e partie), contenant la Famille des Theridionidæ (fin). 1 vol. in-8°, accompagné de planches et orné de figures. 12 fr.

Tome 6. (*En préparation.*)

Tome 7, contenant les Familles des Chernetes, Scorpiones et Opiliones. 1 vol. in-8°, accompagné de planches. 12 fr.

Histoire naturelle des Araignées. par M. Eug. Simon, *Deuxième édition.*

Tome premier, *1er fascicule* contenant 215 figures intercalées dans le texte. 1 vol. grand in-8° de 256 pages. 6 fr.

Tome premier, *2e fascicule* contenant 275 figures intercalées dans le texte. 1 vol. grand in-8°. 6 fr.

Tome premier, *3e fascicule* contenant 347 figures intercalées dans le texte. 1 vol. grand in-8°. 6 fr.

Tome premier, *4e et dernier fascicule* (du tome 1er), contenant 261 figures 1 vol. grand in-8°. 6 fr.

Tome second, *1er fascicule* contenant 200 figures intercalées dans le texte. 1 vol. grand in-8°. 6 fr.

Tome second, *2e fascicule* contenant 184 figures intercalées dans le texte. 1 vol. grand in-8. 6 fr.

Tome second, *3e fascicule* contenant 407 figures. 6 fr.

Tome second, *4e et dernier fascicule* contenant 329 figures. 6 fr.

Catalogue des espèces actuellement connues de la famille des Trochilides, par Eugène Simon, brochure in-8°. 3 fr.

OUVRAGES D'ASSORTIMENT

Aranéides des îles de la Réunion, Maurice et Madagascar, par M. Aug. Vinson. 1 gros volume in-8, illustré de 14 planches.

Fig. noires. 20 fr.

Astronomie des Demoiselles, ou Entretiens entre un frère et sa sœur, sur la mécanique céleste, par James Fergusson et M. Quétrin. 1 vol. in-12. 3 fr. 50

Botanique (La), de J.-J. Rousseau, contenant tout ce qu'il a écrit sur cette science, augmentée de l'exposition de la méthode de Tournefort et de Linné, suivie d'un Dictionnaire de botanique et de notes historiques, par M. Deville. 2e édition, 1 gros vol. in-12, orné de 8 planches.

Figures noires. 4 fr.

Choix des plus belles fleurs et des plus beaux fruits, par P.-J. Redouté, peintre d'histoire naturelle.

150 planches différentes coloriées. Chaque pl. 1 fr.

Collection iconographique et historique des Chenilles d'Europe, ou Description et figures de ces Chenilles, avec l'histoire de leurs métamorphoses, et leur application à l'agriculture, par MM. BOISDUVAL, RAMBUR et GRASLIN.

Cette collection se compose de 42 livraisons, format grand in-8, papier vélin : chaque livraison comprend *trois planches coloriées* et le texte correspondant.

Les 42 livraisons réunies (la pl. I des Papillonides n'a jamais existé) : 100 fr.

Cours d'agriculture, de viticulture et de jardinage, par Mathieu RISLER (1849). 1 vol. in-12. 2 fr.

Fauna japonica, sive Descriptio animalium quæ in itinere per Japoniam jussu et auspiciis superiorum, qui summum in India Batava imperium tenent, suscepto anni 1823-1830, collegit, notis, observationibus et adumbrationibus illustravit PH. FR. DE SIEBOLD.

Reptiles, 3 livraisons noires. Ensemble 25 fr.

Faune de l'Océanie, par M. le docteur BOISDUVAL. 1 gros vol. in-8, imprimé sur grand papier. 10 fr.

Faune entomologique de Madagascar, Bourbon et Maurice. — *Lépidoptères*, par le docteur BOISDUVAL ; avec des notes sur leurs métamorphoses, par M. SGANZIN.

Huit livraisons, format grand in-8, papier vélin.

Planches noires. 10 fr.

Icones historique des Lépidoptères nouveaux ou peu connus, collection, avec figures coloriées, des papillons d'Europe nouvellement découverts, par M. le docteur BOISDUVAL. Ouvrage formant le complément de tous les auteurs iconographes. Cet ouvrage se compose de 42 livraisons grand in-8, comprenant chacune *deux planches coloriées* et le texte correspondant.

Les 42 livraisons réunies. Coloriées. 100 fr.

Noires. 25 fr.

Nota. — Tome 2. Le texte s'arrête page 208. Toutes les fig. des planches 48 à 70 inclusivement sont décrites.

Les fig. des planches 71 à la fin ne sont pas décrites.

Manuel des Candidats à l'emploi de Vérificateur des Poids et Mesures, par M. RAVON. 2e édit. 1 vol. in-8. 5 fr.

Manuel des Sociétés de secours mutuels. Une brochure in-12. 1854. 0 fr. 50

Mémoires de la Société royale des Sciences de Liège. Première série, 1843 à 1866, 20 vol. à 7 fr.

Deuxième série, 1866 à 1887, 13 vol. à 7 fr.

Mémoires récréatifs, scientifiques et anecdotiques du physicien-aéronaute ROBERTSON. 2 vol. in-8 ornés de vignettes. 12 fr.

Ministre (Le) de Wakefield, traduit en français par M. AIGNAN. 1 vol. in-12, avec figures. 1 fr.

Monographie des Erotyliens, famille de l'ordre des Coléoptères, par M. Th. LACORDAIRE. In-8. 9 fr.

Synonymia insectorum. — Genera et species curculionidum (ouvrage comprenant la synonymie et la description de tous les Curculionides connus), par M. SCHOENHERR. 8 tomes en 16 parties. (*Ouvrage terminé.*) 144 fr.

Théorie élémentaire de la Botanique, ou Exposition des principes de la classification naturelle et de l'art de décrire et d'étudier les végétaux, par M. DE CANDOLLE. 3e édition, 1 vol. in-8. 8 fr.

BIBLIOTHÈQUE DES ARTS ET MÉTIERS

7 vol. format in-18, grand papier

1 fr. 75 le volume

Livre du Cultivateur, Guide complet de la culture des Champs, par M. MAUNY DE MORNAY. 1 vol. accompagné de 2 planches.

Livre de l'Économie et de l'Administration rurale, Guide complet du Fermier et de la Ménagère, par M. MAUNY DE MORNAY. 1 vol. accompagné d'une planche.

Livre du Jardinier, Guide complet de la culture des Jardins fruitiers, potagers et d'agrément, par M. MAUNY DE MORNAY. 2 vol. accompagnés de 2 planches.

Livre des Logeurs et des Traiteurs, Code complet des Aubergistes, Maîtres d'hôtel, Teneurs d'hôtel garni, Logeurs, Traiteurs, Restaurateurs, Marchands de Vin, etc., suivi de la Législation sur les Boissons. 1 vol.

Livre du Fabricant de Sucre et du Raffineur, par M. MAUNY DE MORNAY. 1 vol. accompagné de 2 planches.

Livre du Vigneron et du Fabricant de Cidre, de Poiré, de Cormé, et autres Vins de Fruits, par M. MAUNY DE MORNAY. 1 vol. accompagné d'une planche.

DEPOT DES OUVRAGES

PUBLIÉS PAR LA

LIBRAIRIE FÉRET & FILS

DE BORDEAUX

Andrieu (P.). — Le Sucrage des Vendanges. Les vins de première cuvée avec chaptalisation des moûts. Les vins de sucre avec corrections dans leur composition. 1903, in-8, broché. 1 fr. 50

— Nouvelle méthode de vinification de la vendange par sulfitage et levurage. 1903, in-8, br. 0 fr. 60

— 1904, in-8, br. 0 fr. 60

— 1905, in-8°, br. 0 fr. 60

— Les Caves de réserve pour les vins ordinaires, 1904, in-8°, br. 0 fr. 75

Barbe. — De l'élevage du cheval dans le sud-ouest de la France et principalement dans la Gironde et les Landes, et de son hygiène. Hygiène des animaux en général et de leurs habitations. 1903, 1 vol. in-8, br. 6 fr.

Bellot des Minières. — Manuel pratique pour les traitements contre toutes les maladies cryptogamiques, à l'aide de l'ammoniure de cuivre en vases hermétiques, b. s. g. d. g. 1902, gr. in-8. 0 fr. 50

Bellot des Minières. — La question viticole. 1902, gr. in-8. 1 fr. 50

Berniard. — L'Algérie et ses vins :

1re partie : prov. d'Oran. Ouv. illustré et accompagné d'une carte vinicole de la province d'Oran. Bordeaux, 1888, in-18. 3 fr.

2e partie : prov. d'Alger. Ouv. illustré et accomp. d'une carte vinicole de cette province. Bordeaux, 1890, in-18. 3 fr.

3e partie : prov. de Constantine. Ouv. illustré et accompagné d'une carte vinicole de cette prov. 1892. in-18. 3 fr.

Bitterolff. — Nouveau système astronomique. Lois nouvelles de la gravitation universelle. 1902, in-18. 5 fr.

Blarez (Dr). — Cours de chimie organique (programme aide-mémoire des leçons), in-18. 3 fr.

Bontou (A.). — Traité de cuisine bourgeoise bordelaise, 1906. 1 gros vol. in-18 jés., cartonné 3 fr.

Boué (L.). — A travers l'Europe. Impressions poétiques, ornées de 101 compositions dues à 60 artistes de Paris ou de Bordeaux, avec préface de Th. Froment, in-folio de luxe tiré à 625 exempl., dont 25 exempl. sur Japon. Prix sur vélin. 30 fr.

relié toile genre amateur. 37 fr.
sur Japon. 100 fr.

Carles (Dr P.). — Dosage de l'acide tartrique selon la méthode de MM. Goldemberg et Géraumont de 1898. — 1900, in-8. 1 fr.

— Etude chimique et hygiénique du vin en général et du vin de Bordeaux en particulier. 1880, in-8. 3 fr.

— Dérivés tartriques du vin ; 3e édition, Bordeaux, 1903, in-8 (Prix Montyon de l'Institut de France, 1898) 4 fr. 50

— Bouquet naturel des vins et eaux-de-vie. 1897, in-8. 1 fr.

— Le vin, le vermouth, les apéritifs et le froid. 1900, in-8. 1 fr.

— Le pain des diabétiques, in-8. 0 fr. 50

Carrère (H). — Scènes et saynètes. Lettre préface de Jacques Normand, in-12. 3 fr. 50
(Ouvrages pour les familles et les pensions).

Cazenave. — Manuel pratique de la culture de la vigne dans la Gironde, 2e édition, 1889, in-12, br. 304 p. 3 fr.

Daurel (J.). — Album des raisins de cuve de la Gironde et de la région du S.-O., avec leur description et leur synonymie, avec 15 gr. color. gr. nat., 5 gr. en phototyp. Bordeaux, 1892, in-4, br. 7 fr.
Le même, in-4 toile. 9 fr. 50
(Publication de luxe couronnée par la Société des Agriculteurs de France).

Dezeimeris (R). — D'une cause de dépérissement de la vigne et des moyens d'y porter remède, 5e édition, Bordeaux, 1891, in-8, br. 82 p. et 4 pl. hors texte. 2 fr. 50

Denigès (Dr G.). — Exposé élémentaire des principes fondamentaux de la théorie atomique ; 2e édition, 1895, in-8, 120 p. 3 fr. 50.

Duclou (Georges). — De la prévision et de l'amélioration de la qualité des vins et de leur avenir par les pesages comparatifs de raisins et de leur jus pendant les vendanges, ainsi que par l'emploi raisonné des raisins-ferments, 3e édition. Bordeaux, 1895, in-8, br. ; 52 p., avec un graphique. 2 fr. 50

Féret (Ed.). — **Annuaire du Tout Sud-Ouest** illustré, 1904. Bordeaux, 1 gros vol. petit in-8°, 1,300 p., illustré, par Marcel de Fonrémis, de vues de châteaux, portraits, etc., cartonné toile. 9 fr.
Reliure de luxe. 12 fr.

Féret. — Annuaire du Tout Sud-Ouest illustré, 1905-1906, 1,520 pages, cart. toile, 9 fr.

Reliure de luxe. 12 fr.

Féret (Ed.). — **Bordeaux et ses vins** classés par ordre de mérite, 7e édition. Bordeaux, 1898, in-12 br., avec 450 vues de châteaux et 11 cart. vinic. 8 fr.

Le même relié toile anglaise. 9 fr. 50

Le même sans les cartes br. 6 fr.

— Supplément à la 7e édition de Bordeaux et ses vins, contenant tous les changements survenus depuis deux ans dans les vignobles de la Gironde sera donné gratis aux acheteurs de « Bordeaux et ses Vins ». 1 fr.

— Bordeaux and its Wines classed bv order of merit 3d english edition, translated from the 7d french édition by M. Ravenscrofit, illustrated by Eug. Vergez. 10 fr.

Le même relié toile. 11 fr. 50

— Bordeaux und Seine Weine, trad. sur la 6e édition française par Paul Wend. Bordeaux et Stettin, 1893, in-12. br., 851 p. enrichie de 400 vues de châteaux. 12 fr. 50

Le même relié. 15 fr.

— Les vins de Médoc, avec ill. d'Eug. Vergez et cartes, in-8, j., 180 p., br. 2 fr. 50

cart. 3 fr. 50

— Les vins de Graves rouges et blancs, avec ill. d'Eug Vergez et cartes, in-8 j., 108 p., br. 1 fr. 50

cart. 2 fr. 50

— Le pays de Sauternes et les vins blancs de Podensac et de Langon, avec ill. et cart. ; br. 1 fr. 25

cart. 2 fr. 25

— Saint-Emilion, Pomerol et les cantons de Sainte-Foy-la-Grande, Pujols, Branne, Fronsac et quelques communes voisines avec ill. d'Eug. Vergez et cartes; br. 2 fr. 50

cart. 3 fr. 50

— Les vins du Cubzadais, du Bourgeais et du Blayais, avec ill. et cart. ; br. 1 fr. 50

cart. 2 fr. 50

— Les vins de l'Entre-Deux-Mers, avec ill. et cart. ; br. 2 fr 50

cart. 3 fr. 50

Ces ouvrages sont tirés de la 7e éd. de *Bordeaux et ses vins.*

— Caractère des récoltes de 1795 à nos jours. Bordeaux, 1898, 16 p. et une carte vinicole de la Gironde. 0 fr. 75

Le même en anglais. 0 fr. 75

— Carnet de statisque du négociant en vins, destiné à recevoir des notes sur 2,000 crus de la Gironde. Bordeaux, 1894, in-12, toile. 2 fr.

— Bordeaux et ses monuments, in-8, br., 90 p., 2 plans et 31 gr. 2 fr.

Feret (Ed.). — Dictionnaire Manuel du maître de chai et du négociant en vins, guide utile à quiconque veut vendre ou manipuler des vins et des spiritueux. 1 vol. in-18, ill. Bordeaux, 1898, 6 fr., cart. 7 fr.

— Le même ne contenant que les articles utiles au maître de chai 3 fr. 50, cart. 4 fr. 50

— Bergerac et ses vins et les principaux crus du département de la Dordogne. 1 vol. in-18 jésus illustré, 3 fr. 50 cart. 5 fr.

Carte vinicole du Médoc et de l'arrondissement de Blaye, extraite de la carte de la Gironde au 1/160000 ; 1 feuille gr. colombier, tirée en trois couleurs. 3 fr.

La même sur toile pleine. 4 fr. 50

Nouvelle carte routière et vinicole de la Gironde à l'échelle de 1/160000, dressée par Félix Feret pour accompagner l'ouvrage *Bordeaux et ses vins*; 1 feuille gr.-aigle, imprim. en trois couleurs et color. par contrées vinicoles (1893). 6 fr.

La même, collée sur toile, pliée, cartonnée. 10 fr.

La même collée sur toile vernie, montée avec gorge et rouleau. 14 fr.

— Statistique générale du départ[t] de la Gironde, 3 tomes en 4 vol. gr. in-8; prix pour les souscripteurs. 52 fr.

Le tome I : Partie topographique, scientique, agricole, industrielle, commerciale et administrative ; 1 vol. gr. in-8 de 1,600 p. est en vente au prix de 16 fr.

Le tome II : Partie agricole et viticole; 1 vol. gr.-8, avec supplément 1,100 p., orné de 300 gr. est à peu près épuisé ; ce volume ne se vend qu'avec le t. I au prix de 36 francs les deux vol.

Le tome III : 1re partie, bibliographie ; 1 vol. gr. in-8, br., 628 p., est en vente au prix de 10 fr.

2e partie, archéologique ; 1 vol. gr. in-8, br., d'environ 500 p., orné d'illustrations de MM. Léo Drouyn, Vergez, etc. (sous presse).

— Supplément à la statistique générale de la Gironde (part. vinic.). Bordeaux, 1880, in-8, 169 p. avec 50 vues. 4 fr.

Gautier (Paul). — Au fil du rêve, poésies, 1905. in-18, 120 p. 3 fr.

Gayon. — Etude sur les appareils de pasteurisation des vins en bouteilles et en fûts, avec vignettes ; in-8, 1895. 2 fr.

— Expériences sur la pasteurisation des vins de la Gironde. Bordeaux, 1895, in-8, 59 p. 1 fr. 25

Gayon, Blarez et Dubourg. — Analyse chimique des vins rouges du département de la Gironde, récolte de

1887. Bordeaux, 1888, in-8. br., 47 p. 1 fr. 50

— Analyse chimique des vins du département de la Gironde, récolte de 1888. Bordeaux, 1889, in-8, br., 31 p. 1 fr. 50

Gébelin. — Eléments de géographie. Nouvelle édition par M. Marion.

Europe (moins la France). 1900, in-18. 2 fr.

France et colonies françaises. 1899, in-18. 2 fr.

La Terre, l'Amérique. 1899, in-18. 1 fr. 50

Asie, Afrique, Océanie. in-18. 1 fr. 50

Grandjean. — Le baron de Charlevoix-Villiers et la fixation des Dunes, in-8. 1 fr.

Guillaud (Dr J.-A.). — Flore de Bordeaux et du Sud-Ouest, analyse et description sommaire des plantes sauvages et généralement cultivées dans cette région; Phanérogames, 326 p., br. 4 fr. 50

cartonné. 5 fr.

Guillon (J.-M.), dir. de la station viticole de Cognac. — Notes sur la reconstitution du vignoble, avec fig., 1900, gr. in-8. 1 fr. 25

Hugo d'Alési. — Panorama de Bordeaux, fac-simile d'aquarelle sur bristol. 6 fr.

Juhel-Rénoy. — Conseils sur la fabrication et la conservation du cidre. 1897, in-18, 60 p. 1 fr. 25

Kehrig (H.). — La cochylis. Des moyens de la combattre, 3e éd., 1893, in-8, 2 pl. dont une chromo-lithogr. 2 fr. 50

— Le sucrage des vendanges, 2e éd. 1903, in-8. 1 fr. 50

— Le privilège des vins à Bordeaux jusqu'en 1889, suivi d'un appendice comprenant le Ban des Vendanges, des Courtiers, de Taverniers; prix payés pour les vins du XIIe au XVIIIe siècle, tableau de l'exploitation des vignes en 1825. Ouvrage couronné par l'Académie des sciences, belles-lettres et arts de Bordeaux. 1886, gr. in-8, 116 p. 2 fr. 50

Labat (Gustave). — Gustave de Galard, sa vie et son œuvre (1779-1841); in-4°, orné de 4 pl. hors texte, dessins inédits du maître. 1896, in-4. 15 fr.

Lapierre (A.). — Plan de la ville de Bordeaux avec les lignes de tramways et omnibus, à l'échelle du 1/10000, dressé par A. Lapierre. 1 fr. 50

Le même, colorié. 2 fr. 50

Loquin (Anatole). — Le Masque de fer et le livre de M. Funck-Brentano. Bordeaux, 1898, in-8. 0 fr. 60

— Le Prisonnier masqué de la Bastille. Son histoire authentique. Bordeaux, 1900, in-12. 3 fr. 50

Malzevin (P.). — Etudes sur la viti-viniculture, 1905, gr. in-8°. 4 fr.

Matignon (J. J.). — Le siège de la légation de France (Pékin, du 15 juin au 15 août 1900). Conférences faites à Bordeaux, in-8. 1 fr. 50

Méric G.). — Le black-rot. Tableau donnant grandeur nature en chromo, feuilles et grains atteints par le black-rot, avec texte explicatif. 0 fr. 75

Montaigne (Michel de). — Nouvelle édition publiée par MM. H. Barckhausen et R. Dezeimeris. contenant la reproduction de la 1re édition, avec les variantes des 2e et 3e éditions; 2 vol. in-8, édition de luxe (Publication de la Société des Bibliophiles de Guyenne). 15 fr.

Pabon (Louis). — Dictionnaire des usages commerciaux et maritimes de la place de Bordeaux et des places voisines. Bordeaux, 1888, in-8, br., 214 p. 3 fr. 50

Panajou (F.). — Barèges et ses environs. 1904, 1 vol. in-12, 110 p., 80 photogravures, 2 panoramas hors texte, 1 carte de la région, br. 2 fr. 25

Perceval (Emile de). — Le président Emérigon et ses amis (1795-1847), in-8. 10 fr.

Poignant (M. P.). — Coefficient économique des machines à vapeur en raison de la détente du cylindre et de la formule $\frac{t - to}{t}$ Surchauffe de la vapeur. 1902, in-8. 1 fr. 50

Roos (L.).— La concentration des vins, des moûts et des vendanges, avec une planche en phototypie hors texte. 1 fr.

Rouhet. — De l'entraînement complet et expérimental de l'homme, avec étude sur la voix articulée, suivi de recherches physiologiques et pratiques sur le cheval, gr. in-8, illustré. 10 fr.

— L'Equitation, gr. in-8 illustré. 3 fr. 50

Salvat. — Le pin maritime, sa culture, ses productions. Bordeaux, 1891, in-12, br., 39 p. 1 fr.

Sud-Ouest navigable (1er Congrès du), tenu à Bordeaux les 12, 13 et 14 juin 1902. Compte rendu des travaux. 1902, gr. in-8. 5 fr.

Usages locaux du département de la Gironde publiés suivant la délibération du Conseil général, 2e éd. revue et augmentée. 1900, in-12. 2 fr. 50

Viard (E.). — Etude sur les vins au point de vue de leur action sur l'organisme. 1904, gr. in-8. 1 fr.

Ajouter 10 0/0 du prix de l'ouvrage pour l'envoi franco, plus 25 centimes de recommandation pour l'Etranger.

BAR-SUR-SEINE. — IMP. Ve C. SAILLARD.

www.ingramcontent.com/pod-product-compliance
Ingram Content Group UK Ltd.
Pitfield, Milton Keynes, MK11 3LW, UK
UKHW012005240726
13965UKWH00001B/165